实验室 安全与环境保护

主　　　编　敖天其　廖林川

副　主　编　刘胜青　王瑞林　李　晖

章节统稿人员　（按姓氏笔画排列）

王茂林　李首建　何　柳　陈　华　陈建平

罗　阳　曹益平　琚生根

参　编　人　员　（按姓氏笔画排列）

付　兵　冉　立　成　丽　伍　勇　许　欣

刘　瑾　李婉宜　李　智　李洪涛　余　倩

杨朝文　吴丽萍　赵西雄　周　舟　张　敏

夏　天　梁　斌　黄　强　魏　鸿

四川大学出版社

责任编辑:毕　潜
责任校对:蒋　玙
封面设计:墨创文化
责任印制:王　炜

图书在版编目(CIP)数据

实验室安全与环境保护 / 敖天其，廖林川主编.
—成都：四川大学出版社，2014.11（2024.12 重印）
ISBN 978-7-5614-8175-2

Ⅰ.①实… Ⅱ.①敖… ②廖… Ⅲ.①实验室管理-
安全管理-教材②实验室-环境保护-教材 Ⅳ.①N33

中国版本图书馆 CIP 数据核字（2014）第 267381 号

书　名	**实验室安全与环境保护**	
主　编	敖天其　廖林川	
出　版	四川大学出版社	
地　址	成都市一环路南一段 24 号 (610065)	
发　行	四川大学出版社	
书　号	ISBN 978-7-5614-8175-2	
印　刷	成都市火炬印务有限公司	
成品尺寸	185 mm×260 mm	
插　页	4	
印　张	18.25	
字　数	455 千字	
版　次	2015 年 1 月第 1 版	
印　次	2024 年 12 月第 7 次印刷	
定　价	55.00 元	

◆读者邮购本书,请与本社发行科联系。
　电话:(028)85408408/(028)85401670/
　(028)85408023　邮政编码:610065
◆本社图书如有印装质量问题,请
　寄回出版社调换。
◆网址:http://press.scu.edu.cn

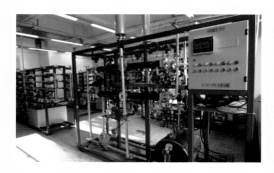

化工传热实验室

化学仪器公用开放平台

快速成型（3D）实验室

机械加工实验室

激光偏振光实验室

化学生物实验室

高电压实验室

岩土力学实验室

质子静电加速器实验室　　　　　　　　　　　　心肺听诊实验室

口腔仿头模教学实验室

形态学实验室

前　言

　　高等学校的实验室是进行实践教学和科学研究的场所，随着国家对教育投入的增加，各高校的实验室建设也得到了重视和加强，教学科研实验室的种类和数量在不断增加。与此同时，实验室安全与环境保护事故隐患也在不断增加。

　　实验室安全与环保工作是高校工作的重要内容之一，事关社会稳定、学校师生员工生命财产安全以及平安和谐校园的建设。为了减少实验室事故发生率，实现建设安全绿色实验室的目标，有必要开展实验室安全与环境保护教育工作。为此，我们组织编写了《实验室安全与环境保护》一书。

　　本书主要是为进入实验室的理、工、医专业的学生及实验室人员编写的实验室安全环保通识性教材，因此，在编写本书时，注重实验室安全与环保所要涉及的基础知识、常见安全隐患和事故发生的原因，注重预防、处置隐患和事故的知识，不过分强调术语的严格定义以及知识点的扩展，对安全隐患和事故也以结合具体案例的方式进行分析、描述。希望读者能直观了解并掌握实验室安全与环保常识及要求，从而增加安全环保意识，形成重视安全环保的理念和文化习惯。

　　全书共 8 章，大致按照高校开展实验所涉及的学科范围，将实验室划分为化学化工类、电气类、机械类、生物类、辐射类、计算机信息类和实践急救类，围绕每类实验室事故高发点，从基本概念、事故原因、事故危害、防范措施、应急处理等方面，辅以典型案例进行阐述和分析。

　　本书由四川大学实验室及设备管理处组织编写，全书由敖天其、廖林川、刘胜青、王瑞林、李晖统筹。第一章由廖林川、何柳、赵西雄编写，第二章由陈华、付兵、成丽、伍勇编写，第三章由曹益平、何柳、冉立、李智、梁斌编写，第四章由罗阳、刘胜青编写，第五章由陈建平、王茂林、许欣、刘瑾、李婉宜、余倩、黄强编写，第六章由李首建、刘军、杨朝文、吴丽萍、张敏编写，第七章由琚生根、赵西雄编写，第八章由王茂林、李洪涛、夏天、周舟编写，部分照片由魏鸿提供。其中各章节的负责人员有敖天其、廖林川、刘胜青、王茂林、李首建、何柳、陈华、陈建平、罗阳、曹益平、琚生根。

　　本书在编写过程中，参考了国内外专家学者的文献，以及部分高校实验室安全管理同仁的调研材料，在此一并表示衷心感谢。由于实验室安全与环保管理工作涉及面广，编者的知识水平有限，书中难免有不妥之处，敬请读者批评指正。

编　者

2014 年 8 月

目　录

第一章　实验室安全管理与环境保护概述

【本章导读】

高等学校的实验室（简称实验室）是进行实验实践教学和科学研究的场所。在承载人才培养、科学研究及社会服务的同时，也存在许多安全以及环境污染的隐患。如果缺乏实验室安全与环境保护的意识，缺乏必要的安全和环境保护常识，或者对实验室涉及的实验人员、实验材料、设备运行、环境条件、实验方法等诸多要素没有进行严格的规定和管理，就可能会发生实验室安全或环境污染事故，实验人员就会成为意外事故的受害者。实验室存在哪些可能的潜在危险？实验人员应该如何正确操作？如何避免受伤？如何处理紧急事故？认识这些问题，掌握有关知识，实行规范管理、严格管理，对于建设稳定和谐校园，保障实验室正常运行，保护师生员工生命安全及国家财产安全具有重要意义。

本章主要学习要点：

（1）熟悉实验室安全管理与环境保护基本知识。

（2）了解实验室存在的安全危险及环境污染的隐患种类。

（3）了解实验室涉及的实验人员，实验材料、设备、环境设施，实验方法等安全要素。

（4）了解实验室安全管理与环境保护现状以及如何建设安全绿色实验室。

第一节　安全管理与环境保护基本知识

一、安全基本知识

（一）安全

安全（safety），现代汉语词典定义为"没有危险；不受威胁；不出事故"。然而，绝对的安全是没有的，人类对安全的认知随着科学技术的进步和人类社会的发展不断提高，且始终围绕着如何保护人体不受到伤害这个根本。最原始的安全意识是一种自我保护的本能反应，如下雨时躲避、远离火灾地等。一般人都能正确理解安全的含义，积极防范危险发生，并且适当地远离危险源。

随着社会的发展，危险的种类和其涉及的领域已超出了普通人所了解的基本范围，通过人们对安全的不断研究，目前已形成了系统、专业的安全科学。这门学科关注的领域涉及人类生活、生存空间、生产活动等各个方面，包括人身伤害、职业疾病、财产损失、设备损坏、环境污染等。

（二）危险和危害

危险（hazard 或 danger），是指潜在存在于人类活动各领域的可能造成人身伤害、财产损失、环境危害等的状态。危险有一定的突发性和瞬间作用，危险的可能性与安全条件和概率有关。例如，甲醇是实验室常用的溶剂，但甲醇有毒，能使人失明或导致死亡。

危害是指使人受到伤害、财产损失、环境被破坏等的行为或状态。危害在一定的时间范围内有积累作用，如噪声和粉尘对人的危害等。

（三）风险与风险评价

风险（risk），是指特定危害性事件发生的可能性与后果的结合。一般来说，风险具有不确定性，任何一项活动或多或少都存在风险，也可以说风险就是发生不幸事件的概率。风险与安全是相对的，风险值越低，人们会觉得安全性越高。一般而言，风险值在具体操作人员能接受、公众也认可的范围内，人们会认为是相对安全的。

风险评价（risk assessment），是指量化测评某一事件或事物的风险程度，并确定其带来的影响或损失是否在可承受范围内。国际上常用的风险评价方法有危险性半定量评价方法、工作安全分析评价法、安全检查表分析法和预先评价分析法等。通过这些方法，可以事先或定期对某事件进行风险评价，并根据评价结果制定和实施相应的控制措施，达到最大限度地消除或控制风险的目的。如采用安全检查表分析制定风险评价标准，来评定风险等级和控制措施，见表 1-1。

表 1-1　风险等级判定准则及控制措施

风险级别	可能产生的后果	整改要求	整改期限
危险	发生人员伤害、财产损失，风险极高	在采取措施降低危害前，不能继续进行，对改进措施重新进行评估	立刻整改
重大风险	发生人员伤害、财产损失，风险较高	采取紧急保护措施降低风险，建立监督控制机制，定期检查、测量及评估	限期整改
中等风险	发生危险事件、未遂事故，风险较高	加强教育、培训，建立安全管理制度，加强检查	教育、督查
可接受	发生危险事件、未遂事故，风险较低	建立安全管理制度，严格按制度执行	劝告

（四）事故

事故（accident），伯克霍夫定义为人（个人或集体）在为实现某种意图而进行的活动过程中，突然发生的、违反人的意志的、迫使活动暂时或永久停止的、迫使之前存续的状态发生暂时或永久性改变的事件。事故应包括两个方面，即非正常发生的事件以及由此而导致的后果。对于既没有造成人员伤害，也没有造成物质损失的事故，称为未遂事故。

美国著名安全工程师海因里西提出 300：29：1 法则。该法则认为，1 个死亡重伤害事故背后，有 29 起轻伤害事故；29 起轻伤害事故背后，有 300 起无伤害虚惊事件，以及大量的不安全行为和不安全状态存在。它们之间的关系可以形象地用"安全金字塔"来表示，如图 1-1 所示。也就是说，大量的未遂事故是出现伤亡事故的征兆。因此，要分析统计造成死亡后果的事故及大量出现的未遂事故，找到事故发生发展的规律，消除不安全行为和不安全状态，从而防患于未然。

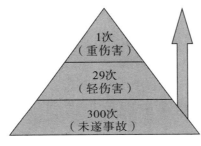

（300：29：1）

图 1-1　海因里西法则

（五）安全管理

安全管理（safety management），是以安全为目的，运用现代安全管理的规则、原理和方法，进行有关的决策、计划、组织和控制方面的活动，从组织、技术和管理等方面采取有效的措施，解决和消除各种不安全因素，以达到保障安全的目的。

二、环境保护的相关知识

（一）环境定义及其属性分类

环境（environment），是指围绕着某一相对特定的事物并对该事物会产生某些影响的所有外界事物。通常所说的环境，是指围绕着人类的外部世界。按环境的属性，一般分为自然环境和社会环境。

在世界各国颁布的环境保护法规中，常常为适应某些方面工作的需要而对"环境"进行解释。《中华人民共和国环境保护法》对环境作出如下定义："本法所称的环境，是指影响人类生存和发展的各种天然的和经过人工改造的自然因素的总体，包括大气、水、海洋、土地、矿藏、森林、草原、野生动植物、自然遗迹、人文遗迹、自然保护区、风景名胜区、城市和乡村等。"这个定义以保证法律的准确实施为目的，从实际工作的需要出发，把环境中应当保护的要素或对象界定为环境。

（二）环境污染与环境保护

环境污染（environment pollution），是指自然或人类直接或间接地向环境排放某种物质或能量，因超过环境的自净能力使其质量降低而产生危害的现象。具体包括水污染、大气污染、噪声污染、放射性污染等。近年来，随着社会经济的发展，环境污染问题越来越突出，已成为需要世界各国共同关注和研究解决的重要课题之一。

环境保护（environment protection），是指人们应用环境科学的理论和方法，采取技术的、行政的、法律的、经济的多种方法和措施，来协调人类与环境的关系，防止环境的污染和破坏，保护自然资源并使其得到合理的利用，使环境能够适合人类的生存活动的各种行为的总称。根据《中华人民共和国环境保护法》规定，环境保护的内容包括保护自然环境、防治污染和防止其他公害等。由此可见，环境保护涉及的范围相当广泛，综合了自然科学、社会科学等大部分学科知识，并有其独特的研究对象，如自然环境、人类生存环境、地球生物等。

三、安全管理与环境保护现状与发展趋势

（一）安全管理的现状与发展趋势

人类的发展历史也是人类对安全的认识过程。最初，因为人类对事故和灾害无能为力，所以只能听天由命。随着生产方式的变更，进入早期工业化社会后，人们对安全的认识提高到经验论水平。20世纪50年代，人们认识到事故是可以预防的，人们对安全的认识进入系统论阶段。20世纪90年代以后，人类社会进入信息化时代，超前预防的综合安全管理模式成为安全管理的发展趋势。

我国安全管理的发展是从20世纪50年代引入现代安全生产管理理论、方法、模式后开始的，到20世纪末期，我国几乎与世界工业化国家同步研究并推行了职业健康安全管理体系。进入21世纪以来，在超前的主动预防型综合安全管理模式的基础上，出现了安全风险管理理论雏形。该理论大致包括危险源辨识、风险评价、危险预警与监测管理、事故预防与风险控制管理及应急管理等。目前，我国安全管理正朝着现代安全管理模式稳步发展。

（二）环境保护的现状与发展趋势

社会发展导致环境污染问题越来越严重，这逐渐引起了人们的关注。20世纪环境生态学的标志性起点就是1962年美国生物学家蕾切尔·卡逊出版的《寂静的春天》一书。因为该书阐释了杀虫剂DDT对环境的污染和破坏，所以引起了美国政府的重视，并于1970年正式成立了环境保护局，开始制定并通过禁止生产和使用有机氯剧毒杀虫剂的相关法律。

1972年在瑞典斯德哥尔摩召开的"第一届联合国人类环境会议"上发表的《人类

环境宣言》开启了关于环境问题的国际性对话、合作和讨论，并将会议的开幕日 6 月 5 日定为"世界环境日"，环境保护事业正式引起世界各国政府的高度重视。从此，全世界开始对环境污染问题进行研究和治理，实行建设项目环境影响评价制度和污染物排放总量控制制度，从单项治理发展到综合防治。

我国的环境保护事业从 1973 年国务院成立环保领导小组及其办公室，在全国开展"三废"治理和环保教育开始起步，经过了 30 多年的发展，已经从最初的末端管理转变成了推进绿色发展、循环发展、低碳发展，把生态文明建设放在突出位置，并融入经济建设、政治建设、文化建设各方面和全过程的持续发展阶段。

第二节　实验室安全管理与环境保护基础

一、实验室的基本知识

（一）实验室

实验室（laboratory），是指进行实验的场所。高等学校的实验室是教师与学生进行实践教学和科学研究工作的场所，承载人才培养、技术创新及社会服务的任务。实验室进行实验需要由实验人员、实验设施（设备）、实验材料、实验方法等方面的内容构成。

（二）实验室的分类

实验室按照开展实验所涉及的学科范围，可大致分为化学化工类、生物类、医学类、机械类、电气类、核科学类等。

按照级别、归属及规划等，实验室大体分为以下类型：①国家级或行业部级实验室及实验基地。这类实验室有国家重点实验室、国家级行业实验室或研究中心（如国家工程实验室及国家工程技术研究中心）、行业的部级重点实验室或研究中心（如教育部工程研究中心、教育部重点实验室、卫生部重点实验室等）、国家人才培养和科学研究及课程教学基地、国家级实验教学示范中心、国家大学生文化素质教育基地、教育部人文社会科学重点研究基地等。②省级实验室、中心及基地。③校级实验室。④其他。

（三）实验室的功能

1. 实验实践教学的载体和平台

实验室承载着人才培养的重要功能，是学生进行实验教学的主要场所，部分实践教学的任务也在实验室完成。学生在实验室进行理论教学的补充和继续，通过实验实践教学，使学生掌握有关实验技能、基本操作以及理论的具体应用，培养学生动手能力，发现问题、解决问题的能力，启发创造思维，提高综合素质。学生通过实验可以提高以下能力：

（1）培养学生实践动手能力。这类实验以基础型实验为主，主要面向低年级本科生，以熟悉实验规则、学习相关基础知识和训练操作技能为目的。例如，通过教师指导，学生独立对已有现象和已知结论进行验证的基础实验。

（2）培养学生分析和解决实际问题的能力。这类实验以综合设计型实验为主，主要面向中、高年级本科生。学生通过对所学知识的综合运用，逐步学会针对性地分析问题和完成解决问题方案的设计。

（3）创新和科研训练，提升学生创新能力。这类实验包括研究创新型实验和科研训练，本科生在课余时间进入实验室，参与老师的课题进行科研训练；研究生在导师指导下进行科学研究，并参加导师课题组的各类活动。

2. 创新研究和科技攻关的重要基地

实验室是科学研究的重要基地，国家各部委立项的重大项目、重点项目、各类支撑项目、各类科学研究基金项目等的实施均在实验室进行。实验室作为原始性创新基地，在国家科学研究、技术开发和科技攻关中承担着重要使命。

3. 实施社会服务的重要场所

实验室的另一个功能就是承担社会服务，通过实验室为各行业提供技术支持，包括提供技术开发、检测服务、人员培训等。

二、实验室的安全要素

实验室只要进行实验，就会涉及实验人员、实验材料、实验设备、环境条件、实验方法等诸多要素。为了保证实验室的正常运行、实验结果的准确可靠，保护实验人员的生命安全及国家的财产安全，必须要对实验人员的安全意识和行为习惯进行培养，并保证持续的培训；必须要对实验过程中使用的各种实验材料、装置设施按要求进行严格管理和使用；必须要对实验的环境条件、实验方案、操作流程等进行综合评估，并确保安全。

三、安全绿色实验室

安全绿色实验室包括无事故和绿色环保两方面。首先，实验人员要有正确的安全意识和行为习惯，能消除实验材料、设备等实验环境的安全隐患，降低安全事故发生的概率，最终达到无事故的实验室。其次，实验室还应该是坚持节约资源、保护环境的绿色生态的实验室。

绿色实验室是指从实验室的规划建设以及进行实验时，充分考虑最低的能耗和污染的排放。这类实验室有许多成功的事例，比如获得过设计大奖的台湾成功大学魔法学院，其整幢实验大楼的规划和建设中，选用的建材大多是废弃物再生材料；实验室的采光充分利用日光，而对于向阳门窗采取多重遮挡设计，避免室内温度升高；充分利用冷热气体的对流，实现楼体内部的空气循环，降低室内温度；屋顶种植绿色植被，降低屋顶吸收过多热量；设计雨水回收装置，充分节约用水等。

第三节　实验室主要安全环保隐患和事故

实验室，尤其是综合性大学的实验室，包含了许多学科门类，而且随着实验教学内容向多元化拓展、教学手段的不断更新以及科技研究的逐渐深入，实验室涉及的领域、学科越来越广泛。一方面，不论什么实验室，只要在实验室进行实验，就会涉及实验人员、实验材料、实验设备、环境条件、实验操作方法等诸多要素，所有的隐患和事故也包含在这些要素中；另一方面，各类实验室的特殊性和实验过程自身的特殊性，对实验室的安全管理提出了不同的要求。认识和了解实验室的主要安全隐患、事故类型、产生原因以及从哪些方面有效地避免事故发生，对于实验的正常进行，对于保护实验人员生命安全及国家财产安全具有重要意义。

一、实验室主要安全环保隐患来源

要保证实验室安全，做好环境保护，实验室应该进行严格的规范管理，保证消除影响实验室安全与环境保护的隐患。但是许多实验室无论是在空间安排、实验材料管理、规范操作，还是人员防护、实验用电和用气等方面都存在不同程度的安全隐患，图1-2所示的实验室就存在明显的安全隐患。

(a)

(b)

(c)

(d)

图1-2　实验室存在的安全隐患举例

在图 1—2（a）中，电源插座悬挂在钢瓶上，未按要求固定，如果线路短路，电火花极易燃爆钢瓶，且插座不固定也易造成电气火灾。在图 1—2（b）中，实验室空间狭窄，操作台面摆放零乱，实验中未拉下通风橱门，实验人员未穿工作服。在图 1—2（c）中，实验空间狭窄，钢瓶未固定，试剂、蒸馏水桶堵塞通道，操作台面拥挤。在图 1—2（d）中，实验室器材、试剂摆放杂乱。

对实验室存在的安全隐患状况进行详细分析，并结合实验室安全与环境保护要素，可将实验室主要安全环保隐患来源分为以下五类。

（一）实验室的规划、设计、建设及配套设施

要实现实验室的安全环保，从实验室的规划、设计和建设开始，就需要充分考虑很多因素，实验大楼在规划、设计时也必须严格执行国家现行的有关方针政策和法律规范等。目前，我国已有许多这方面的设计规范、施工规范，如《科学实验室建筑设计规范》（JGJ 91—93）、《生物安全实验室建筑技术规范》（GB 50346—2004）等，就是根据实验大楼所从事的学科研究特点，在规划、设计和建设上尽可能满足技术先进、安全可靠、经济合理、确保质量、节省能源和符合环境保护等要求。

如果实验室的结构、布局、空间安排及建成后的配套设施等不科学、不合理，则均有可能产生安全环保隐患，具体表现：①实验室结构布局不合理，实验区域划分不正确，对有危险或可能产生危害的区域未有效隔离，实验室不具备足够的空间供设备存放和人员操作等；②实验室装修材质不符合要求；③没有通风设施或通风设施不符合要求，不具备污水排放前的处理装置；④实验室基础建设不符合实验等级要求，超负荷用电或用电设计不符合要求；⑤消防设施不齐备或过期；⑥未准确设置应有的危险标识，安全通道不符合要求或标识不清，高危实验室缺乏监控、紧急处置和救护设施等。

（二）实验室人员

进入实验室的人员包括教师、学生以及其他相关人员。实验室人员的不规范操作和安全意识淡薄常常会引起安全隐患，主要有以下方面的问题：①从事实验的人员进入实验室前未接受安全教育或培训，没有达到实验室的准入许可条件；②实验人员不熟悉和未落实实验室有关安全的规章制度；③实验人员不了解自己所要进行的试验可能存在的安全隐患，如对所处环境存在的安全隐患的认识，对使用的实验材料的危险性的认知等；④实验指导人员未进行设备仪器操作、实验方法的安全预试和对其他人员的培训；⑤实验人员可能存在心理或生理上的异常等。

（三）实验材料及废弃物

实验室中经常使用一些危险的实验材料，常见的危险实验材料主要有：各类化学品，特别是具有剧毒、易燃易爆、强腐蚀、麻醉等特性的危险化学品；存在传染或被污染的细菌、病毒、动植物等生物类实验对象；特殊的实验物品，如放射源；实验过程中产生的实验危险废弃物等。这些危险实验材料及废弃物都可能存在安全隐患：①实验材料的购买、运输没有按要求进行报批、申领；②实验材料的保管和使用没有按照国家和

学校的相关制度执行；③实验产生的危险废弃物（废水、废气等）没有按照规范进行存放和处置等。

（四）仪器设备和防护设施

实验室的仪器设备种类繁多，很多实验会用到具有尖端技术、贵重精密的设备设施，有些实验还会用到高温高压和带放射性的特种设备。仪器设备和防护设施容易存在的安全隐患因素：①实验所用装置设备的设计、生产、安装、使用不符合产品的技术要求；②设备设施不符合实验要求；③未进行定期检测、维护，并及时维修、报废；④未明确标识操作要求及注意事项；⑤实验场所没有按要求配备喷淋装置、洗眼器等有效防护设施；⑥未正确穿戴实验服、手套等有效的个人防护设施等。

（五）实验方法或工艺流程

由于实验本身具有探索性，可能存在安全隐患，在实验开始前，如果未对实验方法或实验工艺进行安全评估，则可能导致安全隐患和危险发生。例如，未对实验要使用的实验材料特性进行分析评估，实验方法的危害性未经证实和确认，实验的工艺流程不科学、不合理等。

二、实验室安全环保事故类型

通过对近年来实验室发生的安全环保事故的情况分析，可将事故大致分为火灾事故、爆炸事故、化学事故、电气事故、生物安全事故、机械事故、辐射事故和信息安全事故等。

（一）火灾事故

引发火灾事故的原因较多，主要原因：①实验材料保管不当引发火灾，如实验室存放的易燃易爆物质遇到热源或火源；②实验过程（燃烧反应、化学反应等实验）产生的高温物质和火源可能引发化学火灾；③实验设备设施使用不当引发火灾，如过载、短路、导线接触不良、用电设备操作不当等原因可能引发电气火灾；④人为疏忽，如忘记关电源、乱扔烟头、忘记关闭酒精灯或电炉等。

近年来，不少实验室正是由于上述可能原因，引发了各种各样的火灾事故，例如，实验时使用酒精灯不慎引燃周边可燃物，引发实验室起火；石油醚洒落地上未及时清理，挥发弥漫达到燃烧浓度，遇冰箱启动电火花发生火灾；操作台下药剂储柜内存放三氯氧磷、氰乙酸乙酯、金属钠，遇水自燃；进行试验时，实验人员中途离开，未能及时监控实验过程，导致火灾发生。这些火灾事故大多造成了巨大的经济损失，烧毁实验室和设备，造成研究成果、软件、设计文档、论文资料的损失，有些严重的事故还造成人员伤亡。实验室火灾事故现场举例如图 1-3 所示。

（a）导线短路引发火灾事故现场　　　（b）金属钠过量存放，
　　　　　　　　　　　　　　　　　　　　遇水燃烧事故现场

图 1-3　实验室火灾事故现场

（二）爆炸事故

实验室发生爆炸事故的主要原因：①实验室的易燃易爆物品管理不当，若发生泄漏、受热、撞击、混放等，可能发生爆炸；②高压、高能的实验装置操作不当或不合格，易引发爆炸事故；③实验设备老化、存在故障或缺陷，造成易燃易爆物品泄漏、压力过大等；④生产工艺不完善等。

近年来，不少实验室由于上述可能原因，引发了各种各样的爆炸事故，例如，用机械温控冰箱存储化学试剂，因试剂微泄漏，遇冰箱电火花引发爆炸；实验室存放过量过氧化甲乙酮，因操作不当引爆该试剂；私自切割残存少量易爆化学品的废弃反应釜管路；存放石油醚的试剂瓶未加盖便存放入电冰箱，石油醚挥发，当浓度达到爆炸下限，遇冰箱电火花引发爆炸；实验时，误将硝基甲烷当作四氢呋喃投到氢氧化钠中，发生爆炸；实验室烘箱超期使用，因线路短路引发爆炸；实验室烘箱因大量做样，烘箱内有机物质挥发又没有及时排出导致爆炸；亚氯酸钠与有机物混合反应可能引发爆炸；做氧化反应实验时，添加过氧化氢、乙醇等化学原料速度太快，发生爆炸。爆炸事故发生时，往往会造成人员死伤，整个实验室，甚至实验大楼被摧毁。实验室爆炸事故现场举例如图 1-4 所示。

（a）实验人员未作安全评估私自修　　　（b）烘箱超期使用，线路短路引发爆
　　　改实验方案引发爆炸事故现场　　　　　炸事故现场

图 1-4　实验室爆炸事故现场

（三）化学事故

实验室发生化学事故的主要原因：①违规操作或误操作，如使用易挥发的化学试剂时，不按操作要求，不及时加盖；蒸馏或浓缩易挥发的有毒化学试剂时，未在通风柜中进行操作等。②实验室管理不善，如化学物品、废弃物没有按规定分类存放，随意乱倒有毒废液、乱扔废物。③实验室设备设施老化或缺失，如通风设施不能将有毒气体收集、排放，无废弃化学物收集器等。④在实验室进食、饮水，误食被污染的食物。⑤不按规定穿戴防护用品等。

近年来，不少实验室由于上述可能原因，造成了腐蚀、灼伤、中毒、窒息、火灾和爆炸等各种各样的化学事故。例如，操作人员在通风柜内用塑料注射器将叔丁基锂戊烷溶液从一个封装的容器转移到另一个容器时，因操作失误导致注射器滑出，溶液喷溅，引燃操作人员穿戴的化纤类衣物和橡皮手套；实验时打翻装有甲基丙烯酸酐和丙烯酰氯液体的瓶子，没有及时清理，吸入毒性气体；实验过程中误将一氧化碳气体接入其他实验室；实验人员直接用手拿盛放三氟乙酸的瓶子，手掌和大拇指内侧接触到瓶子上残留的少量三氟乙酸，造成深度烧伤；实验人员未选用合适的防护手套，高毒性有机汞穿透手套引致神经性中毒；实验人员因在连续实验期间在实验室睡觉，未发现氩气泄漏，造成实验人员窒息死亡；进行有机合成实验时，未对尾气进行处理就直接排放，造成大气污染；实验产生的废液随意乱倒、乱排，导致周围环境及地下水污染。化学事故人员伤害及环境污染事例如图 1-5 所示。

（a）化学事故人员伤害　　　　　（b）实验室化学废液泄漏造成环境污染事故

图 1-5　实验室化学事故

（四）电气事故

电气事故也是实验室中普遍存在而又极易发生的事故。电弧、电火花和表面高温都可能破坏电气设备的绝缘性能，烧毁绝缘层，引起电气火灾或爆炸事故；实验仪器设备使用时间过长，出现故障、老化或缺少必需的防护装置，也会造成漏电、触电和电弧、电火花伤人等。

近年来实验室发生过的典型电气事故：①实验室线路老化，短路产生的电火花引燃装修材料；②维修用电设备时，操作失误，将螺丝刀掉在火线上，造成实验室跳闸停电；③将电源线的零线误插到火线的位置上，开机后导致仪器设备电脑主板烧坏；④操作人员穿橡胶底运动鞋进行静电喷漆操作,使人体带电,当操作者接触设备时发生静电放电,导致火灾发生。

(五)生物安全事故

生物实验室使用的高致病病原微生物、基因修饰生物、实验动植物以及产生的危险生物废弃物都可能造成生物安全事故。生物安全事故会造成人员感染,引发突发性公共卫生事件,对环境造成的污染也不容忽视。

实验室发生的典型生物安全事故:①实验室购买、使用不合格的实验山羊,实验过程中也未能遵守操作规程,致使多人感染布鲁氏菌病;②实验人员擅自多次带出未经严格验证效果的灭活 SARS 病毒在普通实验室进行实验,导致该实验室多名人员感染非典。

(六)机械事故

在有高速旋转或冲击运动的机械实验室和要带电作业的电气实验室,以及一些有高温产生的实验室,实验人员操作不当,违反防护措施,缺乏保护装置,是造成设备伤人事故的主要原因;不懂操作规程或自以为懂而进行错误操作,以及设备老化、故障或者外来不可抗拒的突发故障(如突然停电等原因),是造成设备损坏的主要原因。

近年来实验室发生的典型机械事故:①做加工实验的女学生未按要求将长发束起并戴上工作帽,致使头发被木材加工机器绞住;②没有严格按照操作规程进行车削加工操作,盲目地启动机床进行试探性操作,发生机床损坏事故;③未按照指导教师要求进行铣床操作,用戴着手套的手拨抹切屑,导致手套连带手掌一同被绞入机器;④实验室违规改造实验设备,未按要求进行备案及安全测评,导致事故发生。

(七)辐射事故

实验室使用的核辐射源及射线装置,微波辐射,光辐射以及红外、紫外等辐射都可能使公众或者实验人员接受的射线照射或吸入的放射性物质超过安全值,引起受照射人员机体发生病变,甚至对环境造成长期的影响。

实验室发生的典型辐射事故:①实验室无放射源存放场所却自行购入,致使放射源因管理不当丢失;②实验室存放的数字式水分测定仪(含源装置)被盗;③操作人员违反操作规程,安全装置失灵,辐射源未降回井内,没有携带个人剂量报警仪和便携式剂量检测仪进入辐照室,导致操作人员误照射。

(八)信息安全事故

由于计算机的普及,实验室信息安全事故逐年增加,操作不当、硬件损坏、被病毒感染、遭黑客攻击的事件时有发生,造成计算机存储数据被破坏,甚至丢失,如果使用人员没有做好备份工作,就会造成重大损失。

上述事故并不能完全概括出实验室所发生的安全环保事故类型,而且实验室安全环保事故不是单一发生的,发生频率最高的火灾事故和爆炸事故往往是相互伴生的,其中大部分燃爆事故是由化学事故和电气事故引发的，而导致安全事故发生的主要原因据不完全统计大部分是由实验室人员的不规范行为造成的。

第四节　安全绿色实验室的建设内涵

高校作为培养人才和发展科技的重要组成部分，安全绿色实验室的建设具有极其重要的地位和作用。结合国内实验室的现状和实验室安全与环境保护的管理经验，要建设安全绿色实验室，高效发挥实验室的作用，就必须从实验室人员、实验材料管理、设备管理、环境管理等安全要素方面加强人防、技防、物防建设，建立实验室安全与环境保护综合防护保障体系，特别是养成人人重视安全环保的责任和文化习惯。

一、安全绿色实验室建设的意义和基本原则

虽然人们很早就开始关注并研究安全与环保问题，但一直因为重视教学质量和科研成果，容易忽视安全绿色实验室的建设和管理，而且安全与环保前沿研究成果与高新技术也没有充分运用到实验室安全与环境保护工作中，绿色技术和设计的研究还不能满足现在的实验室建设需求。同时，实验本身具有不可预见性，实验进行的同时必然会伴随着一定的风险和危害。从一定角度讲，实验室安全与环境保护问题是行为风险问题，它的存在是必然的。每个进入实验室的人总会遇到各种不安全或有害因素，如果忽视对这些因素的防范，就会发生安全与环保事故。因此，安全绿色实验室的建设有着十分重要的意义。在安全绿色实验室的建设过程中我们应坚持以下基本原则。

（一）以人为本

人是进行实验室安全与环境保护建设的本体，建设安全绿色实验室的最根本目的就是保障人的安全。人有自我保护的本能，但当他不知道所处环境存在危险状况时，也就丧失保护能力。因此在进入实验室前，教师、学生及相关人员都应该学习如何保护自己，这样才能在力所能及的范围内保护自己，保护同事，保护我们的生存环境。当遇到事故发生时，实验人员首先应保持必要的冷静，运用所学知识控制事故进一步恶化；当事故超出控制范围时，所有人员应迅速疏散，封闭现场，报警求助。

（二）安全第一

无论是哪一类实验室，在进行实验时都会存在各类安全隐患，而实验顺利完成的前提条件是这些安全隐患没有引发事故。因此，实验室的建设和管理首要就是符合安全的要求，尽可能采取多种措施消除安全隐患，有效防止事故的发生。

（三）有章可循

安全是一个相对的概念，那么，什么才是安全的？实验室要如何建设才是相对安全

的？除了要遵循国家的相关政策法规外，还要根据实验室的特殊性制定具有可操作性的规章制度，确定安全绿色实验室标准，做到实验室安全与环境保护建设有法可依，有章可循。

（四）节约资源

安全绿色实验室要以所开展的实验类型为设计基础，根据不同实验的特性及等级标准进行可行性论证，尽量做到节约资源，合理适用，避免重复建设。加强实验全过程节约管理，大幅度降低能源、实验材料、水资源等的消耗。例如，没有进行高安全级别实验或高安全级别实验次数较少的实验室，应按相应的安全级别进行实验室安全建设，高安全级别实验室可实行开放共享，增加实验室利用率，实现节约资金、资源共享。

（五）可持续发展

科技的日新月异决定了实验室安全建设是动态化的。为了满足不断拓展的新型实验的安全要求，实验室安全建设在节约资源的前提下也要注重长远发展。对伴随新科技可能出现的安全隐患要有前瞻性，做到预防在前，使用在后。在设计安全方案时要预留发展空间，以免因安全因素制约实验室的发展。

（六）环境保护

实验室如果向大气、水和土壤等排放有毒、有害的物质，会给环境带来污染，因此实验室建设者更应该清醒地认识到加强环境保护的重要性和必要性，在实验室规划建设和实验工艺制定时应该充分考虑环境因素，尽量采用无毒、无害的原料，减少向环境排放废物，同时加强废物处置，防止污染环境，避免污染环境形成后再行治理的"马后炮"行为。

二、实验室安全与环境保护管理体系

构建科学、有效的实验室安全与环保防范保障体系，逐步建立和完善实验室安全管理与环境保护长效机制，形成全员参与的安保文化习惯，是建设绿色安全实验室的基本保证。

实验室安全与环境保护管理体系大致可以分为六个部分，主要包括组织建设、制度建设、培训机制、督查机制、安全防护设施建设、信息化管理等。

（一）组织建设

建立职责明确的组织机构，是确保相关管理工作顺利推进的必要条件之一。主要包括管理机构建设和技术支持队伍建设，从管理和技术等方面来保障安全管理工作的实施。

1. 实验室安全管理工作组

要实现安全管理工作规范化、科学化，国家相关职能管理部门及学校各级领导必须高度重视，将责任层层划分，各司其职，确保安全管理工作在各个环节顺利推进。一般学校实验室安全与环境保护工作组按校级、院级、实验室进行三级管理，将实验室安全与环境保护管理责任落实到个人。

通常校级实验室安全与环境保护管理工作组成员包括分管实验室安全与环境保护工作的校领导、保卫处、实验室及设备管理处等相关管理部门以及学院等单位负责人，主要负责学校安全工作的总体规划、相关管理制度的制定、安全工作的监督实施等。

院级实验室安全与环境保护管理工作组成员包括学院（系、所）等单位负责人、专（兼）职安全管理秘书、学生协防队员等，主要负责组织、实施本单位实验室安全与环境保护的具体工作，为工作提供组织保障和人员保障。

实验室安全与环境保护管理工作成员包括实验室主要责任人、实验室老师、实验参与者等，主要负责本实验室的各项具体的安全工作。

2. 实验室安全与环境保护专家组

由于实验室安全与环境保护管理工作涉及学科多，专业知识要求高，因此由各领域、学科和部门的专业人员组成专家组，可以在实验室安全与环境保护评估认证、制定实验室建设安全标准、实验室建设安全技术指导、事故鉴定、规范实验室安全管理等方面起到最直接的技术支持作用。同时，专家组还可以作为校级实验室安全与环境保护的督导专家，督促检查实验室的安全和环保工作。

3. 实验室安全与环境保护学生协防队伍

实验室安全管理工作不仅由学校和老师来实施，而且要充分发挥从事实验的主体之一——学生的作用，所以组织学生参与到实验室安全管理工作中来既是一件有深刻意义的事，也是推动实验室安全与环境保护工作的一项必要措施。通过各类培训教育，作为安全第一线的学生可以利用自己所学的专业知识，深入到实验室，及时发现安全隐患并提出整改意见，及时上报重大安全隐患，同时将检查情况与该单位安全秘书或安全负责人沟通，加速问题的解决和进行安全常识宣传，强化安全意识。

（二）制度建设

1. 国家政策法规

国家不断完善相关法律法规，为各单位落实安全与环保管理工作提供制度保障和依据。现有主要法律法规如下：

（1）在安全管理方面，有《安全生产法》《职业病防治法》《消防法》《劳动法》等。

（2）在行政法规方面，有《劳动保障监察条例》《特种设备安全监察条例》《使用有毒物品作业场所劳动保护条例》《危险化学品安全管理条例》《国务院关于特大安全事故行政责任追究的规定》《特别重大事故调查程序暂行规定》《民用爆炸物品管理条例》等。

（3）在部门规章方面，有《危险化学品生产储存建设项目安全审查办法》《气瓶安全监察规定》《危险化学品登记管理办法》《国家职业卫生标准管理办法》《放射事故管理规定》《特种设备注册登记与使用管理规则》《特种设备质量监督与安全监察规定》《特种作业人员安全技术培训考核管理办法》《特种作业人员安全技术培训考核管理办法》《带电作业技术管理制度》《在用压力容器检验规程》等。

（4）在环境保护方面，中华人民共和国宪法第九条、第十条、第二十二条、第二十六条规定了环境与资源保护，另有《环境保护法》《水污染防治法》《大气污染防治法》《固体废物污染环境防治法》《水污染防治法实施细则》《大气污染防治法实施细则》《放射性同位素与射线装置放射线保护条例》《化学危险品安全管理条例》《陆生野生动物保护实施条例》等。此外，新刑法在第六章《妨害社会管理罪》中增加了破坏环境资源保护罪。

各省市及各行业还制定有各类地方法规。

2. 学校制度

学校制度一般由校级管理制度（含应急预案、准入制度等）、院级管理制度、实验室级管理制度等组成。各级管理制度应根据国家政策法规，结合学科特点，具有适用性和可操作性，如《四川大学实验室安全管理条例》《四川大学危险化学品管理办法》等。

（三）培训机制

在实验室发生的意外事故中，人为因素占主要部分，据统计，由人为原因造成的实验室安全事故比例高达 88%，通过科学合理的安全教育与培训可以有效减少事故发生的概率。

1. 建立实验室准入制度

为了增强学生实验室安全与环保意识，提高突发事故应急处理技巧与能力，学校应结合实际情况，制定切实可行的实验室安全与环保培训方案，建设适合学科特点的实验室安全培训教程，并将其纳入学分课程体系。同时，将学生及实验人员培训是否合格作为实验室准入的必要条件之一。

2. 其他形式安全教育培训

除了课堂学习安全知识外，还可以通过多种形式加强安全培训，例如，组织各类消防演练、防灾演习、逃生体验等活动，普及消防知识，增强自救能力；通过安全宣传周、安全知识竞赛以及大学生创新项目等多种形式，规范每个人的行为，最终使安全文明形成一种文化习惯。

（四）督查机制

1. 实验室安全与环境保护检查

实验室安全与环境保护检查是根据相关安全标准、规范等制定检查条款，按条款对实验室潜在隐患进行判别检查，认真督促安全检查结果的整改，可以有效阻止安全事故的发生。目前经常使用的安全检查方式有消防公安部门、环保部门等管理部门组织的专项检查，学校管理部门组织检查，各学院等单位自查，专家组及学生协防队员巡查，各实验室日常检查等。

2. 实验室安全与环境保护认证

实验室对开展的实验和实验室进行安全与环保合格认证。安全与环保合格认证包括对实验室建设、仪器设备、工艺流程、危险实验材料、实验废弃物预处置及实验室防护设施等要素进行综合预先危险性分析，按照一定的标准和要求进行评价，作出是否合格的结论，对不合格的实验室要执行限期整改，严重的可暂时关闭实验室，直至整改达到合格标准方能批准开展实验。

3. 实验室安全与环境保护量化考核

实验室在运行期间应做好过程管理，安全量化考核是过程管理的一种方式。根据国家相关标准、规范等制定量化考核标准，结合实验室安全与环境保护检查结果及检查人员和相关人员评分对实验室安全与环境保护进行量化考核。该考核结果可以计入对责任人及所属单位的业绩考评。对不合格的实验室要采取暂时封闭、限期整改等措施，直至合格方能重新开放运行。

（五）安全防护设施建设

实验室安全防护设施建设是安全保障的具体实施。安全防护设施包括仪器设备安全防护装置、消防设施、急救设施、个人防护设施、监控预警设施等。安全防护设施应定期检查，对已损坏或不能满足防护要求的设施进行维修、升级、改造，对已过期的防护设施及时更新，从而提高实验室安全与环境保护技防能力。

（六）信息化管理

实验室安全与环境保护管理工作繁杂多变，涉及地点、人员众多，单纯依靠人工不利于管理工作的开展，充分利用互联网无地域局限的优势，是实验室安全与环境保护管理工作的发展趋势。目前国内已有高校开始使用互联网进行实验室安全与环境保护培训及考试管理，这样确实为将安全教育覆盖到所有进入实验室的人员创造了有利条件，也使安全教育的形式和手段更加多样化，而实现实验室人员、实验材料、设备、实时监控等的信息化管理将大大提高安全管理效率和提高实验室的安全性。因此，通过互联网来实现实验室安全管理的科学化、规范化、动态化、实时化等更多管理功能是非常必要的，也是信息化发展的必然结果。

思考题

1. 实验室主要安全环保隐患来源是什么？
2. 实验室安全环保事故类型有哪些？
3. 安全实验室的建设内涵是什么？

参考文献

［1］姜忠良，齐龙浩，马丽云，等. 实验室安全基础［M］. 北京：清华大学出版社，2009.

［2］徐炎华. 环境保护概论［M］. 北京：中国水利水电出版社，知识产权出版社，2010.

［3］王洪德，石剑云，潘科. 安全管理与安全评价［M］. 北京：清华大学出版社，2010.

［4］何晋浙. 高校实验室安全管理与技术［M］. 北京：中国计量出版社，2009.

第二章　化学化工类实验室安全与环境保护

【本章导读】

化学实验室是传授学生知识，培养学生实验操作技能的必要场所，其人流量大，使用效率高。实验室中存放着各种实验药品，如酸、碱、有机试剂、剧毒药品等；实验室中有不同的仪器设备，如气相色谱仪、液相色谱仪、加热搅拌器和低温设备等；实验室还可能存在各种危险环境，如高温、高压、放射性等。这些都使化学实验室成为具有严重安全隐患的场所。因此，提高师生（特别是学生）的安全意识，对确保实验室的正常运转，保障师生的安全具有重要的实际意义。

本章主要学习要点：

（1）了解危险化学品的分类及其危害。

（2）熟悉化学化工实验室和常见的实验装置的安全使用基本常识。

（3）掌握化学化工实验室安全管理的一般原则，了解常见化学实验室事故的应急处理方法。

第一节　化学化工实验室安全概述

一、化学化工实验室安全的现状

随着国家教育投入的增加，各高校对实验室建设的投入得到了加强，设备建设逐渐完善，实验室中拥有大批贵重精密仪器，各种安全设备设施的建设也得到了重视和加强。但是，我们必须注意到化学实验室的特殊性，例如，实验室中化学试剂使用量大，易燃、易爆、有毒甚至是剧毒药品种类繁多、复杂，存有各种高压气体钢瓶，所涉及的实验类别及实验条件复杂多样；实验过程中产生的"三废"物质，以及大量过期或失效试剂的处理等，都极易造成环境污染和重大的安全隐患；同时，实验室多而分散且相对独立的特点，也给管理增加了难度；特别是学校化学实验室是面对学生进行实验技能训练的场所，每年都有大量新生进入实验室，人员集中且流动性大，有可能因管理不善而存在安全隐患，事故一旦发生，后果不堪设想。

近年来，化学实验室在硬件建设方面虽已得到极大的改善，但仍然存在着实验室安全设施投入不足、环保设施不能满足要求等问题。与实验室的硬件建设相比，高校化学实验室在软件建设，特别是安全管理方面还有很长的路要走。虽然国内化学实验室安全管理已经逐渐加强，但与国外的安全管理相比，仍然存在差距，尤其是缺乏对实验室安全细节上的规定，缺乏生动的教材或宣传方式，对安全措施的执行缺乏力度和持久性。而学校化学实验室安全管理的措施还会间接影响毕业学生在化学化工企业的安全操作和安全意识。许多实验室安全事故都是由于缺乏安全意识而引发的。因此，要改变化学实验室安全管理的现状，必须健全安全制度，加强安全教育，培养安全意识，实行科学规范的管理。

二、化学化工实验室安全的相关概念

（一）化学品

化学品，又称化学物质，是指由各种化学元素组成的化合物及其混合物。可以说人类生存的地球和大气层中的所有有形物质，包括固体、液体和气体，都是化学品。

根据美国化学文摘登录，目前全世界已知化学品多达 700 多万种，其中已作为商品上市的有 10 万余种，经常使用的有 7 万多种。现在每年全世界新出现的化学品有 1000 多种。化学品交易在全球贸易中不断扩大，每年仅作为商品流通的化学品就多达 5 万余种。如何正确有效地处理及使用这些化学品（无论是对人体有益的还是有害的），就成为我们必须要考虑的问题。为了保障化学品的安全使用、安全运输、安全废弃、安全处置，建立一个全球一致化的化学品分类和管理体系成为必然。

（二）危险化学品

在众多化学品中，有一类物质由于其化学或物理特性易于引发事故，从而对人体健康、环境以及社会公共财产造成破坏，因此，需要我们格外重视。这类化学品通常被称为危险化学品，或化学危险品。

依据其使用环境，危险化学品通常有不同的定义方式。一般认为："危险化学品是指具有毒害、腐蚀、爆炸、燃烧、助燃等性质，对人体、设施、环境等具有危害的剧毒化学品和其他化学品。"

目前国内有两个标准：一是《常用危险化学品分类与标志》（GB 13690），将危险化学品分为 8 类；二是《危险货物分类与品名编号》（GB 6944）。

第二节　危险化学品的分类及危害

一、危险化学品的分类方法和标识

（一）危险化学品的分类原则

目前，用途较广的危险化学品数千种。在这些常用的危险化学品中，许多化学品往往同时具有多种危险性，而其相互组合更可以表现出特有的风险或危害。因此，在对危险化学品进行分类时，根据其可能对人体、环境等造成的主要影响，即根据该化学品的主要危险性进行分类。

（二）危险化学品的分类

1. 国际惯用的分类方法

目前联合国按化学品的物理危险以及对健康和环境的危害两个方面进行分类，将其危险和危害分为 26 类 60 多项。

按物理危险，危险化学品可分为 16 类：爆炸品（如叠氮化合物、三硝基甲苯、雷汞等），易燃气体（氢气），易燃气溶胶，氧化性气体，压力气体，易燃液体，易燃固体，自反应物质及其混合物，自燃液体，自燃固体，自热物质及其混合物，遇水放出易燃气体的物质及其混合物，氧化性液体，氧化性固体，有机过氧化物，金属腐蚀物。

按化学品对健康和环境的危害，可分为 10 类：急性毒性，皮肤腐蚀/刺激，严重眼睛损伤/眼睛刺激性，呼吸或皮肤过敏，生殖细胞突变性，致癌性，生殖毒性，特定靶器官系统毒性——单次暴露，特定靶器官系统毒性——多次暴露，对水环境的危害。

这 26 类化学品的分类都设定了特殊的标记，每个标记指代一种危险信息要素，包括符号、标记字符、危险性说明、警示性说明和象形图、产品说明、供应商名称等。

相应的安全数据表（SDS）共列出 15 项信息：危险性鉴定，组成/成分信息，急救措施，消防措施，事故接触措施，搬运和存储，暴露控制/人员保护，物理和化学性质，稳定性和反应性，毒理信息，生态信息，处置要求，运输信息，法规信息，其他信息。

2. 我国的危险化学品分类方法

目前我国对危险化学品分类已公布的法规和标准有 4 个，即《危险货物分类和品名编号》（GB 6944—2012）、《危险货物品名表》（GB 12268—2012）、《常用危险化学品分类及标志》（GB 13690—2009）和《危险化学品名录》（2012 年版）。其中，《危险货物分类和品名编号》（GB 6944—2012）将危险货物划分为以下 9 类。

第一类，爆炸物。

凡是受到摩擦、撞击、震动、高温或其他外界因素的激发能发生爆炸的物品，均属于爆炸物。爆炸物是指在受到外界作用时能发生剧烈化学反应、瞬时产生大量气体和热量，导致周围压力急剧上升、空气被瞬间压缩后又发生瞬间膨胀的爆炸，从而对周围环境造成破坏的固体或液体（或其混合物）。爆炸物爆炸时，一般伴随着冲击、燃烧、抛射等危险，有时也伴随着热、光、声响和烟雾等效果。爆炸物按危险性分为以下 6 类：

（1）具有整体爆炸危险的物质或物品。

（2）只有迸射危险，但无整体爆炸危险的物质和物品。

（3）具有燃烧危险和局部爆炸危险，或局部迸射危险，或这两种危险都有，但无整体爆炸危险的物质和物品。

（4）不呈现重大危险的爆炸物质和物品。

（5）有整体爆炸危险的非常不敏感物质。

（6）无整体爆炸危险的极端不敏感物品。

第二类，气体。

此处的气体主要是指存储于耐压容器中的压缩气体、液化气体和低温液化气体。在受热、撞击或者剧烈震动的条件下，容器的内压力容易膨胀引起容器形变、介质泄露，甚至使容器破裂爆炸，从而导致燃烧、爆炸、中毒、窒息等事故。根据气体在运输中的主要危险分为以下 3 种：

（1）易燃气体。在 20℃和常压条件下，与空气的混合物按体积分数不高于 13％时可点燃的气体；或不论易燃下限如何，与空气混合可燃烧的体积分数至少为 12％的气体。

（2）非易燃无毒气体。在 20℃、压力不低于 280 kPa 条件下运输或以冷冻液体状态运输的气体，并且是窒息性气体（会稀释或取代空气中的氧气的气体），或氧化性气体（通过提供氧气比空气更易引起或促进其他材料燃烧的气体），或不属于其他项别的气体。

（3）毒性气体。已知对人类具有的毒性或腐蚀性强到对健康造成危害的气体；或半数致死浓度 LC_{50} 值不大于 5000 mL/m³，因而推定对人类具有毒性或腐蚀性的气体。

第三类，易燃液体。

（1）易燃液体。在其闪点温度时放出易燃蒸气的液体或液体混合物。

（2）液态退敏爆炸品。

第四类，易于自燃的物质，遇水放出易燃气体的物质。

此类危险品当受到热、摩擦、冲击等外界影响或与氧化剂（如空气）、水相接触时，可能发生剧烈作用，能引起燃烧、爆炸。此类危险品分为以下 3 类：

（1）易燃固体。容易燃烧或摩擦可能引燃或助燃的固体，可能发生强烈放热反应的自反应物质，不充分稀释可能发生爆炸的固态退敏爆炸品。

（2）易于自燃的物质。包括发火物质和自热物质。

（3）遇水放出易燃气体的物质。与水相互作用易变成自燃物质或能放出危险数量的易燃气体的物质。

第五类，氧化性物质和有机过氧化物。

（1）氧化性物质。本身不一定可燃，但通常因放出氧或引发氧化反应可引起或促使其他物质燃烧的物质。

（2）有机过氧化物。分子组成中含有过氧基的有机物质，为热不稳定物质，可能发生放热的自加速分解。该类物质还可能具有以下一种或数种性质：发生爆炸性分解，迅速燃烧，对碰撞或摩擦敏感，与其他物质起危险反应，损害眼睛。

第六类，毒性物质和感染性物质。

（1）毒性物质：经吞食、吸入或皮肤接触后可能造成死亡或严重受伤或损害健康的物质。毒性物质的毒性分为急性口服毒性、皮肤接触毒性和吸入毒性，其毒性大小分级见表2-1。

表 2-1　毒性物质的毒性分级

分　级	经口半数致死量 LD_{50}（mg/kg）		吸入半数致死浓度 LD_{50}（mg/kg）		肤接触 24 h 半数致死量 LD_{50}（mg/kg）
	固体	液体	蒸气	粉尘烟雾	
一级（剧毒品）	≤50	≤200	≤200	≤2	≤200
二级（有毒品）	50～500	200～2000	200～1000	2～10	200～1000

（2）感染性物质：含有病原体的物质，包括生物制品、诊断样品、基因突变的微生物；生物体和其他媒介，如病毒蛋白等。

第七类，放射性物质。

自然界是由各种各样的物质组成的，其中某些物质包含不稳定原子核，能发生衰变，不受外界温度、压力影响地放出肉眼无法观察也无法感觉的射线，自身变为较为稳定的更轻的原子，这些物质称为放射性物质。它们释放出的射线通常有 3 种，即 α 射线（氦核粒子束）、β 射线（高速电子束）和 γ 射线（波长小于 0.02 nm 的高能光子束）。这些射线的穿透性很强，而人的感觉器官无法察觉。但经过该类射线照射后细胞会直接死亡，细胞分裂被延缓或阻碍，人体某些重要器官内细胞群严重减少，导致人体生理机能受阻；因超剂量照射引起人体器官内细胞增生；因生殖细胞受损而导致的遗传基因突变，对人体产生极大危害，可致病、致畸、致癌，甚至致死。

第八类，腐蚀性物质。

腐蚀性物质是指通过化学作用使生物组织接触时造成严重损伤，在渗漏时会严重损害甚至毁坏其他货物或运载工具的物质。腐蚀性物质包括与完好皮肤组织接触不超过 4 h，在 14 天的观察期中发现引起皮肤全厚度损毁的物质，或在温度 55℃ 时，对 S235JR+CR 型或类似型号钢或无覆盖层铝的表面平均年腐蚀率超过 6.25 mm 的物质。

第九类，杂项危险物质和物品。

其他类别未包括的危险性物质和物品，如危害环境物质、高温物质、经过基因修改的微生物或组织。

（三）危险化学品的标识

在流通的化学品中，哪些是无害的？哪些是危险有害的？在辨识的过程中需要一种标识，也就是危险化学品标识，借此传达有关危险种类和类别的信息。危险化学品标识的制定工作是在劳工组织的主持下，由劳工组织危险公示工作组完成的。它用简单、明了、直观的文字和图形表达化学品的危害性，用于警示接触、使用或处理作业的工作人员，使工作人员预先设计安全应对措施，减少安全事故的发生。

图2-1是常见危险化学品的标识。在化学实验室中，经常会接触到易燃试剂（如乙醚、乙醇、石油醚）和腐蚀性药品（如浓硫酸、浓硝酸、浓盐酸、烧碱），它们的危险性比较单一；而有些剧毒化学药品，如氰化钠（又名山奈）、三氧化二砷（又名砒霜）等，往往具有多重危险性。虽然氰化钠自身不会燃烧，但遇潮湿空气或与酸类接触则会放出剧毒、易燃的氰化氢气体，而且与硝酸盐、氯酸盐反应强烈，有发生爆炸的危险；有些易燃易爆的气体和药品（如氢气、乙炔、金属有机试剂等）常具有多种危险性。因此要重视化学品的标识，正确使用化学药品，如果使用不当，则可能发生着火、烧伤、中毒、爆炸等事故。

图2-1 常见危险化学品标识

对于具体的某一种化学药品，从它的药品标签上不仅可获得危害类别信息——危害标识、危害声明及预防方法，还可以获得CAS注册号、化学分子式、分子量、物理性质、货号、包装规格、纯度、批号、产地、使用条形码。因此，在使用和存储某种化学药品之前，必须认真阅读药品标签，了解药品的性质，掌握正确存储、预处理、使用、废弃处理药品的方法，了解相应的急救和消防措施，防止安全事故的发生。

二、危险化学品的危害

危险化学品的危害主要包括燃爆危害、健康危害和环境危害。燃爆危害是指化学品能引起燃烧、爆炸的危险程度；健康危害是指接触后能对人体产生危害的大小；环境危害是指化学品对环境的危害程度，可进一步分为水体污染、大气污染和土壤污染。

（一）危险化学品的燃爆危害

爆炸是指物质瞬间发生物理或化学变化，同时释放出大量气体和能量（光、热和机械功）并伴随巨大声响的现象。爆炸通常可以分为物理性爆炸（物质本身由于外界影响导致温度、压力或体积迅速改变而瞬间对外做功）、化学性爆炸（物质在极短时间内完成化学反应引发自身和环境物理性质改变）和核爆炸（对不稳定核素进行轰击引发链式反应瞬间放出巨大能量）。

燃烧是指可燃物质与氧气或者氧化剂等发生剧烈氧化反应而发光发热的现象，有时由于气体受热膨胀还伴随着声响。燃烧必须具备三个条件，即可燃物、助燃物和提供能量引发燃烧的着火源。

绝大部分危险化学品都具有易燃易爆的性质，在生产、存储、使用、经营以及运输中的危险化学品，往往处于温度、压力的特殊状态（如高温或低温、高压或低压等），如果操作与管理不当，失去控制，一旦发生火灾、爆炸事故，会造成严重后果和巨大损失。因此，了解危险化学品的燃烧、爆炸危害，对其及时采取防范措施，做到安全使用、防止事故具有重要意义。

易燃易爆品种类繁多，根据其存在状态，可以分为气态、液态和固态。下面分别对这三种状态可能存在的危害加以介绍。

1. 可燃气体、可燃蒸气、可燃粉尘的燃烧与爆炸危险性

可燃气体、可燃蒸气、可燃粉尘或可燃纤维与空气组成的混合物，当遇着火源时极易发生燃烧或爆炸。这种爆炸一般是由于该类可燃气态物质与空气充分混合达到最佳反应比例，并受到外界条件引发剧烈燃烧放热引起的。但是燃烧或爆炸并非在任何混合比例下都能发生，而是有固定的浓度范围，在此浓度范围内，浓度不同，放热量不同，火焰蔓延速度也不相同。在混合气体中，当所含可燃气体为化学计量浓度时，发热量最大；当稍高于化学计量浓度时，火焰蔓延速度最大，燃烧最剧烈；若可燃物浓度增加或减少，发热量减少，蔓延速度降低。当浓度低于某一最低浓度或高于某一最高浓度时，火焰便不能蔓延，燃烧也就不能进行。

气体的燃烧方式一般有两种，即混合燃烧和扩散燃烧。混合燃烧是指可燃性气体与空气预先混合，然后引发产生的燃烧，一般具有反应迅速、传播速度快、温度高、有冲击波效应，并伴随爆炸等特点；扩散燃烧是指可燃性气体从管中喷出，与周围空气接触，可燃性气体与空气中氧分子相互扩散，伴随混合进行的燃烧。一般易燃易爆气态物质引发的火灾爆炸等事故，都伴随着两种燃烧形式，混合燃烧具有更强的危害。

爆炸极限与自燃点是评价气体燃烧爆炸危险性的主要指标。

爆炸下限是指可燃蒸气、气体或粉尘与空气组成的混合物遇火源即能发生爆炸的最低浓度，当低于爆炸下限时只能发生燃烧；爆炸上限是指可燃蒸气、气体或粉尘与空气组成的混合物遇火源即能发生爆炸的最高浓度，超过此浓度就不能发生爆炸。上限和下限统称爆炸极限，上限和下限之间的浓度称为爆炸范围。

氢气为易燃压缩气体，与空气混合能形成爆炸性混合物，遇火源能引起燃烧爆炸。氢气比空气轻，在室内使用和存储时，泄漏的气体上升滞留屋顶不易排出，遇火星会引

起爆炸。氢气的爆炸范围是 4.0%～75.6%（体积浓度），即当氢气在空气中的体积浓度为 4.0%～75.6%时，遇火源就会爆炸，而当氢气浓度小于 4.0%或大于 75.6%时，即使遇到火源，也不会爆炸。但是，在容器或管道中的可燃气体浓度都在爆炸上限以上，若发生泄漏或者空气能补充或渗漏进去，遇火源则随时有燃烧、爆炸的危险。因此，对浓度在上限以上的混合气体，通常仍认为它们是危险的。

爆炸范围通常用可燃气体、可燃蒸气在空气中的体积百分数表示，可燃粉尘则用 mg/m³ 表示。爆炸极限的范围越宽，爆炸下限越低，爆炸危险性越大。通常的爆炸极限是在常温、常压的标准条件下测定出来的，它随温度、压力的变化而变化，此外，混合物含氧量、容器直径以及引发爆炸的火源强度、火花能量、电流强度、热表面大小、火源与爆炸混合物接触时间等均对爆炸极限有影响。

自燃点是指可使某易燃化学品发生自燃的最低温度。气体的自燃点越低，其火灾爆炸危险性越大。可燃气体的自燃点不是固定不变的数值，而是受压力、容器直径、催化剂等因素的影响而变化的。另外，气体的相对密度、扩散性和膨胀性等也决定其危险的程度。

另外，某些气体即使没有空气或氧气存在，同样可以发生爆炸。如乙炔，即使在没有氧气的情况下，若被压缩到 2 个大气压以上，遇到火星也能引起爆炸。这种爆炸是由物质的分解引起的，称为分解爆炸。乙炔发生分解爆炸所需的外界能量随压力的升高而降低。实验证明，若压力在 1.5 MPa 以上，需要很少能量甚至无须能量乙炔就会发生爆炸，这表明高压下的乙炔是非常危险的。除乙炔外，其他一些发生放热分解反应的气体，也有同样性质，如乙烯、环氧乙烷、丙烯、联氨、一氧化氮、二氧化氮等。

2. 液体的燃烧危险性

易燃液体一般采取的是蒸发燃烧的方式，即在火源或热源的作用下，先蒸发成蒸气，然后再氧化分解进行燃烧。开始时燃烧速度较慢，火焰也不高，因为这时的液面温度低，蒸发速度慢，蒸气量较少。随着燃烧时间延长，火焰向液体表面传热，使表面温度上升，蒸发速度和火焰温度则同时增加，这时液体就会达到沸腾的程度，使火焰显著升高。如果不能隔断空气，易燃液体就可能完全烧尽。

液体的表面都有一定数量的蒸气存在，蒸气的浓度取决于该液体所处的温度，温度越高，蒸气浓度越大。在一定的温度下，易燃液体表面上的蒸气和空气的混合物与火焰接触时，能闪出火花，但随即熄灭，这种瞬间燃烧的过程称为闪燃。液体能发生闪燃的最低温度称为闪点。在闪点温度，液体蒸发速度较慢，表面上积累的蒸气遇火瞬间烧尽，而新蒸发的蒸气还来不及补充，所以不能持续燃烧，当温度升高至超过闪点一定温度时，液体蒸发出的蒸气在点燃以后足以维持燃烧，能维持液体持续燃烧的最低温度称为该液体的着火点，也称燃点。液体的闪点与燃点相差不大，对易燃液体来说，一般在 1℃～5℃之间；而可燃液体可能相差几十摄氏度。闪点是评价液体危险化学品燃烧危险性的重要参数，闪点越低，它的火灾危险性越大。

可燃、易燃液体的爆炸同燃烧一样，一般也是因为其蒸气在空气中达到一定浓度，遇到火源满足其爆炸浓度极限与爆炸温度极限引起的。

另外，液体的其他性能，如自燃点、饱和蒸气压、相对密度、流动扩散性、沸点、膨胀性和带电性等，也决定了其危险性程度。同时，大部分可燃、易燃液体的电阻率在 $10^{10} \sim 10^{15} \Omega \cdot cm$ 之间，容易在灌注、运输、喷溅和流动过程中因摩擦产生静电，当静电积聚到一定程度引发静电放电后，也可能引起火灾或爆炸。

3. 固体的燃烧与爆炸危险性

固体化学品的火灾爆炸危险性主要决定于固体的熔点、燃点、自燃点、表面积及热分解性能等。

固体燃烧分为分解燃烧和表面燃烧两种情况。分解燃烧是指复杂固体物质受热后分解或简单固体物质自身熔化蒸发形成可燃性气体，所释放气体发生化学氧化过程引起的燃烧；表面燃烧是指对于分解燃烧的固体物质燃烧到后期已无法分解或释放出可燃气体，燃烧在高温可燃的残余无定形碳和灰表面进行，此种燃烧一般难以见到明显的火焰。

由于固体化学品组成中分子间隔小、密度大，受热时蓄热条件好，所以其自燃点一般低于可燃液体和气体的自燃点，只有少数低燃点的易燃固体才可能出现闪燃现象。一般来说，同样的固体化学品，单位体积的氧化表面越大，其危险性越大。另外，许多化合物的分子中含有容易游离的氧原子或含有不稳定的单体，受热或遭受摩擦、撞击后极易分解放热并产生大量的气体，从而引起燃烧和爆炸。

固态物质的爆炸主要是由于易燃固体表面积较大，粉尘扩散到空气中形成爆炸混合物或不稳定物质受热或遭受撞击、摩擦等引发的。

某些固态化学物质一旦点燃将迅速燃烧，例如镁，一旦燃烧将很难熄灭；某些固体对摩擦、撞击特别敏感，如爆炸品、有机过氧化物，当受外来撞击或摩擦时，很容易引起燃烧爆炸，故对该类物品进行操作时，要轻拿轻放，切忌摔、碰、拖、拉、抛、掷等；某些固态物质在常温或稍高温度下即能发生自燃，如白磷，若露置空气中可很快燃烧，因此生产、运输、存储等环节要加强对该类物品的管理，这对减少火灾事故的发生具有重要意义。

工业事故中，引发固体火灾事故较多的是危险化学品自热自燃和受热自燃。

（1）自热自燃。

可燃固体因内部所发生的化学、物理、生物化学作用放出氧化热、吸附热、聚合热、发酵热等热量，均可引发自热自燃。例如，硝化棉及其制品（如火药、硝酸纤维素、电影胶片等）在常温下会自发进行分解反应，且具有自催化作用，放出的分解热容易导致燃烧或爆炸；含有水分的植物和农副产品（如稻草、木屑、粮食等），会因发酵而放出发酵热，若积热不散，温度逐渐升高至自燃点时，则会引起自燃。

引起自热自燃是有一定条件的：①必须是比较容易产生反应热的物质。例如，那些化学上不稳定的容易分解或自聚合并发生放热反应的物质，能与空气中的氧作用而产生氧化热的物质，由发酵而产生发酵热的物质等。②此类物质要具有较大的比表面积或是呈多孔状的（如纤维、粉末或重叠堆积的片状物质），并具有良好的绝热和保温性能。③热量产生的速度必须大于向环境散发的速度。满足了这三个条件，自热自燃才会发生。因此，预防自热自燃的措施，也就是设法防止这三个条件的形成。

（2）受热自燃。

可燃物质在外界热源作用下，温度逐渐升高，当达到自燃点时，即可着火燃烧，称为受热自燃。物质发生受热自燃取决于两个条件：一是要有外界热源，二是要有热量积蓄条件。在化学实验或化工生产中，由于可燃物料接近或接触高温设备、烘烤过度、熬炼油料或油溶温度过高、机械转动部件润滑不良而摩擦生热、电气设备过载或使用不当造成温度升高等，都有可能引起受热自燃的发生。例如，合成橡胶干燥时，若橡胶长期放置在加热器的附近，则极易引起橡胶的自燃。

4. 火灾与爆炸的破坏作用

火灾与爆炸都会带来生产设施的重大破坏和人员伤亡，但两者的发展过程显著不同。火灾是在起火后火势逐渐蔓延扩大，随着时间的延续，损失数量迅速增长，损失大约与时间的平方成比例，如火灾时间延长 1 倍，损失可能增加 4 倍。爆炸则是猝不及防的，可能仅在 1 秒内爆炸过程就已经结束，设备损坏、厂房倒塌、人员伤亡等巨大损失也将在瞬间发生。

爆炸同时还伴随发热、发光、压力上升、真空和电离等现象，具有很强的破坏作用。它与爆炸物的数量和性质、爆炸时的条件以及爆炸位置等因素有关。主要破坏形式有以下几种。

（1）直接的破坏作用。

机械设备、装置、容器等爆炸后产生许多碎片，飞出后会在相当大的范围内造成危害。一般碎片在 $100\sim500$ m 内飞散。例如，2010 年 6 月 9 日，大连化学物理研究所发生过氧化氢连环爆炸事故，碎片击穿了墙壁，附近住户的玻璃被震碎。

（2）冲击波的破坏作用。

物质爆炸时，产生的高温高压气体以极高的速度膨胀，像活塞一样挤压周围空气，把爆炸反应释放出的部分能量传递给压缩的空气层，空气受冲击而发生扰动，使其压力、密度等发生突变，这种扰动在空气中的传播称为冲击波。冲击波的传播速度快，在传播过程中，可以对周围环境中的机械设备和建筑产生破坏作用和使人员伤亡。冲击波还可以在它的作用区域内产生震荡作用，使物体因震荡而松散，甚至破坏。

冲击波的破坏作用主要是由其波阵面上的超压引起的。在爆炸中心附近，空气冲击波波阵面上的超压可达几个甚至几十个大气压，在这样高的超压作用下，建筑物被摧毁，机械设备、管道等也会受到严重的破坏。

当冲击波大面积作用于建筑物时，波阵面超压在 $20\sim30$ kPa 内，就足以使大部分砖木结构建筑物受到强烈破坏。超压在 100 kPa 以上时，除了坚固的钢筋混凝土外，其余部分将全部被破坏。

（3）造成火灾。

爆炸发生后，爆炸气体产物的扩散只发生在极短促的瞬间，对一般可燃物来说，不足以造成起火燃烧，而且冲击波造成的爆炸风还有灭火作用。但是爆炸时产生的高温高压可将易燃液体的蒸气点燃，也可能把其他易燃物点燃引起火灾。

当盛装易燃物的容器、管道发生爆炸时，爆炸抛出的易燃物有可能引起大面积火灾，这种情况在油罐、液化气瓶爆破后最易发生。正在运行的燃烧设备或高温的化工设备被破坏，其灼烧的碎片可能飞出，点燃附近存储的燃料或其他可燃物，引起火灾。

（4）造成中毒和环境污染。

在实际生产中，许多物质不仅是可燃的，而且是有毒的，发生爆炸事故时，会使大量有害物质外泄，造成人员中毒和环境污染。

（二）危险化学品的健康危害

危险化学品一般具有毒性、刺激性、致癌性、致畸性、致突变性、腐蚀性、麻醉性、窒息性等特征，当这些有害物质经过吞咽、呼吸、皮肤接触等经机体吸收或暴露在放射性物质的辐射中过久，都会导致人员不同程度地中毒、器官损伤或细胞突变，从而呈现相应的病征，使人体健康受到损害。2000—2002 年化学事故统计显示，由于危险化学品的毒性危害导致的人员伤亡占化学事故伤亡的 49.9％，2006—2010 年化学品的中毒与窒息事故占到危险化学品事故的 34％。关注危险化学品的健康危害，将是危险化学品安全管理的一项重要内容。

下面针对危险化学品对人或动物等生命体的健康危害进行详细介绍，根据其作用部位和病征影响，可将其分为 8 类。

1. 对皮肤的危害

（1）对皮肤的刺激和腐蚀。当某些危险化学品和皮肤接触时，危险化学品可使皮肤保护层被损害、腐蚀或脱落，真皮层或肌肉裸露，神经细胞直接接触外界，引起皮肤干燥、粗糙、疼痛，甚至遭受微生物侵害或化学品继续作用后导致组织腐烂、坏死。

（2）导致皮肤过敏。当身体接触某些化学品或暴露在化学品环境后，由于皮肤吸收部分外来化学物质，皮肤环境发生改变，在接触或裸露部位可能会有不适感，产生干燥蜕皮、瘙痒、皮疹或水疱，表现出皮肤过敏的症状。接触环氧树脂、胺类硬化剂、偶氮染料、煤焦油衍生物和铬酸等都可能导致皮肤过敏。

2. 对眼部的危害

危险化学品和眼部接触，轻者会有轻微的、暂时性的不适，重者视神经受损、视觉器官失效或坏死，从而导致视力下降甚至失明。化学品对眼部造成伤害的严重程度取决于中毒的剂量及采取急救措施的快慢。

3. 对呼吸系统的危害

（1）对呼吸道的刺激。雾状、气态、蒸气化学刺激物和上呼吸系统（鼻和咽喉）接触时，会导致火辣辣的刺激感。这一般是由可溶物引起的，如氨水、甲醛、二氧化硫、酸、碱，它们易被鼻咽部湿润的表面所吸收。一些刺激物对气管的刺激可破坏局部黏膜，导致充血或水肿，引起气管炎，甚至严重损害气管和肺组织，如二氧化硫、氯气、煤尘。一些化学物质将会渗透到肺泡区，引起强烈的刺激或导致肺水肿（肺间质或肺泡液渗出而致使肺组织积液、水肿），表现出咳嗽、呼吸困难（气短）、缺氧以及痰多，如二氧化氮、臭氧以及光气等。

（2）引发呼吸系统过敏。呼吸系统对化学物质的过敏引起职业性哮喘，这种症状的反应常包括咳嗽，特别是夜间，以及呼吸困难，如气喘和呼吸短促，引起这种反应的危险化学品有甲苯、聚氨酯、福尔马林。

（3）缺氧（窒息）。窒息涉及对身体组织氧气运输或氧化作用的干扰。这种症状分为单纯窒息、血液窒息和细胞内窒息。单纯窒息是由于周围大气中氧气被惰性气体所代替（如氮气、二氧化碳、乙烷、氢气或氦气）或呼吸道由于机械性堵塞而使氧气量不足以维持生命的继续。一般情况下，空气中含氧量为21%，如果空气中氧浓度降到17%以下，机体组织的供氧不足，就会引起头晕、恶心、调节功能紊乱等症状。这种情况一般发生在空间有限的工作场所。缺氧严重时导致昏迷甚至死亡。血液窒息是由于化学物质直接影响机体传送氧的能力或阻碍肺部气体交换。典型的血液窒息性物质就是一氧化碳，空气中一氧化碳含量达到0.05%时就会导致血液携氧能力严重下降。细胞内窒息是由于化学物质直接影响机体和氧结合的能力或通过与组织细胞的相互作用切断神经中枢、诱导神经性反射或瘫痪呼吸肌而引起呼吸抑制。

（4）造成呼吸器官损伤或病变。当呼吸系统吸入刺激性危险品或长时间大量吸入颗粒物时，有可能造成呼吸器官的病变（如肺炎、肺水肿、肺癌和尘肺等）。

尘肺是由于在肺的换气区域发生了微小尘粒的沉积以及肺组织对这些沉积物的反应，很难在早期发现肺的变化，当X射线检查发现这些变化的时候，病情已经较重了。尘肺病患者的肺的换气功能下降，在紧张活动时将发生呼吸短促症状，这种作用是不可逆的，能引起尘肺病的物质有石英晶体、石棉、滑石粉和煤粉等。

4. 对神经系统的危害

（1）导致昏迷和麻醉。接触高浓度的某些危险化学品，如乙醇、丙醇、丙酮、丁酮、乙炔、烃类、乙醚、异丙醚等，会导致中枢神经抑制。这些危险化学品有类似醉酒的作用，一次大量接触可导致昏迷甚至死亡，也可能导致一些人沉醉于这种麻醉品。

（2）中毒性脑病。中毒性脑病是指脑部由于中毒引起严重器质性或机能性病变。引起中毒性脑病的是所谓的亲神经性毒物，常见的有四乙基铅、有机汞、有机锡、磷化氢、铊、汽油、苯、二硫化碳、溴甲烷、环氧乙烷、三氯乙烯、甲醇及有机磷等。中毒性脑病主要症状为头晕、头痛、乏力、恶心、呕吐、嗜睡、视力模糊、幻觉、复视、不同程度的意识障碍、昏迷、抽搐等。有的患者有癫症样发作或类神经分裂症、躁狂症、抑郁症等。还有的患者表现为植物神经系统失调，如脉搏减慢、血压和体温降低、多汗等。

（3）周围神经炎。周围神经系统发生结构变化与功能障碍称为周围神经炎。如铊急性中毒，开始以四肢疼痛为主，尤其是下肢，双足着地即痛不可忍。二硫化碳、三氧化二砷急性中毒，也可出现周围神经炎。

（4）神经衰弱综合征。大脑皮层功能紊乱、兴奋与抑制过程失调称为神经衰弱综合征。神经衰弱综合征多见于慢性中毒的早期及某些轻度急性中毒以及中毒后的恢复期。

5. 对血液系统的危害

（1）中性粒细胞减少症。循环血液中的中性粒细胞减少至每立方毫米4000个以下时称为中性粒细胞减少症。一些有机溶剂，特别是苯、放射性物质等，可抑制血细胞核酸的合成，引起白细胞减少甚至中性粒细胞缺乏症。

（2）高铁血红蛋白症。高铁是指高价态铁离子，高铁血红蛋白症是指血红蛋白中的二价铁离子被氧化为三价铁离子。苯胺、硝基苯、硝基甲苯、二硝基甲苯、三硝基甲苯、苯肼、硝酸盐等的代谢产物具有使正常血红蛋白转化为高铁血红蛋白的毒性。由于血红蛋白变性，其携氧能力降低，携氧功能受到障碍，患者常有缺氧症状，如头昏、胸闷、乏力等，甚至发生意识障碍和昏迷。

（3）再生障碍性贫血。再生障碍性贫血是指造血功能衰竭导致全身血细胞减少。汞、砷、四氯化碳、苯、二硝基甲苯、三硝基甲苯、有机磷等均可引起再生障碍性贫血。

（4）心肌损害。心肌损害是指心肌所产生的各种病变。有些毒物，如锑、砷、磷、四氯化碳、有机汞等，均可引起急性心肌损害，中毒引起的严重缺氧也可引起心肌损害。

6. 对消化系统和泌尿系统的危害

消化系统和泌尿系统的中毒包括中毒性口腔炎、中毒性急性肠胃炎、中毒性肝炎、中毒性肾病等。

经口引入的汞、砷、碲、铅、有机汞等的急性中毒，可引起口腔炎症，如齿龈肿胀、出血、黏膜糜烂、牙齿松动等。这些毒物的急性中毒还可以引起肠胃炎，产生严重恶心、呕吐、腹痛、腹泻等症状。剧烈呕吐和腹泻可引起失水和电解质、酸碱平衡紊乱，甚至休克、器官功能衰竭。

有些毒物主要引起肝脏损害，称为亲肝性毒物。这类毒物常见的有磷、锑、氯仿、四氯化碳、硝基苯、三硝基甲苯等。急性中毒性肝炎有两类：一类是以全身或其他系统症状为主，肝脏损坏较轻或不明显，多为轻型无黄疸症，患者肝脏可能有轻度肿大，有或无压痛，肝功能异常或伴有恶心、食欲减退等；另一类则以肝脏损坏为主，肝脏肿大，肝区痛，黄疸发展迅速，为重型或急性或亚急性重型肝炎。

在急性中毒时，许多毒物可引起肾脏损害，尤其以汞和四氯化碳等造成的急性肾小管坏死症肾病最为严重。砷化氢急性中毒可引起严重溶血，由于组织严重缺氧和血红蛋白结晶阻塞肾小管，也可引起类似的坏死肾病。此外，乙二醇、镉、铋、铀、铅、铊等也可引起中毒性肾病。

7. 致癌与致畸

长期接触一定量的化学物质可能引起人体细胞的无节制生长，形成癌性肿瘤。这些肿瘤可能在第一次接触这些物质以后的许多年才表现出来，这一时期称为潜伏期，一般为4~40年。造成职业肿瘤的部位是变化多样的，未必局限于接触区域，例如，砷、石棉、铬、镍等物质可能导致肺癌，鼻腔癌和鼻窦癌是由铬、镍、木材、皮革粉尘等引起的，膀胱癌与接触联苯胺、萘胺、皮革粉尘等有关，皮肤癌与接触砷、煤焦油和石油产品等有关，接触氯乙烯单体可引起肝癌，接触苯可引起再生障碍性贫血。

接触化学物质可能对未出生胎儿造成危害，干扰胎儿的正常发育。在怀孕的前3个月，脑、心脏、胳膊和腿等重要器官正在发育，一些研究表明化学物质（如麻醉性气体、水银和有机溶剂）可能干扰正常的细胞分裂过程，从而导致胎儿畸形。

8. 致突变

某些危险化学品对受害人遗传基因的影响可能导致其后代发生异常，实验结果表明80%~85%的致癌化学物质对后代有影响。

（三）危险化学品的环境危害

随着化学工业的发展，各种危险化学品的产量大幅度增加，新危险化学品也不断涌现。人们在充分利用化学品的同时，也产生了大量的化学废物，其中不乏有毒有害物质。由于毫无控制的随意排放及危险化学品其他途径的排放，严重污染了环境，使环境状况日益恶化。重视危险化学品的污染危害，最大限度地降低危险化学品的污染，加强环境保护力度，已是人们亟待解决的重大问题。2005 年 11 月 13 日 13 时 30 分，中石油吉林石化公司双苯厂苯胺装置发生爆炸着火的特别重大化学事故，直径 2 km 范围内的建筑物玻璃全部破碎，10 km 范围内有明显震感。据吉林市地震局测定，爆炸当量相当于 1.9 级地震。事故死亡 8 人，重伤 1 人，轻伤 59 人，疏散群众 1 万多人，泄露的苯类污染物进入松花江水，是一起特大安全生产责任事故和特别重大水污染责任事件，给下游人民群众的生产生活造成了严重的影响，同时引发了国际争端。

1. 危险化学品进入环境的途径

危险化学品进入环境的途径主要有以下四种：

（1）事故排放。在生产、存储和运输过程中，由于着火、爆炸、泄露等突发性事故，致使大量有害危险化学品外泄进入环境。

（2）生产废物排放。在生产、加工、存储过程中，以废水、废气、废渣等形式排放进入环境。

（3）人为施用直接进入环境。如农药、化肥的施用等。

（4）人类活动中废弃物的排放。在石油、煤炭等燃料燃烧过程中以及家庭装饰等日常生活使用中直接排入或者使用后作为废弃物进入环境。

2. 危险化学品的污染危害

（1）对大气的危害。危险化学品对大气的危害主要体现在以下几个方面：

①破坏臭氧层。研究结果表明，含氯化学物质，特别是氯氟烃进入大气会破坏同温层的臭氧。另外，N_2O、CH_4 等对臭氧也有破坏作用。臭氧可以减少太阳紫外线对地表的辐射，臭氧减少导致地面接收的紫外线辐射量增加，从而导致皮肤癌和白内障的发病率大量增加。

②导致温室效应。大气层中的某些微量组分能使太阳的短波辐射透过加热地面，而地面增温后所放出的热辐射，都被这些组分吸收，使大气增温，这种现象称为温室效应。这些能使地球大气增温的微量组分称为温室气体。主要的温室气体有 CO_2、CH_4、N_2O、氟氯烷烃等，其中 CO_2 是造成全球变暖的主要因素。

③引起酸雨。由于硫氧化物（主要为 SO_2）和氮氧化物的大量排放，在空气中遇水蒸气形成酸雨，对动物、植物和人类均会造成严重影响。

④形成光化学烟雾。光化学烟雾主要有以下两类：

a. 伦敦型烟雾。大气中未燃烧的煤尘、SO_2，与空气中的水蒸气混合并发生化学反应所形成的烟雾，称为伦敦型烟雾，也称硫酸烟雾。1952 年 12 月 5~8 日，英国伦敦上空因受冷高压的影响，出现了无风状态和低空逆温层，致使燃煤产生的烟雾不断累积，造成严重空气污染事件，在一周内导致 4000 人死亡。伦敦型烟雾由此而得名。

b. 洛杉矶型烟雾。汽车、工厂等排入大气中的氮氧化物或碳氢化合物，经光化学作用生成臭氧、过氧乙酰硝酸酯等为主的光化学烟雾，该烟雾称为洛杉矶型烟雾，因其最早发生于美国的洛杉矶市而得名。

（2）对土壤的危害。据统计，我国每年向陆地排放有害化学废物2242万吨，由于大量化学废物进入土壤，可导致土壤酸化、土壤碱化和土壤板结。

（3）对水体的危害。水体中的污染物概括地说可分为无机无毒物、无机有毒物、有机无毒物和有机有毒物。无机无毒物包括一般无机盐和氮、磷等植物营养物等；无机有毒物包括各类重金属（汞、镉、铅、铬）和氧化物、氟化物等；有机无毒物主要是指在水体中的比较容易分解的有机化合物，如碳水化合物、脂肪和蛋白质等；有机有毒物主要为苯酚、多环芳烃和多种人工合成的具积累性的稳定有机化合物，如多氯联苯和有机农药等。有机无毒物的污染特性是耗氧，有毒物的污染特性是生物毒性。

①植物营养物污染的危害。含氮、磷及其他有机物的生活污水、工业废水排入水体，使水中的养分过多，藻类大量繁殖，海水变红，称为"赤潮"，由于造成水中溶解氧的急剧减少，严重影响鱼类生存。

②重金属、农药、挥发酚类、氧化物、砷化合物。该类污染物可在水中生物体内富集，造成其损害、死亡，破坏生态环境。

③石油类污染。石油类污染可导致鱼类、水生生物死亡，还可引起水上火灾。

第三节　常用化学化工实验装置设施

高等学校化学实验室通常会使用高压、高能、高温和低温实验装置，这些实验装置的正确使用对于保护操作人员的安全十分重要，特别是对那些可能会引起大事故的装置，使用时必须具备充分的知识，并按规程进行操作。

实验装置的使用能量越高，其危险性就越大。使用玻璃装置和高温、高压、高能、高速度、高负荷之类装置时，必须做好充分的预防措施，并谨慎地操作。对其性能不了解的装置，要认真阅读使用说明书，不能轻易操作。实验装置使用后应收拾妥当，如果发现有不正常的地方，必须马上进行检查修理，或者把情况登记备案并告知后面的使用者。

一、压力装置设施

器壁内外存在着一定压力差的所有密闭容器均可称为压力容器。压力容器器壁两边（内、外部）所存在的压力差称为压力载荷，压力容器所承受的这种压力载荷增加了容器的持有能量，使容器具备了能量释放的可能性、产生泄漏和爆炸的危险性。这种可能性和危险性与容器的介质、容积、所承受的压力载荷以及结构、用途等有关。

压力容器的工作介质是指容器所盛装的，或在容器中参与反应的物质。工作介质是液体的压力容器，由于液体的压缩性很小，因此在卸压时介质的膨胀很小，容器爆炸时所释放的能量也很小。而工作介质是气体的压力容器，因为气体有很大的压缩性，因此在容器爆破时气体瞬时卸压膨胀所释放的能量也就很大。承载压力和容积相同的压力容器，工作介质为气体的要比介质为液体的爆破能量大数百倍至数万倍。例如，一个容积为 10 m³、工作压力为 1.1 MPa（绝对压力）的容器，如果介质是空气，它爆破时所释放的能量（气体绝热膨胀所做的功）约为 1.36×10^7 J；如果介质是水，则其爆炸时所释放的能量仅为 2.16×10^3 J。前者为后者的 6200 倍。由此可见，容器内的介质若为液体，即使容器爆破，其破坏性也是较小的。不过应该注意的是，这里所说的液体，是指常温下的液体，而不包括高于其标准沸点（在标准大气压下的沸点）的饱和液体（如锅炉中的高温饱和水）和沸点低于常温（包括有可能达到的最高使用温度或周围环境温度）的液化气体。因为这些介质在容器内只是由于压力较高才呈现液态（实际在容器内是气液并存的饱和状态），如果容器破裂，容器内的压力下降，这些饱和液体即呈现过热状态，并立即蒸发气化，体积急剧膨胀，发生"蒸汽爆炸"（爆沸），其所释放的能量要比同体积、同压力的饱和蒸汽大得多（相当于瞬间不断地产生饱和蒸汽）。所以从物质的聚集性状态方面考虑，压力容器的工作介质包括压缩气体、水蒸气、液化气体和工作温度高于其标准沸点的饱和液体。

压力容器的工作压力是指容器在正常使用过程中所能承受的最高压力。一般来说，工作压力越高，或者容器的容积越大，则容器爆炸时气体膨胀所释放的能量也越大，事故的危害性越严重。

压力容器是按预定的使用压力设计的，它的壁厚只能允许承受一定的压力，即所谓最高使用压力，在这个范围内容器可安全运行，超过这个压力，容器就可能遭到破坏。由于种种原因，压力容器在运行过程中常常出现超压。例如，压力来自容器外的压力容器，输入气量大于输出气量时，使气体密度增大，压力升高；减压阀失灵或操作失误，高压气体直接进入容器而造成超压；装液过量或受热温度升高，器内液体膨胀，压力剧增；容器内介质的化学反应使压力增高等。

（一）压力装置的安全附件

压力容器的安全附件是为使容器安全运行而装设的一种附属装置。通常不仅把能自动泄压的装置称为附属装置，如安全阀、防爆片等当作安全附件，而且也把一些显示设备中与安全有关的参数计量仪器，如压力表、液面计等也作为安全附件，因为这些装置可使操作人员及时了解设备运行情况，发现不安全因素，以便采取措施，预防事故发生。

（1）安全阀。安全阀是防止超压，保证压力容器安全运行的一种保险装置。当容器在正常压力工作时，它保持密闭不漏，而当容器压力超过规定压力时，就能把容器内的气体迅速排出，使容器内的压力始终保持在最高许可压力范围以内。安全阀不仅有这一主要功能，还有报警功能。在开放排气时，气体流速较高，安全阀发出较大的声响，成为超压的报警信号。

在连续操作的系统中，如装有工作压力相同的多个压力容器，而气体压力在每个容器内不会自行升高者，可按同压系统在连接管道或其中一个容器上装设安全泄压阀；压力容器内的压力是由于容器内的介质化学反应而产生，或化学反应能使压力升高者，应单独装设安全泄压装置；压力容器内介质的压力会因容器内外受热而增高，且容器与其他设备的连接管道又装有阀门者，应单独装设安全泄压装置；盛装或使用蒸汽的压力容器，如最高许用压力不小于蒸汽锅炉时，可不装设安全泄压装置。如果蒸汽是经过减压阀以后输入压力容器，且蒸汽的最高许用压力小于锅炉者，则应在容器上或减压阀出口管上装置安全泄压装置。

（2）压力表。压力表是用来测量容器内介质压力的仪表。在压力容器中，大部分使用弹簧管压力表。在高压气瓶（如氧气瓶和乙炔瓶）上应采用专用的压力表，而在一些工作介质具有腐蚀性的容器中，也有使用薄膜压力表的。压力表的量程应与设备工作压力相适应，通常为工作压力的 1.5～3 倍，最好为 2 倍。压力表刻度盘上应该画红线，指出最高允许工作压力。压力表的连接管不应有漏水、漏气现象，否则会降低压力表指示值。

（3）爆破片。对于固定式压力容器，爆破片的设计爆破压力不得大于压力容器的设计压力，且爆破片的最小设计爆破压力不应小于压力容器最高工作压力的 1.05 倍。

（4）测温仪表。需要控制壁温的压力容器上，必须装设测试壁温的测温仪表（或温度计），严防超温。

（5）液位计。根据压力容器的介质、最高允许工作压力（或设计压力）和设计温度选用；在安装使用前，设计压力小于 10 MPa 压力容器用液位计进行 1.5 倍液位计公称压力的液压试验，设计压力大于或者等于 10 MPa 压力容器的液位计进行 1.25 倍液位计公称压力的液压试验；储存 0℃ 以下介质的压力容器，选用防霜液位计；寒冷地区室外使用的液位计，选用夹套型或者保温型结构的液位计；用于易爆、毒性程度为极度、高度危害介质的液化气体压力容器上，有防止泄漏的保护装置；要求液面指示平稳的，不允许采用浮子（标）式液位计。

（6）紧急切断装置。其作用是当管道及其附件发生破裂及误操作或罐车附近发生火灾事故时，可紧急关闭阀门，迅速切断气源，防止事故蔓延扩大。

（7）快开门式压力容器的安全联锁装置。《压力容器安全技术监察规程》第 49 条规定，快开压力容器的快开门必须设置安全联锁装置，并且安全联锁装置应具备以下功能：①快开门达到预定关闭部位方能升压运行的联锁控制功能；②当压力容器内部压力完全释放，安全联锁脱开后，方能打开快开门的联锁联动功能；③具有与上述动作同步的报警功能。按引起安全联锁装置动作的动力来源，可分为直接作用式安全联锁装置、间接作用式安全联锁装置和组合式安全联锁装置。

以上都是保证压力容器安全运行的安全附件，均应定期检查，保证其精确度和安全可靠性。

（二）高压装置的安全使用

1. 压力容器的安全使用

正确和合理地使用压力容器，是提高压力容器安全可靠性，保证压力容器安全运行的重要条件。为了实现压力容器管理工作的制度化、规范化，有效地防止或减少事故的发生，国务院颁布了《特种设备安全监察条例》《压力容器安全技术监察规程》《压力容器定期检验规则》等一系列法规，对压力容器安全使用管理提出了明确的内容和严格的要求。

使用压力容器的单位和个人应按规定办理压力容器使用登记手续，未办理登记的不得擅自使用。所有压力容器必须办理特种设备使用登记证，压力容器的使用登记证仅在压力容器定期检验合格期间有效。

有压力容器的使用单位必须建立《压力容器技术档案》及使用登记本，每年应将压力容器数量和使用情况进行统计。

使用压力容器单位的技术负责人必须对压力容器的安全技术管理负责，并根据设备的数量和对安全性能的要求，负责组织对使用压力容器的操作人员进行培训。

压力容器使用单位应做好压力容器运行、维修和安全附件校验情况的检查，做好压力容器检验、维修改造和报废等技术审查工作。压力容器的重大修理、改造方案应报上级安全监察机构审查批准。

使用压力容器的注意事项如下：

（1）充分明确实验的目的，熟悉实验操作的条件。要选用适合于实验目的及操作条件要求的装置、器械种类及设备材料。

（2）购买或加工上述器械、设备时，要选择质量合格的产品，并要标明使用的压力、温度及使用化学药品的性状等条件。

（3）一定要安装安全器械，设置安全设施。估计实验特别危险时，要采用遥测、遥控仪器进行操作。同时，要定期检查安全器械。

（4）预先采取措施，即使由于停电等原因而使器械失去功能，也不致发生事故。

（5）高压装置使用的压力，要在其试验压力的 2/3 以内使用。但试压时，应在其使用压力的 1.5 倍的压力下进行耐压试验。

（6）用厚的防护墙把实验室的三面围起来，而另一面则用通用的薄墙围起。屋梁也要用轻质材料制作。

（7）要确认高压装置在超过其常用压力下使用也不漏气，倘若漏气了，也要防止其滞留不散，要注意室内经常换气。

（8）实验室内的电气设备要根据使用气体的不同性质，选用防爆型之类的合适设备。

（9）实验室内仪器、装置的布局要预先充分考虑倘若发生事故，也要使其所造成的损害限制在最小范围内。

（10）在实验室的门外及其周围要挂出标志，以便局外人也清楚地知道实验内容及使用的气体等情况。

（11）由于高压实验危险性大，所以操作人员首先必须熟悉各种装置、器械的构造及其使用方法，然后谨慎地进行操作。

（12）对每一台仪器都应制定相应的安全操作规程，以确保压力容器得到合理使用、安全运行。

（13）要平稳操作，缓慢地进行加温、加压和降温、降压。运行期间保持温度、压力的相对稳定，以防加载速度过快而降低材料的断裂韧性。在高温或零下温度运行的仪器，如果急骤升温或降温，会使壳体产生较大的温度梯度，从而产生过大的热应力。

（14）防止超负荷运行，主要是防止超压、超温运行。每台容器都有最高允许压力和允许温度，超过了规定的压力和温度，容器就有可能发生事故，所以，压力容器一律严禁超载。如果发现容器在运行中的压力或温度不正常，则要按操作规程进行调整。对于压力容器，超压大多是由于操作失误引起的。

（15）加强压力容器的安全检查及日常保养。对运行中的压力容器进行安全检查的主要内容：容器的压力、温度、流量、液压等操作条件是否在规定范围内，容器连接部位有无泄漏或渗漏现象，安全装置及附件、计量仪表等是否保持在完好状态，容器的防腐层要经常保持完好，及时消除容器震动和摩擦，杜绝物料的"跑、冒、滴、漏"等现象发生。

（16）容器的紧急停止运行。压力容器运行过程中，出现下列紧急情况时，操作人员应采取紧急措施，停止容器运行并及时向主管人员汇报：

①压力容器的工作压力、介质温度或壁温超过规定的极限值，采取各种措施仍无法控制。

②压力容器的受压部件出现裂缝、鼓包、变形、泄漏等危及安全的缺陷。

③容器的安全附件失效，接管或紧固件损坏。

④发生火灾，直接威胁容器的安全运行。

2. 高压釜的安全使用

在实验室进行带压实验时，最广泛使用的是高压釜。高压釜除了高压容器主体外，往往还与压力计、高压阀、安全阀、电热器及搅拌器等附属器械构成一个整体，其典型结构如图 2-2 所示。

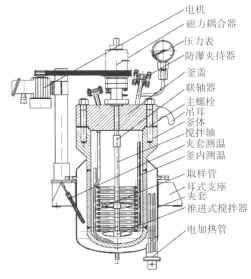

电机
磁力耦合器
压力表
防瀑夹持器
釜盖
联轴器
主螺栓
吊耳
釜体
搅拌轴
夹套测温
釜内测温
取样管
耳式支座
夹套
推进式搅拌器
电加热管

图 2-2 典型高压釜结构

使用高压釜的注意事项如下：

（1）高压釜要在指定的地点使用，并按照使用说明进行操作。

（2）查明刻于主体容器上的试验压力、使用压力及最高使用温度等条件，在其容许的条件范围内使用。

（3）氧气用的压力计要避免与其他气体用的压力计混用。

（4）安全阀及其他的安全装置要使用经过定期检查符合规定要求的器械。

（5）操作时必须注意温度计要准确地插到反应溶液中。

（6）放入高压釜的原料不可超过其有效容积的 1/3。

（7）釜内部及衬垫部位要保持清洁。

（8）盖上盘式法兰盖时，要将位于对角线上的螺栓一对一对地依次拧紧。

（9）测量仪表破裂时，多数情况在其玻璃面的前后两侧破裂。因此，操作时不要站在这些有危险的地方。当出现危险征兆时，要把玻璃卸下，换上新的。

（三）实验室气瓶安全使用规定

气瓶是指公称容积不大于 1000 L，用于盛装压缩气体（含永久气体、液化气体和溶解气体）的可重复充气的移动式压力容器，如图 2-3 所示。常见的气瓶由瓶体、瓶帽、瓶阀、防震胶圈等组成，其中瓶阀、瓶帽、防震胶圈是气瓶的安全附件，它们对气瓶的安全使用起着非常重要的作用。

图 2-3　常见的气瓶

盛装不同种类气体的气瓶瓶身通常涂有不同颜色，国标 GB 7144—1999《气瓶颜色标志》所规定的气体钢瓶漆膜颜色应符合 GB/T 3181 的规定，见表 2-2。常见气瓶的颜色见表 2-3。

表 2-2　气瓶的漆膜颜色编号、名称和色卡

GB/T 3181 颜色编号、名称	GSB G51001 漆膜色卡
P 01 淡紫	
PB 06 淡（酞）兰	
B 04 银灰	
G 02 淡绿	
G 05 深绿	
Y 06 淡黄	
Y 09 铁黄	
YR 05 棕	
R 01 铁红	
R 03 大红	
RP 01 粉红	
铝白	
黑	
白	

表 2-3 常见气瓶颜色标志

充装气体名称	瓶色	字样	字色	色环
乙炔	白	乙炔不可近火	大红	
氢	淡绿	氢	大红	P=20，淡黄色单环；P=30，淡黄色双环
氧	淡蓝	氧	黑	P=20，白色单环；P=30，白色双环
氮	黑	氮	淡黄	
空气	黑	空气	白	
二氧化碳	铝白	液化二氧化碳	黑	P=20，黑色单环
氨	淡黄	液化氨	黑	
氯	深绿	液化氯	白	
乙烯	棕	液化乙烯	淡黄	P=15，白色单环；P=20，白色双环
氩	银灰	氩	深绿	P=20，白色单环；P=30，白色双环
氦	银灰	氦	深绿	

气瓶上应贴有警示标签，以识别气瓶及瓶内气体，向使用者提供基本的危险警示。国标 GB 16804—2011《气瓶警示标签》规定了用于充装单一气体或混合气体的单个气瓶上的警示标签的设计，如图 2-4 所示。

易燃气体　　　液化气体　　　氧化剂　　　有毒气体　　　腐蚀性气体
　　　　　　（不易燃、无毒）

图 2-4 高压气体钢瓶警示标签

使用高压气体钢瓶的注意事项如下：

（1）搬运。检查钢瓶的阀门，一定要旋上保护帽。搬运时，使用专运钢瓶的手推车，为防止钢瓶在搬运中滚落，要把它加以固定。装卸钢瓶要轻快稳重，不要只由一个人装卸。

（2）存储。按照气体的不同种类分别加以存放。不能把氧气与氢气或可燃性气体放在一个地方。要把储气钢瓶竖起固定，液化气及乙炔气的钢瓶必须竖起存放。在氧气瓶及可燃性气体钢瓶的附近，不要放置自燃或易燃性高的化学药品。储藏室内要严禁烟火，室内要经常换气，以防即使漏出气体，也不致滞留不散。不要把钢瓶置于被阳光照射、风吹雨淋的地方，或者放在腐蚀性药品的附近。同时，也不要把钢瓶置于电线或地线的附近，要选择没有重物跌落的地点放置。

（3）使用。使用时要把钢瓶固定，避免摇动或翻倒。开关气门阀要慢慢地操作，切不可过急或强行用力拧开。安全阀禁止用手摸。调节器及导管要使用各种高压气体专用的器材，连接导管一定要用活接头管件。要检查连接部位是否漏气，可涂上肥皂液进行检查，调整至确实不漏气后才进行实验。气门阀漏气时，要把钢瓶移到室外，以防在室内引起中毒或爆炸。绝对禁止将这一钢瓶的气体，置换另一钢瓶的气体。需要加热钢瓶中的气体时，可用 40℃以下的热水喷淋，或用热的湿布等东西包裹，使之升温，决不可用明火直接加热。暂时停止使用气体时，只关闭调节器并不保险，必须关闭钢瓶气门阀，并卸下实验装置与调节器的连接管。钢瓶用后要完全关闭气门阀并旋上瓶帽。

（4）其他。用完气体清还容器或重新填充气体时，必须关上气门阀，并应在尚存有若干气体时即停止使用，交给主管人员。若把气体全部用完，则在再次填充时，有混入空气的危险。对长时间放置未经检查的钢瓶，以及虽经检查但不合格的钢瓶，不要随便丢弃，应交给处理高压气体的有关工厂进行处理。

处理各种高压气体的注意事项见表 2—4。

表 2—4　处理各种高压气体的注意事项

氧气	氧气只要接触油脂类物质，就会氧化发热，甚至有燃烧、爆炸的危险。因此，必须十分注意，不要把氧气装入盛过油类物质的容器里，或把它置于这类容器的附近。调节器之类器械，要用氧气专用的装置。压力计则要使用标明《禁油》的氧气专用的压力计。连接部位不可使用可燃性的衬垫。在器械、器具及管道中，常常积有油分，若不把它清除掉，接触氧气时是很危险的。此外，将氧气排放到大气中时，要查明在其附近不会引起火灾等危险后，才可排放。保存时，要与氢气等可燃性气体的钢瓶隔开
氢气	使用氢气时，若从钢瓶急剧地放出氢气，即便没有火源存在，有时也会着火。氢气与空气混合物的爆炸范围很宽，当含氢气 4.0%～75.6%（体积）时，遇火即会爆炸。氢气要在通风良好的地方使用，或者可考虑用导管尽量把室内气体排到大气中。试漏时，可用肥皂水进行检查。不可使氢气靠近火源，操作地点要严禁烟火。使用氢气的设备，用后要用氮气等不活泼性气体进行置换，然后才可保管，注意不可与氧气瓶一起存放
氯气	氯气即使数量甚微，也会刺激眼、鼻、咽喉等器官，因而，使用氯气要在通风良好的地点或通风橱内进行。调节器等须用专用的器械。如果氯气中混入水分，会使设备产生严重腐蚀，因此，每次使用都要除去水分。即使这样，仍会有腐蚀现象，故充气六个月以上的氯气钢瓶，不宜继续存放
氨气	氨气也会刺激眼、鼻、咽喉，使用时要注意防止冻伤。氨能被水充分吸收，故可允许洒水的地方使用及储藏
乙炔	乙炔非常易燃，且燃烧温度很高，有时还会发生分解爆炸。存储乙炔的容器必须放置在通风良好的地方，在使用、存储过程中，瓶体必须保持直立，严禁烟火，注意检查漏气与否。在调节器出口，其使用压力不可超过 1 kg/cm²，因此只须适当打开气门阀即可（一般旋开阀门不超过一圈半）。调节器等要使用专用的器械。乙炔与空气混合时的爆炸范围是含乙炔 2.5%～80.5%（体积）
可燃性气体	使用场所要严禁烟火，并设置灭火装置。在通风良好的室内使用，要预先充分考虑到发生火灾或爆炸事故时的措施。使用时必须查明确实没有漏气。为了防止因火花等引起着火爆炸，操作地点要使用防爆型的电气设备，并设法除去其静电荷。在使用可燃性气体之前及用后，都要用不活泼气体置换装置内的气体。可燃性气体与空气混合的爆炸范围很宽，要加以充分注意。同时，考虑到气体对空气的比重关系，要注意室内换气
毒气	使用毒气，要具备足够的知识。要准备好防毒面具，对于防毒设备或躲避措施，也要考虑周全。要在通风良好的地方使用，并经常检测有无毒气泄漏、滞留。把毒气排入大气中时，要将它转化成完全无毒物质，才可排放。毒气会腐蚀钢瓶，使其容易生锈、降低机械强度，故必须十分注意加强钢瓶的保养。毒气钢瓶长期存储会发生破裂，此时要把它交给管理人员处理
不活泼气体	不活泼气体有时也会填充成高压，因而要遵守使用高压气体时一般应注意的事项，谨慎地进行处理。用量大时，要注意室内通风，避免在密闭的室内使用

二、温度装置设施

在科学实验中使用高温或低温装置的机会很多，并且还常常与高压、低压等操作条件组合。在这样的条件下进行实验，如果操作错误，除了发生烧伤、冻伤等事故外，还会引起火灾或爆炸危险。因此，操作时必须十分谨慎。

（一）高温装置设施

使用高温装置的注意事项如下：

（1）注意防护高温对人体的辐射。

（2）熟悉高温装置的使用方法，并小心地进行操作。

（3）使用高温装置的实验，要求在防火建筑内或配备有防火设施的室内进行，并保持室内通风良好。

（4）按照实验性质，配备最合适的灭火设备，如粉末、泡沫或二氧化碳灭火器等。

（5）类似高温炉的高温装置，置于耐热性差的实验台上进行实验时，装置与台面之间要保留 1 cm 以上的间隙，以防台面着火。

（6）按照操作温度的不同，选用合适的容器材料和耐火材料。但是，选定时要考虑所要求的操作气氛及接触的物质性质。

（7）高温实验禁止接触水。如果在高温物体中混入水，则水急剧汽化，发生蒸汽爆炸。高温物质落入水中时，也同样产生大量爆炸性的水蒸气而四处飞溅。

操作人员应采取以下防护措施：

（1）使用高温装置时，常要预计到衣服有被烧着的可能，因而要选用能简便脱除的服装。

（2）要使用干燥的手套。如果手套潮湿，则导热性增大；同时，手套中的水分汽化变成水蒸气而有烫伤手的危险，故最好用难于吸水的材料做手套。

（3）需要长时间注视赤热物质或高温火焰时，要戴防护眼镜，使用视野清晰的绿色眼镜比用深色的好。

（4）对发出很强紫外线的等离子流焰及乙炔焰的热源，除了使用防护面具保护眼睛外，还要注意保护皮肤。

（5）处理熔融金属或熔融盐等高温液体时，还要穿上皮靴之类的防护鞋。

1. 加热装置的使用

实验室中常见的加热装置包括密封电炉、电磁炉和加热套等，实验室中禁止使用明火电炉。油浴是化学反应中最常用的加热方法，一般采用硅油。油浴加热时切忌有水滴入，以免热油飞溅伤害人体，放置时间较长的油浴应及时更换。

低沸点有机物（如乙醚等）的加热常使用水浴代替油浴。使用水浴时，要注意水浴中的水量，避免水被蒸发干，从而达不到加热的目的。

加热套常用于回流反应，加热套和烧瓶的尺寸要匹配，尽可能避免加热套被化学药品污染，以免化学品受热分解，释放有毒气体。使用时应避免冷却水进入加热套内，否则易引起短路，损坏加热套，引发火灾。

电炉用于加热水和烘层析板时，必须有人照看，不能用手触摸加热板。

目前，实验室中使用最为广泛的加热装置是集热式磁力搅拌器，集加热与搅拌于一体，适用于 2 L 以下的反应器。使用集热式磁力搅拌器的注意事项如下：

（1）使用三相安全插座，妥善接地。

（2）使用仪器时应保持整洁，长期不用应切断电源。

（3）不锈钢容器没有加入导热油或没有连接温度传感器时，千万不要开启控温开关，以免电热管及恒温表损坏。

2. 燃烧炉的使用

燃烧炉是利用高压、高频振荡电路，形成瞬间大电流点燃样品，使样品在富氧条件下迅速燃烧后产生的混合气体，经过化学分析程序，定量而快捷地分析出样品中碳、硫含量的设备。典型的燃烧炉如图 2-5 所示。使用燃烧炉的注意事项如下：

（1）在燃烧炉周围 3 m 之内不准有易燃易爆物质。

（2）首先启动电热器预热，同时开动风机，吹扫 5 min，以清除燃烧室内可燃物质，防止爆炸。

（3）燃烧炉点火时，要先使其喷出燃料，再进行点火，接着再送入空气或氧气。如果违反点火顺序，往往会发生爆炸。

（4）从高压钢瓶供给氧气时，注意管道系统不要残留有油类等可燃性物质。

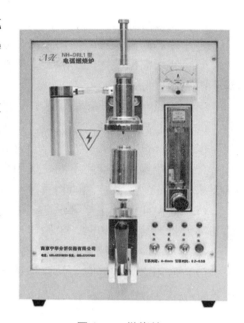

图 2-5 燃烧炉

（5）注意采用合理的炉子结构，以防产生局部过热现象。

3. 马弗炉的使用

马弗炉是一种通用的加热设备，依据外观形状，可分为箱式炉、管式炉和坩埚炉，典型的马弗炉如图 2-6 所示。使用马弗炉的注意事项如下：

（1）第一次使用或长期停用后再次使用时应先进行烘炉，温度为 200℃～600℃，时间约 4 h。

（2）使用时炉膛温度不得超过最高炉温，也不要长时间工作在额定温度以上。

（3）将马弗炉放于坚固、平稳、不导电的平台上。

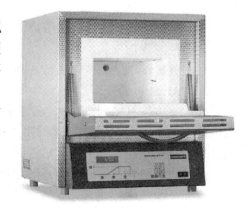

图 2-6 马弗炉

（4）灼烧沉淀时，按规定的沉淀性质所要求的温度进行灼烧，不得随便超过要求温度。

（5）熔融碱性物质时，应有防止熔融物外溢的措施，以免污染炉膛。

（6）炉膛内应垫一层石棉板，以减少坩埚的磨损及防止炉膛污染。

（7）工作环境要求无易燃易爆物品和腐蚀性气体。

（8）为确保使用安全，必须加装地线，并良好接地。

（9）使用时炉门要轻关轻开，以防损坏机件。

（10）要经常保持炉内外清洁、干燥。

（11）在炉膛内放取样品时，应先断开电源，并轻拿轻放，以保证安全和避免损坏炉膛。

（12）为延长产品使用寿命和保证安全，在设备使用结束之后要及时从炉膛内取出样品，退出加热并切断电源。

（13）发现漏电或其他不正常现象时，应请专人修理，不得随意乱动。

（14）禁止向炉膛内直接灌注液体，经常清洁炉膛内的铁屑、氧化皮层，以保持炉膛内的清洁。

（15）不得放在有强烈磁场、强烈腐蚀性的气体、大量灰尘及有震动或爆炸性气体的环境中，环境温度在 5℃～40℃、相对湿度不大于 80％为宜。

（二）低温装置设施

1. 低温反应

在化学实验室中，许多化学反应需要在 0℃以下的低温条件下进行，实现低温反应最常见的方法是使用冰盐浴，利用冰与不同的无机盐混合可得到不同温度的冰盐浴，其组成和温度见表 2－5。

表 2－5　低温冰盐浴配方（碎冰用量 100 g）

浴温（℃）	盐类及用量	浴温（℃）	盐类及用量
−4.0	$CaCl_2 \cdot 6H_2O$（20 g）	−30.0	NH_4Cl(20 g) ＋$NaCl$(40 g)
−9.0	$CaCl_2 \cdot 6H_2O$（41 g）	−30.6	NH_4NO_3(32 g)＋NH_4CNS(59 g)
−21.5	$CaCl_2 \cdot 6H_2O$（81 g）	−30.2	NH_4Cl(13 g)＋$NaNO_3$(37.5 g)
−40.3	$CaCl_2 \cdot 6H_2O$（124 g）	−34.1	KNO_3(2 g) ＋$KCNS$(112 g)
−54.9	$CaCl_2 \cdot 6H_2O$（143 g）	−37.4	NH_4CNS(39.5 g)＋$NaNO_3$(54.4 g)
−21.3	$NaCl$（33 g）	−40	NH_4NO_3(42 g) ＋$NaCl$(42 g)
−17.7	$NaNO_3$（50 g）		

干冰（−78.5℃）和液氮（−196℃）也是实验室中获得低温反应浴常用的介质。将干冰或液氮与不同的溶剂混合，可方便地得到不同温度的低温浴。例如，干冰/液氮－丙酮：−80℃，干冰/液氮－乙醚：−100℃，干冰/液氮－乙醇：−78℃。

低温浴的容器必须有隔热的保温措施，防止与人体接触时造成冻伤，标准的低温浴容器是杜瓦瓶。杜瓦瓶由真空度超过 10^{-5} mmHg 的镀银玻璃内胆和铝制外壳构成，具有良好的隔热效果，在低温反应时起保温作用，延长低温浴的使用时间。

在化学实验室中，上述低温浴相对较易获得，但较难保持所需温度持久，因此在需要比较长时间的低温反应时，可使用低温浴槽。低温浴槽可代替干冰和液氮等形成的低温浴应用于低温反应中。实验室中常见的低温反应浴槽可满足从 $-80℃$ 到室温范围内的低温反应需求。

干冰的危害：在每次接触干冰的时候，一定要小心，并且用厚绵手套或其他遮蔽物才能触碰干冰。如果长时间直接碰触肌肤，则可能造成细胞冷冻而产生类似轻微或严重烫伤的伤害。干冰极易挥发，升华为无毒、无味的比固体体积大 1000 倍的气体二氧化碳，所以干冰不能存储于密封性能好、体积较小的容器中，很容易爆炸。使用干冰须在空气流通好的地方进行，让干冰挥发产生的气体释放出去，才能保证安全，因为升华的二氧化碳在空气不流通的环境中将替代氧气而可能引起呼吸急促甚至窒息。

液氮的危害：皮肤接触液氮可致皮肤冻伤。如果在常压下汽化产生的氮气过量，使工作场所氧分压下降，则会引起缺氧。由于氮无嗅、无色、无味、无刺激性，没有警告性特征。人类没有能够探测到氮的存在的官能。尽管氮无毒且很大程度上不活泼，但通过取代空气中的氧，使之下降到维持生命所必需的水平以下，它就会成为简单的窒息物。过量吸入氮会导致眩晕、恶心、呕吐、失去知觉甚至死亡。

人体如果在毫无保护措施的情况之下接触干冰或液氮，皮肤会有严重冻伤的危险。因此，使用干冰或液氮时，应做好安全防护措施，以防冻伤。

必须正确安全操作使用干冰、液氮，避免引起伤害。干冰/液氮温度极低，勿与皮肤接触，以防冻伤。取用干冰/液氮一定要使用可耐低温的保温手套（塑胶手套不具阻隔效果），应在通风良好处使用干冰/液氮，切忌与干冰/液氮同处于密闭空间。干冰/液氮不能与液体混装。

2. 低温保存

化学实验室中，许多化学试剂在常温时易挥发或者不稳定而易发生分解，因此必须在低温条件下保存。大量的易挥发或易分解的化学试剂可在冻库中保存，但实验室中常见的低温保存一般使用冰箱或冰柜。需要注意的是，实验室中使用的冰箱必须是专用的防爆冰箱，禁止使用家用冰箱用作化学试剂的低温保存。防爆冰箱与家用冰箱的区别仅在于控制压缩机启动的继电器安装位置不同，防爆冰箱的继电器安装在冰箱外部，而家用冰箱的继电器安装在内部的冷藏室，当冰箱中放置有易挥发的化学试剂时，有可能会出现溶剂泄漏的情况，此时遇上压缩机启动产生的电火花，就极易引起冰箱爆炸，而冰箱里面放置的化学试剂会极大地增加爆炸产生的破坏力和危险性。因此，放入冰箱中保存的化学试剂必须保证密闭，严禁将敞口容器盛放化学试剂或溶液放入冰箱中保存，防止试剂挥发/泄漏引发事故，特别是在发生停电事故时，冰箱内部温度升高极易导致试剂挥发而引起冰箱爆炸。因此，发生停电事故时，要及时切断冰箱电源，待检查无危险后，再接通冰箱电源。

冰箱爆炸是实验室中比较容易发生的安全事故，必须给予高度重视。

三、其他常用化学化工实验装置设施

（一）玻璃仪器

按玻璃性质，可简单地分为软质玻璃仪器和硬质玻璃仪器。软质玻璃又称普通玻璃，它承受温差的性能、硬度和耐腐蚀性能都比较差，但透明度比较好，一般用来制作不需要加热的仪器，如试剂瓶、漏斗、量筒、吸管等。硬质玻璃又称高硼硅玻璃，具有良好的耐受温差变化的性能。硬质玻璃仪器可以直接用灯焰加热，这类仪器的耐腐蚀性强，耐热性能以及耐冲击性能都比较好，常见的有烧杯、烧瓶、试管、蒸馏器和冷凝管等。

由玻璃器具造成的事故很多，其中大多数为割伤。为了防止这类事故的发生，使用玻璃仪器时应注意以下事项：

（1）玻璃器皿在使用前要仔细检查，避免使用有裂痕的仪器。特别是在用于减压和加热操作的场合，更要认真进行检查。

（2）烧杯、烧瓶及试管之类仪器，因其壁薄，机械强度很低，用于加热时，必须小心操作。用于加热的玻璃仪器的受热部位不能有气泡、印痕或者壁厚不均匀。加热时，应逐渐升温，避免骤冷骤热。计量仪器不能加热和受热，不能存储浓酸或浓碱。

（3）勿使热的玻璃仪器突然接触冷的表面或冷水。配制溶液，最好在瓷器或烧杯内进行，并应不断搅拌液体。切勿把被溶物放入玻璃瓶内直接加溶剂溶解，有时因溶解时产生的热可能导致玻璃瓶炸裂；吸滤瓶及洗瓶之类厚壁容器，往往会因急剧加热而破裂，不可将热溶液或热水倒入厚壁容器。

（4）把玻璃管或温度计插入橡皮塞、软木塞，或套皮管时，常常会因折断而使人受伤。因此，操作时，要选用口径相宜的橡皮塞或皮管，插管时，可在玻璃管上沾些水或甘油等作润滑剂。然后，左手拿着塞子，右手拿着玻璃管，边旋转边慢慢把玻璃管插入预先打好洞的塞子中，此时，右手拇指与左手拇指之间的距离不要超过 5 cm，并且最好用毛巾保护着手较为安全。橡皮塞等钻孔时，打出的孔要比管径略小，然后用圆锉把孔锉一下，适当扩大孔径即可。

（5）截断玻璃管（棒）时，先用锉刀锉一道凹痕，并用布裹住玻璃管（棒）再行折断，两端应烧熔成光滑边缘。安装可能发生破碎的玻璃仪器时，要用布片包裹或戴手套作业。

（6）试剂瓶有磨口和没有磨口之分。一般非磨口试剂瓶用于盛装碱性溶液或浓盐溶液时，使用橡皮塞或软木塞。磨口试剂瓶不能存放碱液。洗净干燥后塞与口之间要衬以纸条或拆散保存，要注意配套存放和使用。磨口的试剂瓶盛装酸、非强碱性试剂或有机试剂时，瓶塞不能调换，以免漏气。若长期不用，应在瓶塞与瓶口间加放纸条，以防开启困难。

（7）加热玻璃时可能发生的大事故，是加热盛有可燃性气体的容器而引起爆炸，因此，操作前，必须将容器中的可燃性气体清除干净。同时，经过加热的玻璃，乍一看难以觉察，而一接触往往易被烧伤。

（8）打开闭塞管或紧密塞着的容器时，因其有内压，往往发生喷液或爆炸事故，开启时应注意安全。

（9）蒸馏烧瓶内所盛的液体，不可超过烧瓶容积的三分之二，液体全部蒸馏完后，必须冷却到室温，再做补充。在没有加热之前，应先加入从未用过的沸石，以防爆沸。勿加热过快，同时应避免局部过热。

（10）不同形状的玻璃仪器使用方法见表2—6。

表2—6　常用玻璃仪器的使用方法

玻璃管	内壁有裂痕的玻璃管，加工时容易破裂（因其外部受热时，内部被拉张），应避免使用
烧杯、烧瓶	干烧杯、烧瓶内放入固体物时，要防止固体物撞破容器底部。操作时，要把容器略微倾斜，然后将固体物慢慢滑入
三角烧瓶	平底的薄壁三角烧瓶，绝不可用于减压操作，因其破裂的可能性很大
真空玻璃瓶	此类玻璃稍有损伤，则往往发生爆破性的破裂。因此，不要用手拿瓶子，或将脸靠近真空瓶口
安倍瓶	开启安倍瓶时，要将其充分冷却，然后用毛巾等把它紧紧裹住，瓶口向前，再用锉刀锉出凹痕，即可把它打开
试剂瓶	对装有像氨水之类溶解有气体的液体试剂瓶，应冷却后用毛巾包住塞子，然后开启

（二）真空泵

真空泵是实验室中常用的设备，一般用于减压过滤、减压蒸馏和真空干燥。常用的真空泵有空气泵、油泵和循环水泵。水泵和油泵可达到20~100 mmHg的真空度，高真空油泵可达到0.001~5 mmHg的真空度。实验室常见的真空泵如图2—7所示，在使用过程中应注意以下事项：

图2—7　旋片真空泵（油泵）和水环真空泵

（1）油泵前必须接冷阱，防止有机溶剂或腐蚀性气体进入油泵内。

（2）油泵必须经常换油。

（3）循环水泵与旋转蒸发器配套使用时，应配置低温恒温浴槽，防止减压时有机溶剂进入水箱造成污染。

（4）循环水泵中的水必须经常更换，以免残留的溶剂在水箱中累积被马达火花引爆。

使用真空泵油的注意事项如下：

（1）装油的容器必须清洁干净，严禁在阳光下曝晒和露天存放，要存放在阴暗、干燥和通风场合，严防水分和灰尘的混入。

（2）取油或装油时，防止杂物混入油中，引起泵的磨损。

（3）不同牌号、品种的真空泵油不能混用，新旧油品不能混用。

（4）严格避免真空油与其他润滑油混合，更不能混入轻质油品，否则将会影响真空性能。

（5）真空泵应尽量避免抽入溶剂、水蒸气和有腐蚀性气体等，否则会使泵油污染，降低油泵的真空度；严重时会损坏真空泵内的密封结构。

（6）换油时应将泵体内使用过的油品排尽，将新油倒入后缓缓转动泵轴，清扫泵腔排尽残油，重复清洗数次，等洗净后换入新油。

（7）加油用具必须是专用设备，不应是盛过其他油品或溶剂的容器。

（8）如果不慎吸入化学气体及溶剂，对泵油污染影响真空，则必须进行清洗换油处理。

（9）换油期限：当泵油真空下跌，满足不了需要时；当泵油颜色变深，呈褐色时。

（三）离心机

离心机是一种固液分离装置，特别是对含很小的固体颗粒悬浮液进行分离时，离心机是一种非常有效的工具。实验室离心机分类有多种，按结构，可分为台式离心机和立式离心机（落地式离心机）；按分离方式，可分为沉降离心机和过滤离心机；按速度，可分为低速离心机和高速离心机；按容量，可分为微量离心机（微型离心机）、小容量离心机（小型离心机）和大容量离心机（大型离心机）；按有无冷冻，可分为冷冻离心机（低温离心机）和常温离心机。

图 2-8　管式离心机

实验室中常见的管式离心机如图 2-8 所示，在使用中应注意以下事项：

（1）离心管必须对称平衡，否则应用水作平衡物以保持离心机旋转平衡。

（2）离心机启动前应盖好离心机的盖子，先在较低的速度下启动，然后再调节到所需的离心速度。

（3）当离心操作结束时，必须等到离心机停止运转后才能打开盖子，决不能在离心机运转时打开盖子或用手触摸离心机的转动部分。

（4）玻璃离心管要求较高的质量，塑料离心管中不能放入热溶液或有机溶剂，以免在离心时管子变形。

（5）离心的溶液一般控制在离心管体积的一半左右，切不能放入过多的液体，以免离心时液体逸散。

（四）通风橱

化学实验中使用的溶剂或试剂，多数都具有易挥发性，或散发难闻气味，或产生刺激性和有毒气体，因此，所有操作原则上均应在通风良好的环境中进行。通风橱是保障化学实验室具有良好通风环境的设备，原则上所有化学实验操作均应在通风橱中进行。使用通风橱时必须注意以下事项：

（1）使用前应检查电源、给排水、气体等各种开关及管路是否正常。

（2）打开照明设备，检查视光源及柜体内部是否正常。

（3）打开抽风机约 3 min，静听运转是否正常。

（4）依以上顺序检查时，如有问题，则暂停使用，并通知保养单位处理。

（5）实验完成后，关机前抽风机应继续运转几分钟，使柜内废气完全排除。

（6）使用后应将柜体内外擦拭清洁，并关闭各项开关及视窗。

（7）实验室内在不使用通风柜时也要时常通风，这样对实验人员的身体健康有益。

（8）通风橱在使用时，每 2 h 进行 10 min 的补风（开窗通风），使用时间超过 5 h 的，要敞开窗户，避免室内出现负压。

（9）禁止在未开启通风柜时在通风橱内做实验。

（10）禁止在做实验时将头伸进通风橱内操作或查看。

（11）禁止在通风橱内存放或实验易燃易爆物品。

（12）禁止将移动插线板或电线放在通风橱内。

（13）禁止在通风橱内做国家禁止排放的有机物质与高氯化合物质混合的实验。

（14）禁止在不安全的情况下将所实验的物质放置在通风橱内实验，一旦出现化学物质喷溅，应立即切断电源。

（15）移动上下视窗时，要缓慢、轻移，以免门拉手将手压伤。

（16）实验过程中，视窗离台面 100~150 mm 为宜。

（17）通风橱的操作区域要保持畅通，通风橱周围避免堆放物品。

（18）操作人员在不使用通风橱时，通风橱台面应避免存放过多实验器材或化学物质，禁止长期堆放。

第四节　化学化工类实验室管理要求

一、危险化学品管理要求

化学试剂在使用前一般都要存储，而且存储的时间要比使用时间长很多，所以做好化学试剂的安全存储对化学实验室的安全防护具有非常重要的意义。

化学试剂存储柜应设在安全位置，室内严禁明火，消防设施器材完备，以防一旦事故发生能及时扑救，减少伤害和损失。

任何人取用试剂（特别是危险物品）时必须严格进行登记，登记的内容包括使用人姓名、时间、试剂名称、数量、注意事项、使用人签字、归还时间、归还人签字、保管人签字等项。需要归还的试剂必须在限定时间内归还。危险品及贵重金属试剂的领取应限制数量，特别是危险品严禁私自带出储藏室。

实验室管理工作必须有严格的规章制度，下面着重介绍两种制度。

（1）定期或不定期检查制度。核对化学试剂，做到品种、规格、数量准确，账账相符，账物相符。有严格的试剂登记、复核和交接手续。检查试剂的质量情况、损耗情况。

（2）三查三对制度。检查试剂要认真细致，三查三对，即查购买时间、品名与试剂瓶标签上品名对，查试剂规格与瓶签上的规格对，查出、入试剂的数量与瓶签上的数量对。

化学药品存储室必须具备防火、防盗、防水、防潮、防晒、通风、防静电、避雷、安全坚固等功能，还应具有消防栓、灭火器、灭火沙及报警装置等。存储室中所有电器设备必须使用防爆电源和开关，防止电器设备使用时产生电火花。所用灯具必须是防爆灯。

（一）危险化学品存放要求

化学试剂的品种繁多，化学性质和管理要求也不一样，有些化学品的性质和存放要求是完全冲突的，因此，无论是在实验室中还是在储藏室中，不同性质和种类的化学试剂必须严格按其性质（如剧毒、麻醉、易燃、易爆、易挥发、易腐蚀、贵重等）和存储要求，做到分类存放。一般来说，实验室中存储化学试剂的存储柜应阴凉避光，防止由于光照及室温偏高造成试剂变质、失效；危险品与一般试剂应分开存放于专柜中，通风橱中及操作台上，原则上不能存放化学试剂，确因需要，也只允许存放少量常用的化学试剂，不得超量存放，多余的试剂须在规定的存储柜中存储；危险品之间也应分类存放，危险性质相抵触、相互影响变质、防护灭火方法相互抵触、管理方法不同的化学品，不得在同一柜或同一存储室内存放；存储易潮解吸湿、易失水风化、易挥发、易吸收二氧化碳、易氧化、易吸水变质的试剂，应采取干燥减湿措施，有时还须密封或蜡封保存；高活性试剂应低温干燥保存，怕热试剂应存放在阴冷处或冷库内；须冷藏的试剂应及时放入冰箱以低温保存；见光易变色、分解、氧化的试剂应避光保存；分析用化学试剂应单独存储于专用的药品柜内；爆炸品、剧毒品、易燃品、腐蚀品等应单独存放。

必须强调的是，不能放在一起的物质必须分开存放，尤其是酸和碱、氧化剂和还原剂。几乎所有的有机物都可以看作还原剂，所以有机酸不能和氧化性酸存放在一起。

通常把试剂分成下面几类，分别存放。

（1）易燃类。

①易燃类液体。此类液体极易挥发成气体，遇明火即燃烧，其蒸汽一般具有毒性和麻醉性，大多数为有机溶剂，如石油醚、汽油、乙醚、丙酮、乙醇等。使用时绝对不能有明火，不能直接用加热器加热，严禁滚动、摩擦和碰撞。这类试剂要求存放于阴凉、通风良好处，远离火源、热源、氧化剂及酸类物质，存放温度不超过28℃。

②易燃类固体。遇水燃烧的有钾、钠、电石等，钾、钠应保存在煤油中。由于受到冲击摩擦引起燃烧的有硫化磷、红磷、镁粉、锌粉、萘等。使用这类试剂时，要轻拿轻放，防止阳光直射，要求存放在阴凉、通风良好处，不能与其他危险化学试剂共同存放，存放温度不得超过28℃。

③自燃物品。自燃物品是指在适当的温度下能自发缓慢地分解、氧化并放出能量，当温度上升到该物质的燃点而燃烧的物质，如黄磷、白磷、二乙基锌、连二亚硫酸钠等。这类物质不能与酸类物质、氧化剂、金属粉末和易燃易爆物品共同存放，应存放于阴凉、通风干燥处，远离火源、热源，防止阳光直射。白磷、黄磷用水封存，室内温度不得超过28℃。

（2）剧毒类。剧毒类专指由消化道侵入少量即能引起中毒致死的试剂，其生物试验半致死量为 50 mg/kg 以下，如氰化钾、氰化钠、三氧化二砷及其他氰化物和砷化物，氧化汞及汞盐，硫酸二甲酯，某些生物碱和毒苷等。这类物质要置于阴凉通风处，与酸类试剂隔离，锁在专门的储藏柜中，在保管和使用过程中严格遵守"五双"制度（双人保管，双把锁（匙），双本账，双人发货，双人领用），建立使用消耗废液处理制度，皮肤有伤口时禁止使用这类物质。

（3）强腐蚀类。对人的皮肤、黏膜、眼、呼吸道和物品等有强腐蚀性的液体和固体（包括气体），属于强腐蚀性物质，如发烟硫酸、浓硫酸、发烟硝酸、浓硝酸、浓盐酸、氢氟酸、氢溴酸、氯磺酸、氯化砜、一氯乙酸、甲酸、乙酸酐、五氧化二磷、氯化氧磷、无水氯化铝、液溴、氢氧化钠、氢氧化钾、硫化钠、苯酚、无水肼、水合肼等。这类药品存放要求阴凉通风，并与其他药品隔离放置，应选用抗腐蚀性的材料、耐酸水泥或耐酸陶瓷制成架子来放置这些药品。料架不宜过高，也不要放在高架上，最好放在地面靠墙处，以保证存放安全。

强酸和强碱性药品必须分开存放。

（4）易爆类。这类物质包括：遇水反应十分猛烈的钾、钠、锂、钙、氯化铝锂、电石等；本身就极易爆炸的硝酸纤维苦味酸、三硝基甲苯、三硝基苯、叠氮或重氮化合物等；与空气接触能发生强烈反应的物质，如白磷，应保存在水中，切割时也要在水中进行；引火点低、受热、冲击、摩擦或与氧化剂接触能急剧燃烧的硫化磷、赤磷、镁粉、锌粉、铝粉、萘、樟脑等。这类物质要求存放温度不超过30℃，与易燃物、氧化剂均须隔离，料架用砖和水泥砌成，有槽，槽内放消防砂，试剂置于砂中，加盖，万一出事不至于扩大事态。

（5）强氧化剂类。这类化合物包括过氧化物、含氧酸及其盐。在适当条件下会发生爆炸，并可与有机物、镁、铝、锌粉、硫等易燃固体形成爆炸化合物。属于此类的有硝酸铵、硝酸钾、硝酸钠、高氯酸、高氯酸钾、高氯酸钠、高氯酸镁、高氯酸钡、重铬酸铵、重铬酸钾及其他铬酸盐、高锰酸钾及其他高锰酸盐、氯酸钾、氯酸钡、过硫酸铵及其他过硫酸盐、过氧化钠、过氧化钾、过氧化钙、过氧化二苯甲酯、过氧乙酸等。存放要求阴凉通风，最高温度不得超过 30℃，要与酸类及木屑、炭粉、硫化物、醣类等易燃物、可燃物或易被氧化物等隔离，注意散热。

强氧化剂和强还原剂必须分开存放。

（6）放射性类。这类物质应存放在铅器皿中，操作这类物质时需要特殊防护设备和知识，以保护人身安全，并防止放射性物质的污染和扩散。

（7）低温存放类。此类物质需要低温存放才不至于聚合变质或发生其他事故。这类物质有甲基丙烯酸甲酯、苯乙烯、丙烯腈、乙烯基乙炔及其他可聚合的单体，存放温度为 10℃ 以下。

（8）贵重类。单价贵的特殊试剂、超纯试剂或稀有元素以及化合物均属此类。这类试剂应与一般试剂分开存放，加强管理，建立领用制度。常见的有钯黑、氯化钯、氯化铂、铂、铱、铂石棉、氯化金、金粉、稀土元素等。

（9）指示剂与有机试剂类。指示剂可按酸碱指示剂、氧化还原指示剂、络合滴定指示剂及荧光吸附指示剂分类排列，有机试剂可按分子中碳原子数目多少排列，或按官能团排列。

（10）一般试剂。一般试剂分类存放于阴凉通风处，柜内温度低于 30℃ 即可。这类试剂包括不易变质的无机酸碱盐、不易挥发燃点低的有机物，如硅酸、硅酸盐、没有还原性的硫酸盐、碳酸盐、盐酸盐、碱性比较弱的碱。尽管这类物质的存储条件要求不是很高，但要对这类物质进行定期查看，保证药品的密封性良好，并在保质期内用完。

（二）易制毒化学品管理

国务院于 2005 年 8 月 26 日公布了《易制毒化学品管理条例》，根据该条例规定，对易制毒化学品的生产、经营、购买、运输和进口、出口实行分类管理和许可制度。该条例将易制毒化学品分为三类，见表 2-7。

表 2-7　易制毒化学品分类

第一类，可以用于制毒的主要原料		1-苯基-2-丙酮，3,4-亚甲基二氧苯基-2-丙酮，胡椒醛，黄樟素，黄樟油，异黄樟素，N-乙酰邻氨基苯甲酸，邻氨基苯甲酸，麦角酸，麦角胺，麦角新碱，麻黄素、伪麻黄素、消旋麻黄素、去甲麻黄素、甲基麻黄素、麻黄浸膏、麻黄浸膏粉等麻黄素类物质
第二类	可以用于制毒的化学配剂	苯乙酸，醋酸酐，三氯甲烷，乙醚，哌啶
第三类		甲苯，丙酮，甲基乙基酮，高锰酸钾，硫酸，盐酸

根据该条例规定，经营上述三类化学品的企业必须获得相关部门的授权许可。"申请经营第一类中的药品类易制毒化学品的，由国务院食品药品监督管理部门审批；申请

经营第一类中的非药品类易制毒化学品的，由省、自治区、直辖市人民政府安全生产监督管理部门审批。""经营第二类易制毒化学品的，应当自经营之日起 30 日内，将经营的品种、数量、主要流向等情况，向所在地区的市级人民政府安全生产监督管理部门备案；经营第三类易制毒化学品的，应当自经营之日起 30 日内，将经营的品种、数量、主要流向等情况，向所在地的县级人民政府安全生产监督管理部门备案。"

必须注意的是，购买上述三类化学品时，也必须到具有经营许可证的企业购买，同时，还要根据条例的规定，获得相应管理部门的购买许可证。条例规定，"经营企业提交企业营业执照和合法使用需要证明；其他组织提交登记证书（成立批准文件）和合法使用需要证明。""申请购买第一类中的药品类易制毒化学品的，由所在地的省、自治区、直辖市人民政府食品药品监督管理部门审批；申请购买第一类中的非药品类易制毒化学品的，由所在地的省、自治区、直辖市人民政府公安机关审批。""个人不得购买第一类、第二类易制毒化学品。""购买第二类、第三类易制毒化学品的，应当在购买前将所需购买的品种、数量，向所在地的县级人民政府公安机关备案。个人自用购买少量高锰酸钾的，无须备案。"

为加强药品类易制毒化学品管理，防止流入非法渠道，根据《易制毒化学品管理条例》，卫生部制定了《药品类易制毒化学品管理办法》，并于 2010 年 3 月 18 日颁布实施，对药品类易制毒化学品的生产、经营和购买进行监督管理。

药品类易制毒化学品分为四类：①麦角酸；②麦角胺；③麦角新碱；④麻黄素、伪麻黄素、消旋麻黄素、去甲麻黄素、甲基麻黄素、麻黄浸膏、麻黄浸膏粉等麻黄素类物质。

二、危险化学品实验操作规范

不仅仅是使用化学品的过程，许多实验或日常工作都可能存在危险，发生事故，但只要我们在任何操作过程中都严格按照操作规范进行，就可以避免事故和危险的发生。在使用危险化学品进行实验的过程中，必须严格遵循以下原则：

（1）在开始实验前，必须做好充分的准备。清楚了解危险化学品的性质，是否属于剧毒、刺激性、易燃易爆或强的腐蚀性物质，以及在使用过程中可能出现的危险，包括对人体的伤害，对环境可能的影响，做好相应的应对措施。例如，了解有毒气体泄漏时应采取的措施，知道灭火器、灭火毯（布）、洗眼器等装备的位置，熟悉火警号码和电话的位置，了解紧急时刻拨打的电话号码，清楚实验室电闸的位置等。

（2）对所使用仪器设备方面，也应有充分的准备。对于不同的危险化学品对设备的具体要求也应了解清楚，例如，反应器的材质，反应器的配套设施以及材质，对应的后处理设备的要求，反应后物料的分离设备的选择，以及有效的尾气吸收系统等。注意操作时对水、氧气及现场环境（如通风）的要求。

（3）初次使用危险化学品的人员，必须在有经验的教师或实验技术人员指导下进行实验，并应熟练掌握有效破坏危险化学品的方法，提前做好相应的准备工作，包括准备相应的预防措施、相应的劳动保护、相应的标示、物料加料方式的选择等。

（4）物料的转移以及"三废"的处理。物料尽量做到密闭转移，减少物料的暴露。

物料转移时需要相应的二级防护措施，使用时注意相应的尾气吸收及对应等级的劳动保护。实验完成后，所有的包装物品均需要破坏后才可以进行其他处理，如果不能及时处理，需要明确标示，待有时间时及时处理。反应过程中所有的可能接触体系的设备均需要对危险化学品进行有效的破坏后方可进行清洗，反应过程中产生的"三废"也需要有效的破坏、确定无害后，才可以进行排放报废等处理（仍需要有明确的标示）。

（5）物料操作及存放。要求涉及此类物料的操作均为密闭操作。存放物料时，做好相应的保护措施，注意其存放条件。

三、化学化工实验废弃物处置

化学实验过程中或实验结束后产生的废液、废气和固体废弃物，如果直接排放，会对环境造成污染，对生态系统造成直接的破坏。例如，水污染使水环境质量恶化，饮用水源质量普遍下降，威胁人的身体健康，引起胎儿早产或畸形等。严重的污染事件不仅带来健康问题，而且造成社会问题。化学实验产生的污染源具有种类多、分布广、累积量大等特点。据统计，仅一个普通高校的化学化工学院每年产生的固相污染物就多达 1 t，故化学实验废弃物的管理与处置不容忽视。

化学实验室产生的废液包括反应溶剂、分析残液、失效的储藏液和洗液、大量洗涤水等，其中包含苯、氯仿、四氯化碳等有机溶剂以及酚、农药、黄曲霉素、邻联甲苯胺等有机致癌物。而废水中可能含有强酸、强碱、重金属、氰化物污染等，其中汞、砷、铅、镉等重金属毒性不仅强，而且在人体中有蓄积性。

化学实验室产生的废气包括试剂和样品的挥发物、中间产物、泄漏的气体等。通常实验室中直接产生有毒、有害气体的实验都要求在通风橱内进行，这固然是保证室内空气质量、保护分析人员健康安全的有效办法，但也直接污染了环境。实验室废气包括酸雾、甲醛、苯系物和汞蒸汽、H_2S、光气等较少遇到的污染物。

化学实验室产生的固体废物包括多余样品、分析产物（如培养基）、消耗或破损的实验用品、残留或失效的化学试剂等。这些固体废物成分复杂，涵盖各类化学、生物污染物，尤其是不少过期失效的化学试剂，处理稍有不慎，很容易导致严重的污染事故。实验室产生的废弃试剂、药品属于废弃危险化学品，应按照危险废弃物进行管理，其污染环境的防治适用《废弃危险化学品污染环境防治办法》。为使实验室"三废"得以妥善处理，实验室人员应该提高环保意识，实验室应根据污染源种类复杂、品种多、毒害大的特点，制定具体处理方案。

实验室废弃物种类多，各实验室可根据废弃物的性质和类别拟建实验室废弃物收集系统。对危险化学品应进行分类收集，定点存储，集中处理。具体操作过程中要严格做到以下几个方面：

（1）根据废弃物的种类、特性，配备不同规格、洁净的容器，避免交叉反应产生污染。

（2）废液严禁混合存储，以免产生新的有害物质或其他事故，如含氰化物废液中严禁混入酸、含铬酸的废液里严禁混入有机废液等。

（3）废液应用密闭容器收集，防止挥发性溶剂的逸出。

（4）收集废弃物的容器上应标明种类、成分、收集时间，并附以明确的标记。

（5）废弃物要放在指定的场所，应避光、远离热源，以免加速其化学反应，且存储时间不宜过长。

（6）收集者应记录各实验室收集的废弃物的种类、数量、时间，交由学校一级处理系统进行处理，或委托具有危险废弃物的处置资质的单位进行清运和处置。

收集、存储废弃物的注意事项如下：

（1）废液的浓度超过表2－8所列的浓度时，必须进行处理。但处理设施比较齐全时，往往把废液的处理浓度限制放宽。

表2－8　废液的最低浓度及处理方法

分类	对象物质	浓度（mg/L）	处理方法
无机类废液	Hg（包括有机Hg）	0.005	硫化物共沉淀法、吸附法
	Cd	0.1	氢氧化物共沉淀法、硫化物共沉淀法、吸附法
	Cr（Ⅵ）	0.5	还原、中和法，吸附法
	As	0.5	氢氧化物共沉淀法
	CN	1	氯碱法、电解氧化法、臭氧氧化法、普鲁士蓝法
	Pb	1	氢氧化物共沉淀法、硫化物共沉淀法、碳酸盐沉淀法、吸附法
	Ni	1	氢氧化物共沉淀法、硫化物共沉淀法、碳酸盐沉淀法、吸附法
	Co	1	
	Ag	1	
	Sn	1	
	Cr（Ⅲ）	2	
	Cu	3	
	Zn	5	
	Fe	10	
	Mn	10	
	其他（Se，W，V，Mo，Bi，Sb等）	1	
	B	2	
	F	15	吸附法
	氧化剂、还原剂	0.01	吸附法、沉淀法
	酸碱类物质		氧化、还原法
	多氯联苯	0.003	中和法

分类	对象物质	浓度 （mg/L）	处理方法
有机类废液	有机磷化合物（农药）	1	碱分解法、焚烧法
	酚类物质	5	碱分解法、焚烧法
	石油类物质	5	焚烧法、溶剂萃取法、吸附法、氧化分解法、水解法、生物化学处理法
	油脂类物质	30	
	一般有机溶剂 （含C，H，O元素）	100	
	除上项以外的有机溶剂 （含S、N、卤素等 成分的物质）	100	
	含有重金属的溶剂	100	
	其他难于分解的有机物质	100	

注：①表中所列的浓度为金属或所标明的化合物的浓度；②虽然是有机类废液，但也含有列于无机类废液的物质，如果无机物质的浓度超过列于无机类该项浓度，则该废液应另行收集；③有机类废液的浓度指含水废液的浓度。

（2）最好先将废液分别处理，如果是存储后一并处理，虽然其处理方法有所不同，但原则上仍按表2-8所列的方法，可以将统一处理的各种化合物收集后进行处理。

（3）处理含有铬离子、螯合物之类的废液时，如果有干扰成分存在，则要把含有这些成分的废液单独收集。

（4）下面所列的废液不能互相混合：

①过氧化物与有机物。

②氰化物、硫化物、次氯酸盐与酸。

③盐酸、氢氟酸等挥发性酸与不挥发性酸。

④浓硫酸、磺酸、羟基酸、聚磷酸等酸类与其他的酸。

⑤铵盐、挥发性胺与碱。

（5）要选择没有破损及不会被废液腐蚀的容器进行收集。将所收集的废液的成分及含量贴上明显的标签，并置于安全的地点保存。特别是毒性大的废液，要加倍注意。

（6）对硫醇、胺等会发出臭味的废液和会释放氰、磷化氢等有毒气体的废液，以及易燃性大的二硫化碳、乙醚之类废液，要加以适当的处理，防止泄漏，并应尽快进行处理。

（7）对含有过氧化物、硝化甘油之类爆炸性物质的废液，要谨慎地操作，并应尽快处理。

（8）对含有放射性物质的废弃物，用规定的方法收集，并必须严格按照有关的规定，严防泄漏，谨慎地进行处理。

处理废液时一般应注意以下事项：

（1）废液的组成不同，在处理过程中，往往伴随着产生有毒气体以及发热、爆炸等危险，因此，处理前必须充分了解废液的性质，然后分别加入少量所需添加的药品。同时，必须边注意观察，边进行操作。

（2）含有铬离子、螯合物之类物质的废液，只加入一种消除药品有时不能把它处理完全，因此，要采取适当的措施，注意防止一部分还未处理的有害物质直接排放出去。

（3）对于为了分解氰基而加入次氯酸钠，以致产生游离氯，以及由于用硫化物沉淀法处理废液而生成水溶性的硫化物等情况，其处理后的废水往往有害，因此，必须对它们进行再处理。

（4）黏附有有害物质的滤纸、包药纸、棉纸、废活性炭及塑料容器等东西，不能丢入垃圾箱内，要分类收集，加以焚烧或其他适当的处理，然后保管好残渣。

（5）处理废液时，为了节约处理所用的药品，可将废铬酸混合液用于分解有机物，以及将废酸、废碱互相中和。

（6）尽量利用无害或易于处理的代用品，代替铬酸混合液等会排出有害废液的药品。

（7）对甲醇、乙醇、丙酮及苯之类用量较大的溶剂，原则上要回收利用，将其残渣加以处理。

（一）无机类实验废液处置

（1）含六价铬的废液。Cr（Ⅵ）不管在酸性还是碱性条件下，总以稳定的铬酸根离子状态存在。一般的处理方法是先将 Cr（Ⅵ）还原成 Cr（Ⅲ）后，再用碱进行中和，使之生成难溶性的 Cr(OH)$_3$ 沉淀而除去。反应方程式如下：

$$4H_2CrO_4 + 6NaHSO_3 + 3H_2SO_4 \longrightarrow 2Cr_2(SO_4)_3 + 3Na_2SO_4 + 10H_2O \quad (1)$$
$$Cr_2(SO_4)_3 + 6NaOH \longrightarrow 2Cr(OH)_3\downarrow + 3Na_2SO_4 \quad (2)$$

式（1）还原反应中，若 pH 值在 3 以下，反应在短时间内即可结束。式（2）中和反应须保持 pH 值在 7.5～8.5 范围内进行，则 Cr（Ⅲ）即以 Cr(OH)$_3$ 形式沉淀析出，如果 pH 值超过 9，则会生成 Cr(OH)$_4^-$，沉淀会再溶解。

（2）含氰化物的废液。用含氮氧化剂将氰基分解为 N$_2$ 和 CO$_2$。反应按如下两个阶段进行：

$$NaCN + NaOCl \longrightarrow NaOCN + NaCl \quad (pH>10) \quad (3)$$
$$2NaOCN + 3NaOCl + H_2O \longrightarrow N_2\uparrow + 3NaCl + 2NaHCO_3 \quad (pH=8) \quad (4)$$

式（3）反应在 pH 值大于 10 的条件下进行。若 pH 值在 10 以下就加入氧化剂，则会发生如下反应：

$$HCN + NaOCl \longrightarrow CNCl\uparrow + NaOH \quad (pH<10) \quad (5)$$

会产生刺激性很大的有害气体 CNCl，因而处理时必须特别注意。对（4）式反应，如果 pH 值过高，则反应时间过长，故调整 pH 在 8 左右进行较好。

（3）含镉及铅的废液。用 Ca(OH)$_2$ 将 Cd^{2+} 转化成难溶于水的 Cd(OH)$_2$ 而分离。

$$Cd^{2+} + Ca(OH)_2 \longrightarrow Cd(OH)_2\downarrow + Ca^{2+} \quad (6)$$

当 pH 值在 11 附近时，Cd(OH)$_2$ 的溶解度最小，因此调节 pH 值很重要。但是，若有金属离子共沉淀，那么，即使 pH 值较低也会产生沉淀。

铅的处理方法（氢氧化物共沉淀法）：用 $Ca(OH)_2$ 把 Pb^{2+} 转变成难溶性的 $Pb(OH)_2$，然后使其与凝聚剂共沉淀而分离。

$$Pb^{2+} + Ca(OH)_2 \longrightarrow Pb(OH)_2\downarrow + Ca^{2+} \tag{7}$$

为此，首先把废液的 pH 值调整到 11 以上，使之生成 $Pb(OH)_2$。然后加入凝聚剂，继而将 pH 值降到 $7\sim8$，即产生 $Pb(OH)_2$ 共沉淀。但如果 pH 值在 11 以上，则生成 $HPbO_2^-$ 而沉淀会再溶解。

（4）含砷废液。用中和法处理不能把 As 沉淀。通常使它与 Ca，Mg，Ba，Fe，Al 等的氢氧化物共沉淀而分离除去。用 $Fe(OH)_3$ 时，最适宜的操作条件是铁砷比（Fe/As）为 $30\sim50$，pH 为 $7\sim10$。

（5）含汞废液。用 Na_2S 或 NaHS 把 Hg^{2+} 转变为难溶于水的 HgS，然后使其与 $Fe(OH)_3$ 共沉淀而分离除去。如果使其 pH 值在 10 以上进行反应，则 HgS 变成胶体状态。此时，即使使用滤纸过滤，也难于把它彻底清除。如果添加的 Na_2S 过量，则生成 $[HgS_2]^{2-}$ 而沉淀容易发生溶解。

（6）含重金属的废液。把重金属离子转变成难溶于水的氢氧化物或硫化物等的盐类，然后进行共沉淀而除去。

（二）有机类实验废液处置

在设计实验方案时，在不影响实验效果的情况下，应尽量选用无毒或毒性小的溶剂和试剂，以避免或减小可能造成的对人体和环境的危害。但化学实验中废液的产生是难以避免的，可以根据不同的情况进行处理：对在实验室中大量使用的有机溶剂，从环保和节约资源来看，在对实验没有妨碍的情况下，可对其进行回收利用；对不能回收的有机废液，则进行分类收集，统一交由具备资质的专业公司处理。

下面介绍实验室几种常见有机溶剂的回收。

（1）乙醚：将废乙醚溶液置于分液漏斗中，用水洗一次，中和，再用 0.5% 高锰酸钾洗至紫色不褪，然后用水洗；用 0.5%～1% 硫酸亚铁铵溶液洗涤，除去过氧化物，再用水洗；用氯化钙干燥、过滤、分馏，收集 33.5℃～34.5℃ 的馏分。由于乙醚的沸点较低，回收操作应避开高温环境。

（2）乙酸乙酯：乙酸乙酯废液先用水洗几次，再用硫代硫酸钠稀溶液洗几次，使之褪色；再用水洗几次，蒸馏，用无水碳酸钾脱水；放置几天，过滤后蒸馏，收集 76℃～77℃ 的馏分。

（3）氯仿：将氯仿废液置于分液漏斗中，依次用水、浓硫酸（用量为氯仿的1/10）、纯水、盐酸羟胺（0.5%，分析纯）洗涤；用重蒸馏水洗后，再用无水碳酸钾脱水；放置几天，过滤后蒸馏，收集 76℃～77℃ 的馏分。

（4）四氯化碳：将含有回收的四氯化碳置于分液漏斗中，用纯水洗 2 次，再用无水氯化钙干燥，过滤后蒸馏，收集 76℃～78℃ 的馏分。

对于有机废液的收集，为了方便专业公司处理，其收集应分可燃性物质、难燃性物质、含水废液、固体物质等进行。可溶于水的物质，容易成为水溶液流失，因此，回收时要注意。含重金属等的废液，将其有机质分解后，可作为无机类废液进行回收处理。

有机废液的处理一般有以下几种方法：

（1）焚烧法。

①将可燃性物质的废液置于燃烧炉中燃烧。如果数量很少，可把它装入铁制或瓷制容器，选择室外安全的地方将其燃烧。点火时，取一长棒，在其一端扎上沾有油类的破布，或用木片等东西，站在上风方向进行点火燃烧，并且必须监视至烧完为止。

②对于难于燃烧的物质，可把它与可燃性物质混合燃烧，或者把它喷入配备有助燃器的焚烧炉中燃烧。对多氯联苯之类难于燃烧的物质，往往会排出一部分还未焚烧的物质，要加以注意。对含水的高浓度有机类废液，此法也能进行焚烧。

③对于由于燃烧而产生 NO_2、SO_2 或 HCl 之类有害气体的废液，必须用配备有洗涤器的焚烧炉燃烧。此时，必须用碱液洗涤燃烧废气，除去其中的有害气体。

④对于固体物质，可将其溶解于可燃性溶剂中，然后使之燃烧。

（2）溶剂萃取法。

①对含水的低浓度废液，用与水不相混合的正己烷之类挥发性溶剂进行萃取，分离出溶剂层后，把它进行焚烧。再用吹入空气的方法，将水层中的溶剂吹出。

②对形成乳浊液之类的废液，不能用此法处理，要用焚烧法处理。

（3）吸附法。用活性炭、硅藻土、矾土、层片状织物、聚丙烯、聚酯片、氨基甲酸乙酯泡沫塑料、稻草屑及锯末之类能良好吸附溶剂的物质，使其充分吸附后，与吸附剂一起焚烧。

（4）氧化分解法（参照含重金属有机类废液的处理方法）。在含水的低浓度有机类废液中，对其易氧化分解的废液，用 H_2O_2，$KMnO_4$，$NaOCl$，$H_2SO_4+HNO_3$，HNO_3+HClO_4，$H_2SO_4+HClO_4$ 及废铬酸混合液等物质，将其氧化分解。然后按上述无机类实验废液的处理方法加以处理。

（5）水解法。对有机酸或无机酸的酯类，以及一部分有机磷化合物等容易发生水解的物质，可加入 NaOH 或 $Ca(OH)_2$，在室温或加热下进行水解。水解后，若废液无毒害，将其中和、稀释后，即可排放。如果含有有害物质，则用吸附等适当的方法加以处理。

（6）生物化学处理法。用活性污泥之类东西并吹入空气进行处理。例如，对含有乙醇、乙酸、动植物性油脂、蛋白质及淀粉等的稀溶液，可用此法进行处理。

对于不同分类的有机废液，可采取以下不同的处理方法：

（1）含一般有机溶剂的废液。一般有机溶剂是指醇类、酯类、有机酸、酮及醚等由 C，H，O 元素构成的物质。

对于此类物质的废液中的可燃性物质，用焚烧法处理。对于难于燃烧的物质及可燃性物质的低浓度废液，则用溶剂萃取法、吸附法及氧化分解法处理。当废液中含有重金属时，要保管好焚烧残渣。

（2）含石油、动植物性油脂的废液。此类废液包括苯、己烷、二甲苯、甲苯、煤油、轻油、重油、润滑油、切削油、机器油、动植物性油脂及液体和固体脂肪酸等物质的废液。

对于可燃性物质，用焚烧法处理。对于难于燃烧的物质及低浓度的废液，则用溶剂萃取法或吸附法处理。对于含机油之类的废液，含有重金属时，要保管好焚烧残渣。

（3）含 N、S 及卤素类的有机废液。此类废液包含的物质有吡啶、喹啉、甲基吡啶、氨基酸、酰胺、二甲基甲酰胺、二硫化碳、硫醇、烷基硫、硫脲、硫酰胺、噻吩、二甲亚砜、氯仿、四氯化碳、氯乙烯类、氯苯类、酰卤化物和含 N、S、卤素的染料、农药、颜料及其中间体等。

对于可燃性物质，用焚烧法处理，但必须采取措施除去由燃烧而产生的有害气体（如 SO_2，HCl，NO_2 等）。对于多氯联苯之类物质，因难以燃烧而有一部分直接被排出，要加以注意。

对于难于燃烧的物质及低浓度的废液，用溶剂萃取法、吸附法及水解法进行处理。

（4）含有酸、碱、氧化剂、还原剂及无机盐类的有机类废液。此类废液包括含有硫酸、盐酸、硝酸等酸类和氢氧化钠、碳酸钠、氨等碱类，以及过氧化氢、过氧化物等氧化剂与硫化物、联氨等还原剂的有机类废液。

首先，按无机类废液的处理方法，分别将其中和。若有机类物质浓度大，则用焚烧法处理（保管好残渣）。能分离出有机层和水层时，将有机层焚烧，对水层或其浓度低的废液，则用吸附法、溶剂萃取法或氧化分解法进行处理。

（5）含有天然及合成高分子化合物的废液。此类废液包括含有聚乙烯、聚乙烯醇、聚苯乙烯、聚二醇等合成高分子化合物，以及蛋白质、木质素、纤维素、淀粉、橡胶等天然高分子化合物的废液。

对于含有可燃性物质的废液，用焚烧法处理。而对于难以焚烧的物质及含水的低浓度废液，经浓缩后，将其焚烧。

（三）实验废气处置

（1）实验中产生的有毒有害气体，必须经过吸附或吸收等方法处理后，才能经过通风橱排出室外。如氯化氢、含氮、硫、磷等的酸性氧化物气体，可用导管通入稀的碱液中吸收后，再经通风橱排出。通风橱出风口应安装气体净化设备，使排放的气体达到排放标准。

（2）可以利用吸收法、吸附法、催化法、燃烧法、冷凝法等方法对实验室所产生的废气，如 CO_2、SO_2、氮氧化物（NO_x）、CO、光化学氧化剂（O_3）等进行排放处理。

①吸收法：主要净化含 SO_2，NO_x，HF，H_2S 和 HCl 等废气，利用吸收剂将混合物中的一种或多种组分有选择地吸收使其分离。它是利用气态污染物中各成分在吸收剂中的溶解度的不同，和与吸收剂的组分发生选择性的化学反应。

②吸附法：主要净化有机废气，净化的同时又可以回收废气中的有机溶剂。使废气与表面多孔的固体物质吸附剂相接触，将废气中的有害组分吸附在固体表面上，从而达到净化的目的；吸附剂通常有活性炭、氟石子筛、泡沫、陶瓷等。

③催化法：主要净化 SO_2、NO_x、CO 等，它是利用催化剂的催化作用将废气中的有害物质转变为无害物质。

（四）实验固体废弃物处置

（1）能够自然降解的有毒废物，集中深埋处理。

（2）不溶于水的废弃化学药品禁止丢弃水管道，应集中焚烧或用化学方法处理成无害物。

（3）不便于实验室处理的固体废弃物，不能丢进废纸篓内，而应收集后送有资质的单位处理。

第五节　化学化工常见安全事故防护及应急处理

一、燃烧的防护及应急处理

防火就是采取措施防止火灾发生，防火是避免火灾危害的最根本、最有效的方法。从燃烧的必要条件出发，防火就是防止燃烧的三个必要条件同时存在，避免其相互作用，这是防火的基本知识，也是防火技术措施的根据。

（一）防火技术措施

（1）严格管理可燃物质。可燃物质在生产、运输、存储及使用中应严格遵守防火规定，在生产、运输、存储及使用可燃气体、可燃液体过程中，应防止可燃气体或液体的泄漏，将可燃物质远离火源或高温物体，这是消除火灾隐患的重要措施。

（2）降低助燃物的浓度。当空气中的氧气含量在16％以下时，一般可燃物质将停止燃烧，在使用和存储可燃物质时，用中性或惰性气体覆盖其表面，使之与空气隔离，可防止其氧化燃烧。

（3）消除火源或与火源可靠隔离。常见的火源有明火、焊渣、烟花、摩擦和冲击火花、自燃发热明火、电气火花、电弧、电气设备表面高温、静电火花、雷电火花、高温热体和其他热源产生的高温等。消除火源，将火源与可燃物质隔离，把可燃物质温度控制在燃点以下，是预防火灾的重要措施。

（4）选择耐火阻燃材料。在有些情况下，选择耐火阻燃材料，对预防火灾的发生是十分简单和有效的措施。

（二）灭火基本知识

1. 灭火的基本原理

做好防火工作，能减少火灾事故。但是由于人们的认识水平和客观条件的限制，要完全避免火灾是不可能的。因此，在做好防火工作的同时，还必须做好灭火的准备工作，一旦发生火灾，能够迅速有效地进行扑救，争取将火灾扑灭在初期阶段，最大限度地减少损失。

一切灭火方法都是为了破坏已经产生的燃烧条件。灭火的方法主要有以下四种类型：

（1）冷却法。将灭火剂直接喷射到燃烧物上，将燃烧物的温度降到燃点以下，使燃烧停止；或者将灭火剂喷洒在火源附近的物体上，使其不受火焰辐射热的威胁，避免形成新的着火点，这种灭火方法称为冷却法。冷却法是灭火的主要方法。常用的灭火剂为水、二氧化碳。灭火剂在灭火过程中不发生化学反应，属于物理灭火。

（2）窒息法。通过阻止助燃物进入燃烧区或使用不燃气体冲淡可燃气体，使燃烧得不到足够的助燃物而熄灭，这种灭火方法称为窒息法。例如，用二氧化碳、氮气、惰性气体灭火，用不燃或难燃物捂盖燃烧物等，这种方法也属于物理灭火。

（3）隔离法。通过将火源与周围可燃物隔离，或将火源周围的可燃物移开，燃烧会因为缺少可燃物而停止，这种灭火方法称为隔离法。例如，关闭可燃气体、液体管路的阀门，阻止可燃物质进入燃烧区，阻拦流散的液体，拆除与火源毗连的易燃建筑物等，这种方法也属于物理灭火。

（4）化学抑制法。使灭火剂掺入到燃烧反应中，使燃烧过程中产生的游离基消失，而形成稳定分子或低活性的游离基，从而使燃烧停止，这种灭火方法称为化学抑制法。例如，用干粉灭火剂、卤族灭火剂灭火。值得注意的是，灭火剂一般同时具备几种灭火功能，例如水，不仅可以降低温度，同时其生成的水蒸气还有窒息作用。卤族灭火剂不仅具有化学抑制作用，同时还具有窒息作用。

2. 选择灭火器的原则

（1）扑救固体物质火灾应选用水型、泡沫型、磷酸铵盐干粉型或卤代烷型灭火器。

（2）扑救可燃、易燃液体或可熔化固体物质火灾应选用干粉、泡沫、卤代烷或二氧化碳型灭火器。

（3）扑救可燃、易燃气体火灾应选用干粉、卤代烷或二氧化碳灭火器。

（4）扑救电气火灾应选用卤代烷、二氧化碳或干粉灭火器。

（5）扑救可能同时发生以上 4 种火灾中 2 种以上的火灾的，应选用磷酸铵盐干粉和卤代烷灭火器。

（6）扑救可燃金属物质火灾应选用专用干粉灭火器。

3. 使用灭火器的注意事项

（1）要熟悉灭火器使用说明书。了解灭火器适宜扑救的火灾种类、使用温度范围、操作使用要求及日常维护等。

（2）扑救室外火灾时要站在着火部位的上风或侧风方向，以防火灾对身体造成威胁。

（3）灭电气火灾时，要注意防触电。例如，应加强绝缘防护，穿绝缘鞋和戴绝缘手套，并站在干燥地带等。

（4）使用大多数手提式灭火器灭火时，要保持罐体直立，切不可将灭火器平放或颠倒使用，以防驱动气体泄漏，中断喷射。

（5）灭火器一经开启后，不能保存，必须立即更换，或经专门部门重新灌装后才能保存使用。灭火器的压力表指针在红色区域，表明灭火器中压力不足，已不能正常使用，必须立即更换。新的灭火器两年要更换一次药剂，之后一年更换一次药剂。

（6）不要将灭火器的盖与底对着人体，防止盖、底弹出伤人。

4. 灭火器的种类及使用方法

灭火器的种类很多，按其移动方式，可分为手提式和推车式；按驱动灭火剂的动力来源，可分为储气瓶式、储压式、化学反应式；按所充装的灭火剂的种类，可分为二氧化碳灭火器、干粉灭火器、水灭火剂及灭火器、卤族灭火器、干粉灭火剂及灭火器、泡沫灭火器、轻金属火灾的灭火器、氮气灭火器、水蒸气灭火剂、烟络尽灭火器和七氟丙烷灭火器。下面重点介绍二氧化碳灭火器、干粉灭火器和泡沫灭火器的使用。

(1) 二氧化碳灭火器。

适应范围：二氧化碳不燃也不助燃。当燃烧区空气中的二氧化碳浓度达 30%～35% 或氧气量低于 12% 时，可使多数物质燃烧窒息。二氧化碳的密度是空气的 1.52 倍，可覆盖在燃烧物的表面隔绝空气，由于其迅速汽化，吸热较多，温度骤降，为非导体，所以主要适用于各种易燃、可燃液体、可燃气体火灾，还可扑救仪器仪表、图书档案、工艺器和低压电器设备等的初起火灾。但在高温时，二氧化碳能与碱金属、碱土金属、活泼的轻金属及其合金发生化学反应，所以不能用于这类物质燃烧的灭火。

使用方法：灭火时将灭火器提到或扛到火场，在距燃烧物 5 m 左右，放下灭火器，拔出保险销，一只手握住喇叭筒根部的手柄，另一只手紧握启闭阀的压把。对没有喷射软管的二氧化碳灭火器，应把喇叭筒往上扳 70°～90°。使用时，不能直接用手抓住喇叭筒外壁或金属连线管，防止手被冻伤。灭火时，应佩戴防护手套，若未佩戴，当可燃液体呈流淌状燃烧时，使用者应将二氧化碳灭火剂的喷流由近而远向火焰喷射。如果可燃液体在容器内燃烧，使用者应将喇叭筒提起，从容器的一侧上部向燃烧的容器中喷射。但不能将二氧化碳射流直接冲击可燃液面，以防止将可燃液体冲出容器而扩大火势，造成灭火困难。

注意事项：

①在室外使用时，应选择在上风方向喷射。二氧化碳是一种弱毒性气体，在室内等窄小空间使用时，灭火后操作者应迅速离开，并打开房间门窗通风，确定安全后，人员方可进入，以防窒息或中毒事件发生。

②这种灭火器的压力随温度而变化。温度过低，压力迅速降低，其喷射强度也大大降低，失去灭火作用；温度过高，压力迅速升高，影响安全使用。因此，国家规定二氧化碳灭火器使用的温度范围为 -20℃～55℃。

(2) 干粉灭火器。

使用方法：将灭火器提到距火源适当距离后，先上下颠倒几次，使筒内的干粉松动，然后让喷嘴对准燃烧最猛烈处，除掉铅封，拔掉保险销，右手提着压把并用力压下，左手拿着喷筒左右摆动，喷射干粉覆盖整个燃烧区，直至把火全部扑灭。干粉灭火器适合于扑救各种易燃、可燃液体和易燃、可燃气体火灾，以及电器设备火灾。

注意事项：

①用干粉灭火器扑救流散液体火灾时，应从火焰侧面对准火焰根部喷射，并由近而远，左右扫射，快速推进，直至把火焰全部扑灭。

②灭火时应注意不要把喷嘴直接对准液面喷射，以防干粉气流的冲击力使油液飞溅，引起火势扩大，造成灭火困难。

③用干粉灭火器扑救固体物质火灾时，应使灭火器嘴对准燃烧最猛烈处，左右扫射，并应尽量使干粉灭火剂均匀地喷洒在燃烧物的表面，直至把火全部扑灭。

④注意灭火后防止复燃，因为干粉灭火器的冷却作用甚微，在着火点存在着炽热物的条件下，灭火后易产生复燃。

⑤用干粉灭火器扑救容器内可燃液体火灾时，应从火焰侧面对准火焰根部，左右扫射。当火焰被赶出容器时，应迅速向前，将余火全部扑灭。

（3）泡沫灭火器。

使用方法：可手提筒体上部的提环，迅速奔赴火场。这时应注意不得使灭火器过分倾斜，更不可横拿或颠倒，以免两种药剂混合而提前喷出。当距离着火点 10 m 左右时，可将筒体颠倒过来，一只手紧握提环，另一只手扶住筒体的底圈，将射流对准燃烧物。在扑救可燃液体火灾时，如果已呈流淌状燃烧，则将泡沫由远而近喷射，使泡沫完全覆盖在燃烧液面上；如果在容器内燃烧，应将泡沫射向容器的内壁，使泡沫沿着内壁流淌，逐步覆盖着火液面。切忌直接对准液面喷射，以免由于射流的冲击，反而将燃烧的液体冲散或冲出容器，扩大燃烧范围。在扑救固体物质火灾时，应将射流对准燃烧最猛烈处。灭火时随着有效喷射距离的缩短，使用者应逐渐向燃烧区靠近，并始终将泡沫喷在燃烧物上，直到扑灭。使用时，灭火器始终保持倒置状态，否则会中断喷射。

泡沫灭火器应存放在干燥、阴凉、通风并取用方便的地方，以防止碳酸分解而失效；冬季要采取防冻措施；应经常擦除灰尘、疏通喷嘴，使之保持畅通。

（三）火场疏散与逃生

（1）火灾人工报警。发生火灾时要及时拨打 119 报警电话，报警时必须讲清以下事项：着火单位的名称、地址，具体着火楼房，哪一层楼着火，什么东西着火，报警人员的姓名和电话号码。报警后要派人到门口或路口等候消防车。报警早，损失小，及时准确的报警能使消防人员尽快赶到着火现场，及时将火扑灭，减小火灾损失。

（2）火灾自动报警系统。火灾自动报警系统是指能在发生火灾时自动发出警报的系统，火灾自动报警系统有区域报警系统、集中报警系统和控制中心报警系统三种基本形式。火灾自动报警系统设备一般由火灾探测器、手动火灾报警按钮、区域报警控制器和集中报警控制器等部分组成。火灾探测器按其结构和原理的不同，可以分为感温探测器、感光探测器、感烟探测器和可燃气体探测器等。自动报警系统可以直接与消防部门相连，自动报警系统发出火灾报警后，仍应及时拨打 119 报警电话。

（3）火灾时的安全设施和救生器材。电梯口直通大楼各层，火灾时烟气涌入电梯并极易形成"烟囱效应"，人在电梯里随时会被浓烟毒气熏呛而窒息，因此火灾发生时，严禁使用电梯。由于火灾停电，给逃生造成了很大障碍，所以疏散通道上的必要位置、疏散通道和楼梯、消防电梯及前室、消防控制室、水泵房、人员密集的公共场所等处都应设置事故照明灯和荧光指示牌。

充分利用各种逃生器材，常用的逃生器材有缓降器、救生袋等。学会使用求救信号，除了拨打手机外，也可从阳台或临街的窗户向外发出呼救信号，例如，向楼下抛扔沙发垫、枕头和衣物等软体信号物；寻找色彩亮丽的衣服或者布条，从窗户向外大幅度晃动，引人注意；夜间则可用打开手电、应急照明灯等方式发出求救信号，帮助营救人员找到确切目标。火灾时使用打火机绝对不是好选择，因为在火场中，打火机发出的光并不明显，不易被救援人员发现，且易导致可燃气体的爆炸，造成意外伤害。

（四）火场逃生与救人

发生火灾时，应立即向消防队报警，同时通报实验室及系、院所负责人。有关负责人听到警报后应该按计划进入指定位置，立即组织人员疏散，在消防队未到达火场之前，着火实验室的负责人和工作人员就是疏散人员的领导者和组织者。火场上受火势威胁的人员，必须服从领导，听从指挥，有组织、有秩序地进行疏散。当公安消防队到达火场后，由公安消防队指挥员组织指挥着火实验室的灭火和人员疏散工作。

及时灭火、及时逃生是火灾发生时应遵循的重要准则。发生火灾后，应尽量迅速利用灭火器、清水等将火扑灭，最大限度地减少人员伤亡和经济损失，一旦发现或意识到自己不能将火扑灭，而可能被烟火围困，生命受到威胁时，应立即采取适宜的措施逃生，切不可延误逃生良机。

火场外需要进入烟火封锁区域实施救助疏散时，必须佩戴面罩、呼吸器具、导向绳、照明和通信器材等安全保护器具，并应在喷雾射流的掩护下，直接冲入被困人员房间，采用各种可能的但必须是安全的方法，进行搜救和营救。救助中如果安全疏散通道被烟火封堵，应以水枪开路，扑压明火、烟雾和防止轰燃发生。当有较多的人需要穿过被烟封锁的通道时，应在人流之前用喷雾水流排烟。

处于房间窗口和阳台上的被困人员，当被烟雾笼罩又暂时不能获得求助疏散时，救助人员应快速进入房间内，利用喷雾水流向房间外驱烟。总之，应根据被困人员所处的位置、环境状况及受威胁程度，灵活地利用建筑物的特点、救生器具和各种可能的方法，积极开展施救行动。

二、爆炸的防护及应急处理

（一）防爆技术与措施

爆炸事故的发生一般包括三个过程：一是爆炸性混合气体的形成和燃爆的开始，二是爆炸范围的扩大和爆炸威力的升级，三是爆炸力造成灾害性的破坏。防爆技术就是运用爆炸原理，阻止第一个过程的出现，即控制爆炸性混合气体的形成和控制火源，使之不能点燃；限制第二个过程的发展，即切除爆炸传播途径和破坏爆燃升级为爆轰的条件；防护第三个过程的危害，即减弱热力、压力和冲击波等对人员的伤害和对设备、仪器以及邻近建筑的破坏。

为预防火灾或爆炸灾害，重点在于对危险物质和着火源的严格管理。着火源分为冲击摩擦、明火、高温表面、自燃发热、绝热压缩、电火花、静电火花、光热射线等。

在易燃易爆的实验场所，铁器互相撞击或与混凝土地坪的冲击，均能产生火花而成为着火源。代替铁制工具的有镀青铜或铝合金做的锤子、扳手、钳子等，也可用镀钢或镀铬的钢铁件（但注意必须经常检查镀层是否完整）。搬运盛有易燃气体及液体的金属容器时，严禁抛掷、撞拉、滚动，以免产生火花。

（二）防爆装置

对于易燃易爆物质数量较多、设备和管线又连通在一起的场所，如果一处发生爆炸，易于扩展到其他部分。为了阻止爆炸扩展和减少破坏，人们从许多爆炸的事例中，总结了各个方面的经验教训，研制了防止爆炸扩展的安全装置，并在生产设备上安装应用，产生了一定的效果。

（1）阻火器。阻火器一般安装在易引起燃烧、爆炸的高热设备与输送可燃气体、蒸汽管线之间，以及易燃液体、可燃气体的容器、管道、设备的排气管上。

（2）安全阀。安全阀是为了防止高压设备和容器内压力超过限定而爆炸的装置。安全阀的动作压力，一般较设备的工作压力再增加 10％～15％ 来进行设置。工业上常见的安全阀有静重式、杠杆式、弹簧式等。

（3）火星熄灭器。火星熄灭器又称防火帽，一般安装在易产生火星的设备和装置上，以防止飞出的火星引起易燃易爆危险物品燃烧爆炸。例如，在使用易燃易爆物质的场所，必须使用防爆开关、防爆灯和防爆电器等。

三、化学中毒及防护

（一）中毒的途径与危害

一般将接触后会损害机体的组织器官，破坏机体的正常生理功能，引起机体病变的化学品称为有毒化学品。由有毒化学品引起的疾病称为化学中毒，化学中毒可分为急性、亚急性和慢性中毒。

1. 途径

有毒化学品中除了酸、碱及少数腐蚀性物质可以对皮肤或黏膜发生直接作用外，绝大多数有毒化学品均须被机体吸收并达到一定浓度以后，才能产生毒害作用。吸收速度的快慢与该化学品的存在状态及理化性质有关。一般有毒气体比有毒液体容易被人吸收，有毒固体吸收较为缓慢。无论有毒化学品通过哪种途径进入机体，都必须通过细胞膜产生作用，可溶解在有机溶剂中（如乙醇）的化学毒物可以直接通过细胞膜，所以进入机体后吸收很快；水溶性的化学毒物不是以简单扩散方式通过细胞膜，而是以滤过方式通过毛细血管内皮细胞的膜孔，而且只有比白蛋白小的分子才能通过，所以水溶性毒物被机体吸收的速度比可溶解在有机溶剂中的化学毒物慢。固体毒物须以吞噬的方式进入细胞，故速度最慢，但易溶解固体毒物比不易溶解固体毒物的吸收快。化学中毒的途径最常见的是经口摄入（如用手接触化学毒物后没有洗干净就取食物吃，导致食物上可能沾染化学毒物而经口摄入）、经呼吸道吸入（如生产、实验环境中有毒溶剂大量挥发，操作人员却不戴口罩）和皮肤吸收（如操作人员不戴手套直接用手接触有毒化学品）等。

一般情况下，有毒化学品多数是经呼吸道进入人体。气态毒物进入呼吸道的深度与其水溶性有关。因整个呼吸道表面都被体液所湿润，易溶于水的毒物易被上呼吸道所吸收，若它有刺激性，则马上引起呛咳。难溶于水的毒物，如氮氧化物，因上呼吸道气流速度快，难以吸收而进入深部，到达肺泡，由于此处气流速度极缓慢，所以能被吸收而引起肺水肿。

有些毒物可以通过皮肤和毛囊与皮脂腺、汗腺接触而被吸收。由于表皮的屏障作用，相对分子质量大于 300 的物质不易透过无损的皮肤被吸收，只有高度脂溶性和水溶性的物质（如苯胺）才易经皮肤吸收；仅溶于脂肪或仅溶于水的物质，经皮肤吸收甚少。电解质和某些金属，特别是金属汞可经此途径被吸收。

2. 危害

化学毒物在未被机体吸收以前，首先在接触部位发生作用，引起不同的毒性反应。例如，毒物刺激眼睛会引起流泪，刺激气管会引起咳嗽，腐蚀皮肤会产生糜烂。化学毒物被吸收以后就对机体组织或器官产生毒性作用，例如，氮氧化物具有刺激性，它可以麻痹呼吸中枢引起肺水肿；有机磷农药中毒后很快引起大脑皮质的功能障碍，HCN 和 CO 中毒也是首先破坏中枢神经系统的功能；有些酚类可以作用于毛细血管和心肌，引起心血管机能的障碍；一些重金属毒物（如汞）能与人体中酶蛋白上的某些功能基团（巯基）结合，从而抑制酶的活性等。除了对上述化学毒物的一般毒性进行研究外，近年来人们也非常关心有毒化学品的三致性问题，即致突变性、致癌性和致畸性。

3. 分级

不同有毒化学品，其毒性作用的大小是不同的，因此有必要进行区分级别。我国在 1978 年根据当时的实际情况提出了按 LD_{50} 值大小划分的毒性等级，分为剧毒、高毒、中毒、低毒和微毒 5 个等级。其中 LD_{50} 为半致死剂量，指一次中毒后能引起半数动物死亡的剂量。LD_{50} 是根据急性中毒的实验结果，经过数理统计后求得的，它受动物个体差异的影响少，波动范围小，是一种比较准确、稳定的急性毒性指标。但是这种区分方法没有考虑毒物的慢性作用以及致癌、致畸、致突变作用，也没有考虑有毒化学品对生态环境的影响，所以近年来国内外都在充分考虑有毒化学品的各种危害基础上进一步提出更合理的分级。美国环保局（EPA）于 1985 年公布了 200 种致癌剂与 200 种潜在有毒化学品的危害等级；日本针对化学品是否影响生态环境和人体健康提供了两份清单；欧盟规定，凡是新生产出售的化学品，必须提供安全性评价指标。我国也提出过综合危害性分级方法，即考虑急性毒性的同时，对慢性毒性与环境效应诸因素进行全盘考虑，如按照有毒化学品在空气中的最高允许浓度对空气中化学毒物的危害，分为极度危害、高度危害、中度危害和轻度危害 4 级。

（二）常见有毒化学品的防护

1. 合成工艺防护

一个化合物往往可通过多种不同的合成途径制备，通常将具有工业生产价值的合成途径称为该化合物的合成工艺路线。在化合物的合成工艺研究中，首先是工艺路线的设计和选择，好的合成工艺应具备操作程序简单、合成步骤少、生成副产物少（减少环境污染）等特点，并应尽量选用低毒性或无毒性、低挥发性的试剂和溶剂等。

操作人员若长时间吸入有机溶剂蒸气，会引起慢性中毒的现象，但短时间暴露在高浓度有机溶剂蒸气之下，也会有急性中毒致命的危险。因此，任何使用化学试剂和溶剂的操作都应在通风良好的条件下进行，实验室中进行化学合成或其他使用化学试剂和溶剂的操作都应当在通风橱中进行，并且通风橱的换气量必须达到规定的标准，以保证操作人员不会因吸入有机溶剂或有毒气体而导致身体受到伤害。当根据化学反应的原理推测反应中可能会有有害气体物质产生时，必须采取相应处理措施，如安装气体吸收装置等，防止有害气体直接排放。即使相应操作在通风橱中进行，也必须采取相应的处理措施，严禁不经处理而直接排放有害气体的行为发生。

在确定合成工艺路线时，应尽量采用低毒或无毒的溶剂代替毒性较大的溶剂。例如，在生产胶水时要用大量的有机溶剂，可以利用不同溶剂的不同溶解度参数，尽可能选用那些低毒溶剂组合出所需要的溶解能力，避免选用毒性太大的溶剂。甲苯溶解性优良，是胶粘剂中应用最广的溶剂，溶解度参数为 89，但其在空气中最高容许质量浓度为 $100~mg/m^3$，有毒。为了尽可能降低毒性，可以考虑采用醋酸乙酯、甲乙酮和 $120^{\#}$汽油混合溶剂来取代甲苯。醋酸乙酯的溶解度参数为 91，在空气中最高容许质量浓度为 $300~mg/m^3$；甲乙酮溶解度参数为 93，在空气中最高容许质量浓度为 $590~mg/m^3$。两者的毒性均低于甲苯，而溶解度参数相近。$120^{\#}$汽油则无毒，三者并用即可达到理想的溶解效果，又可降低生产及应用过程中的毒性。

在考虑反应条件时，可以选择合适的引发剂或催化剂以尽可能降低反应温度，从而减少生产过程及进、出料时反应物料的挥发逸出，改善操作人员的生产条件。在胶粘剂生产过程中最常用的引发剂是过氧化苯甲酰，反应温度一般为 80℃～85℃，但若选用偶氮二异丁腈作作为引发剂，反应温度可降至 65℃；在生产醋丙乳液时，若用过硫酸钾作为引发剂，反应温度一般为 75℃，但若用过氧化物－亚酸盐的氧化还原引发体系，则反应可在 65℃进行，反应温度的降低可在工人投料、出料时避免有毒化学品的大量逸出。

2. 个人防护

为防止毒物从皮肤侵入人体，任何进入化学实验室的人员都必须穿着实验服和佩戴化学安全防护眼镜，必要时还应穿工作鞋，戴工作手套。为防止化学物质从呼吸道侵入人体，还可佩带各式防毒面具，尤其是在投料、出料时应使用口罩、防毒面具等。

操作人员应该清楚了解自己所使用化学品的毒性及防护等级，重视个人安全防护，例如，禁止在有毒工作场所吃饭、饮水、抽烟，饭前洗手漱口，下班后洗浴，定期清洗工作服等。这对于防止有毒物质从皮肤、口腔、消化道侵入人体，具有重要作用。实验室中有毒化学品的污染对实验人员的健康具有很大的威胁，因此，任何化学试剂的抛洒或泄漏都必须及时进行清理，保证实验室环境清洁无害。

多数情况下的中毒是一种慢性积累中毒，发现症状往往需要几年甚至更长的时间，容易被忽略，而一旦出现症状，就很难根治。因此，需要在日常工作中引起高度重视，不因所用化学试剂或溶剂的毒性小而忽视安全防护。只要充分了解所从事的工作，了解所使用化学品的化学特性，在使用过程中注意合理的防护，那么化学中毒是可以避免的。

3. 化学药品中毒的应急处理方法

鉴于有毒化学品的种类繁多，且毒性及中毒原理各不相同，因此在采取应急处理时必须小心谨慎。进行急救前，应了解毒物的物理、化学性质及急救方法，必要时咨询专业救护人员，切忌盲目、错误地施救，以免造成伤情的加重。下面介绍一些简单应急处理方法。

（1）吞食中毒的应急处理。

①催吐。发生吞食药品中毒时，中毒者常表现为痉挛、昏迷或神志不清，对于此类中毒者，非专业医务人员不可随便处理。但对于神志清醒且吞食的为非腐蚀性药品和非烃类液体的中毒者，可采用催吐的方法进行急救处理，即用手指、棉棒或匙子的柄摩擦患者的喉头或舌根，使其呕吐。若用上述方法还不能催吐，可于半酒杯水中，加入15 mL吐根糖浆（催吐剂之一），或在80 mL热水中，溶解一茶匙食盐，给中毒者饮服。催吐时，中毒者应尽量低头，身体向前弯曲，以免呕吐物呛入肺中。

②服用保护剂。当中毒者吞食酸、碱之类腐蚀性药品或烃类液体时，因易形成胃穿孔或胃中的食物一旦吐出，而易进入气管的危险，此时，千万不要进行催吐，可饮用牛奶、米汤、打溶的鸡蛋、面粉、淀粉、土豆泥的悬浮液以及水等保护剂，起到降低胃液中药品的浓度、保护胃黏膜、延缓毒物被人体吸收的速度的作用。

③服用活性炭。化学实验室中经常使用的活性炭是一种强有力的吸附解毒剂，可吸附绝大部分毒物。可于500 mL的蒸馏水中，加入50 g活性炭，用前再加400 mL蒸馏水，并把它充分摇动润湿，然后给中毒者分次少量吞服。一般10~15 g活性炭，大约可吸收1 g毒物。

④万能解毒剂。将两份活性炭、一份氧化镁和一份丹宁酸均匀混合而成的混合物，称为万能解毒剂。用时可将2~3茶匙此药剂，加入一酒杯水中，调成糊状物服用。

（2）吸入中毒的应急处理。

发生此种情况时，立即让中毒者脱离现场，转移到室外空气新鲜的地方，解开衣服，放松身体，保持呼吸畅通，并注意保暖。若发现中毒者呼吸能力减弱或呼吸困难，应马上进行人工呼吸。中毒者呼吸好转后，立即送专业医院治疗。

（3）皮肤接触时的应急处理。

立即脱除被污染的衣物（谨记实验中穿着实验服的重要性），用自来水不断冲淋皮肤，紧急喷淋器的效果最好，如果附近没有，也可就近使用自来水管冲淋。不要使用化学解毒剂。

（4）进入眼睛时的应急处理。

撑开眼睑，用大量流动清水冲洗至少15分钟。若进入物会与水发生反应，如生石灰、电石粉等，应先用沾有植物油的棉签或干净的干毛巾擦去进入物，再用清水冲洗。不要使用化学解毒剂。

四、事故案例分析

（一）案例 1　操作失误引发大火

2004 年 3 月，成都某大学化学实验室，学生在制备乙醇钠时引发火灾，大火燃烧超过 1 小时才被扑灭，造成一间实验室和一间办公室被烧毁，办公室中的资料和计算机化为灰烬，大量实验记录和资料被毁。起火原因是在实验室中违规大量制备乙醇钠，由于金属钠与乙醇反应时大量放热，该学生将 10 L 玻璃反应瓶放入装水的塑料盆中冷却，在加金属钠时，不慎将金属钠掉入水中，起火引燃乙醇。

金属钠与乙醇反应时，放出大量的热和氢气，在对反应器进行有效冷却、及时移走热量的同时，必须安装回流冷凝管，防止乙醇蒸气逸入空气中造成危险，同时必须控制金属钠的加入速度，使放出氢气的速度不能太快。由于空间和设备的限制，在实验室中禁止进行大规模制备实验的操作，容器一般限制在 5 L 以下。

（二）案例 2　麻痹大意引起爆炸

2003 年 10 月，成都某高校化学实验室，某研究生在回流乙醚时引起爆炸，造成在旁边做实验的两位同学面部和手部深度烧伤，须进行植皮手术。该研究生长期操作乙醚回流实验，对该实验的操作和注意事项均十分熟悉，爆炸的原因是回流冷凝管上面干燥管中的氯化钙因长期使用吸潮而导致堵塞，造成了密闭回流而引起爆炸。

干燥管中的干燥剂容易吸潮而导致管子堵塞，必须经常检查、及时更换。在湿度较大的环境中，最好做到每次更换。

（三）案例 3　管理制度不规范导致中毒伤亡事故

2009 年 7 月，浙江某大学化学系博士生袁某发现博士生于某昏倒在催化研究所 211 室，袁某便呼喊老师寻求帮助，并拨打 120 急救电话，随后袁某也晕倒在地。于某经抢救无效死亡，袁某经留院观察治疗，于次日出院。事故原因是教师莫某、徐某与事发当日在化学系催化研究所做实验的过程中，存在误将本应接入 307 实验室的一氧化碳气体接入 211 室的行为。

一氧化碳气体是无色无味的剧毒气体，不易发现，发现中毒时，往往已经难于挽救，因此使用时必须保证无气体泄漏，特别是经过管道输送时，一定要确定管道的走向无误。同时，在使用一氧化碳的实验室中，应该安装有毒气体报警器，将报警下限设定为低于一氧化碳在空气中的最高允许浓度。

思考题

1. 爆炸的主要破坏形式有（　　）。

　A. 直接的破坏作用　　　　　　　　　B. 冲击波的破坏作用

C. 造成火灾　　　　　　　　　　　　D. 造成中毒和环境污染

2. 易燃固体的危险特性主要有（　　　）。

　　A. 易燃性　　　　B. 可分散性　　　　C. 热分解性　　　　D. 自然性

3. 浓硫酸不得与（　　）混合存放。

　　A. 氢氧化钠　　　B. 盐酸　　　　　　C. 丙酮　　　　　　D. 乙醇

4. 氧气钢瓶不得与（　　）混合存放。

　　A. 乙炔钢瓶　　　B. 氢气钢瓶　　　　C. 氮气钢瓶　　　　D. 液化气钢瓶

5. 下列物质中必须专库存放的是（　　）。

　　A. 氰化钠　　　　B. 丙酮　　　　　　C. 氢氧化钠　　　　D. 硫酸

6. 毒物在体内的蓄积是发生（　　　）的基础。

　　A. 急性中毒　　　B. 慢性中毒　　　　C. 亚急性中毒

7. 当工作场所发生突发性火灾时，应当（　　　）。

　　A. 立即报警，并及时扑灭初起火灾　　B. 立即撤出现场，等消防队前来灭火

8. 泡沫灭火器不能用于扑救（　　　）火灾。

　　A. 塑料　　　　　B. 汽油　　　　　　C. 煤油　　　　　　D. 金属钠

9. 火灾初期阶段是扑救火灾（　　　）的时机。

　　A. 最有利　　　　B. 最不利　　　　　C. 无所谓　　　　　D. 最容易

10. 涉及有毒试剂的操作时，应采取的保护措施是（　　　）。

　　A. 佩戴适当的个人防护器具　　　　　B. 了解试剂毒性，在通风橱中操作

　　C. 做好应急救援预案　　　　　　　　D. 以上都是

11. 实验开始前应该做好的准备是（　　　）。

　　A. 必须认真预习，理清实验思路

　　B. 应仔细检查仪器是否有破损，掌握正确使用仪器的要点，弄清水、电、气的管线开关和标记，保持清醒头脑，避免违规操作

　　C. 了解实验中使用的药品的性能和有可能引起的危害及相应的注意事项

　　D. 以上都是

12. 实验中会用到很多玻璃器皿，容易破碎，为避免造成割伤，应该注意（　　　）。

　　A. 装配时不可用力过猛，用力处不可远离连接部位

　　B. 不能口径不合而勉强连接

　　C. 玻璃折断面须烧圆滑，不能有棱角

　　D. 以上都是

13. 使用易燃易爆的化学药品，不正确的操作是（　　　）。

　　A. 可以用明火加热　　　　　　　　　B. 在通风橱中进行操作

　　C. 不可猛烈撞击　　　　　　　　　　D. 加热时使用水浴或油浴

14. 下列易燃化学试剂存放和使用的注意事项中正确的是（　　　）。

　　A. 要求单独存放于阴凉通风处　　　　B. 放在冰箱中时，要使用防爆冰箱

　　C. 远离火源，绝对不能使用明火加热　D. 以上都是

15. 处理使用后的废液时，下列说法中错误的是（　　）。

　　A. 不明的废液不可混合收集存放

　　B. 废液不可任意处理

　　C. 禁止将水以外的任何物质倒入下水道，以免造成环境污染和处理人员危险

　　D. 少量废液用水稀释后，可直接倒入下水道

16. 剧毒物品必须保管、储存在（　　）。

　　A. 铁皮柜　　　　　　　　　　　　　B. 木柜子

　　C. 带双锁的铁皮保险柜　　　　　　　D. 带双锁的木柜子

17. 眼睛被化学品灼伤后，首先采取的正确方法是（　　）。

　　A. 点眼药膏

　　B. 立即撑开眼睑，用清水冲洗眼睛

　　C. 马上到医院看急诊

18. 一般无机酸、碱液和稀硫酸不慎滴在皮肤上时，正确的处理方法是（　　）。

　　A. 用酒精棉球擦　　　　　　　　　　B. 不作处理，马上去医院

　　C. 用水直接冲洗　　　　　　　　　　D. 用碱液中和后，用水冲洗

19. 危险化学品包括（　　）。

　　A. 爆炸品，易燃气体，易燃喷雾剂，氧化性气体，加压气体

　　B. 易燃液体，易燃固体，自反应物质，可自燃液体，自燃自热物质，遇水放出易燃气体的物质

　　C. 氧化性液体，氧化性固体，有机过氧化物，腐蚀性物质

　　D. 以上都是

20. 毒物主要通过哪几种途径进入人体，造成对人体的危害？

参考文献

［1］姜忠良. 实验室安全基础［M］. 北京：清华大学出版社，2009.

［2］牟天明，张荣. 危险化学品企业班组长安全管理培训教程［M］. 北京：化学工业出版社，2012.

［3］崔政斌. 危险化学品安全技术［M］. 北京：化学工业出版社，2010.

［4］胡忆沩. 危险化学品安全丛书——危险化学品应急处置［M］. 北京：化学工业出版社，2009.

［5］Aldrich handbook of fine chemicals. 2012—2014.

［6］吴宗之，张圣柱，张悦，等. 2006—2010 年我国危险化学品事故统计分析研究［J］. 中国安全生产科学技术，2011（7）：5.

［7］黄郑华. 化工工艺设备防火防爆［M］. 北京：中国劳动社会保障出版社，2008.

第三章 实验室电气环境与电气安全

【本章导读】

实验室电气环境是指为实验室提供用电支持与应用的各种设备和条件的总称，通常分为强电系统、弱电系统和空间电磁系统三大类。本章从电气环境具有相对的独立性和专业性的角度，解读电气安全的规律和特点以及实习/实验中同学们必须了解和掌握的基本知识和技能。

本章主要学习要点：

（1）了解实验室供配电系统和常用用电设备的种类和功能，学习正确选用设备的方法。

（2）熟悉安全用电的技术指标、常见的电气安全标志，学会正确使用多种电工仪器、仪表。

（3）增强预防触电和电伤害的自我保护意识，掌握应对安全事故的自救、互救常识和能力。

（4）掌握电气危害的特性、发生的规律以及对社会生产、人们生活和环境保护的影响。

（5）运用所学知识尝试完成一个综合性训练课题。例如，拟订一份某专业实验室的防尘、防静电安全和环境保护方案，提交一份有新想法和新措施的野外实习防雷电预案，为一个面积为 500 m^2 左右的实验室的用电设备设计接地系统方案等。

第一节 实验室的电气环境

实验室电气环境可分为硬环境和软环境两类。硬环境主要是指为实验室提供电能支持和信息支持，以及对其产生各种影响的电气物理环境；软环境主要是指运行的流程、工艺以及管理的规章与制度等。

一、实验室电气安全的现状与发展趋势

实验室的电气安全是整个实验室安全与环保的重要方面，违章用电常常可能造成人身伤亡、火灾、仪器设备损坏等严重事故。用电安全要做到电气绝缘良好，保证安全距离，线路与插座容量与设备功率相适应，不使用"三无"产品等。实验室中的一切仪器

设备都应有用电的安全措施，一般情况下，固定安装的仪器设备的外壳都要保护接地，可移动设备应使用单相三孔插头与接地保护线连接。必要时可配置绝缘靴、绝缘垫和绝缘手套等保护工具。

实验室用电安全的主要事故是触电事故和电气火灾，发生这类事故的原因往往不是单一的，既有工程技术和组织管理方面的因素，也有不安全行为和不安全状态方面的因素。随着实验教学内容的改革和拓展，不同实验对所需电气环境的安全要求更多样化。由于实验室里有可能触电的人群，主要是从事实验学习的学生，因此，老师和学生都应该更加重视新形势下触电事故和电气火灾事故的预防和研究。

一般来说，现场混乱、管理无序、技术水平低的实验室触电事故多，各连接部位（如导线与导线、导线与设备、设备与设备之间）的连接处触电事故多，高温、潮湿、有导电性粉尘或腐蚀介质、现场金属设备多的实验环境中触电事故多。只有充分研究发生触电事故的规律，才能比较科学地安排电气安全工作计划和实施细则，以减少触电事故的发生。

漏电保护、双重绝缘、电气隔离等都属于防触电新兴技术，新技术的应用对于减少触电事故已经取得了明显的效果。例如，实验室使用漏电保护器后，触电受伤事故减少了50%。在触电危险性大（如使用强电等）的实验室，推广漏电保护器也已经发挥了明显的安全作用。当然，漏电保护器的质量、安装、运行维护等问题还有待进一步解决。双重绝缘的设备（Ⅱ类设备）的开发和推广，为控制和减少手持电动工具触电事故起了很大的作用。目前，双重绝缘设备的正确使用和维修尚待开发和普及。电气隔离是应用高绝缘隔离变压器，将接地配电网转换为小容量不接地配电网，实现隔断明显的故障电流回路的安全方法，这一方法目前还有待进一步推广。对于其他新兴的防触电技术措施，如不导电环境、防触电本质安全型电气装置，也有待继续开发和探讨。

二、实验室电气环境的相关知识

实验室种类繁多，功能不同，所需供配电系统和使用的用电设备也各有异同。

（一）实验室供配电系统

实验室供配电系统的设计，首先是以不同实验室的具体情况和使用要求为依据，来确定电力负荷总量、电力类型、电能质量要求和电力负荷等级等；然后根据这些要求和负荷情况，以及国家技术经济政策、技术标准、规程规范，进行相应的设计，构建满足实验室要求的供配电系统，做到安全可靠、节能环保、技术先进、经济合理、美观实用、维护管理方便。这是实验室电气环境的基础，也是实验室电气安全的保障。

1. 供配电系统结构

常用于实验楼或实验室的供配电系统结构如图3-1所示。适合于集中管理的放射结构如图3-1（a）所示，适合于分级管理的树状结构如图3-1（b）所示。对于供电可靠性要求较高的实验楼或实验室，也可采用环网结构，如图3-1（c）所示，或双回进线结构，如图3-1（d）所示。

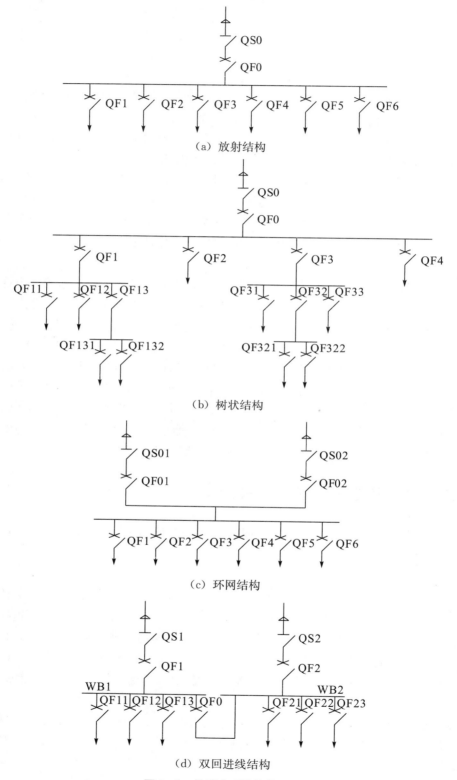

（a）放射结构

（b）树状结构

（c）环网结构

（d）双回进线结构

图 3-1　供配电系统结构分类

实验大楼和各个实验室的所有负荷都应归类分组，通常照明和动力应分设回路，如图 3-2 所示。

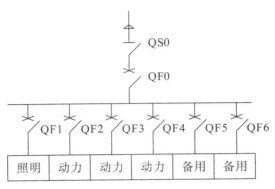

图 3-2　负荷分组控制

2. 供配电系统设备

（1）变压器（transformer）。

变压器是一种利用电磁感应的原理来改变交流电压的装置，主要构件是初级线圈、次级线圈和铁心（磁芯）。在电器设备和无线电路中，常用作升降电压、匹配阻抗、安全隔离等，常用的两种变压器如图 3-3 所示。

（a）油浸式电力变压器　　　　（b）干式电力变压器

图 3-3　变压器

（2）成套配电装置（distribution equipment）。

实验室成套配电装置又称配电柜、配电盘、配电箱、开关箱等（如图 3-4 所示），是集中安装开关、仪表等用以实现对电源的分配、测量、控制和保护的设备。另外，也有成套式变电站或动力站等。成套配电装置按结构特征和用途，可分为固定面板式（又称配电屏、开关板）、防护式（封闭式，如控制台）和抽出式（如动力、照明配电控制箱）。

（a）固定式高压开关柜　　　（b）抽出式低压配电屏　　　（c）照明配电箱

图 3-4　成套配电装置

（3）开关类设备（switchgear）。

实验室常见的开关设备有断路器、隔离刀闸、负荷开关、翘板开关等。

图 3－5 为常用的两种断路器。断路器是系统正常情况下用以闭合、承载和开断工作电流，系统故障情况下能在规定的时间内闭合、承载和开断故障电流的开关设备。

（a）高压断路器　　　　　　（b）低压断路器

图 3－5　断路器

图 3－6 为常用的两种隔离刀闸。隔离刀闸是一种能够按照规定的要求提供电气隔离断口的机械开关装置，在电路中起隔离作用，其特点是无灭弧断流能力，不能分合负荷电流和短路电流。

（a）高压隔离刀闸　　　　　　（b）低压隔离刀闸

图 3－6　隔离刀闸

图 3－7 为常用的两种负荷开关。负荷开关是一种能在正常及故障情况下闭合、承载和开断负荷及故障电流的开关设备，装有简单的灭弧装置，有一定的灭弧能力，是介于断路器和隔离开关之间的一种开关电器。

（a）高压负荷开关　　　　　　（b）低压负荷开关

图 3－7　负荷开关

图 3－8 为常用的翘板开关。翘板开关是通过翘板操作来控制电路通断的低压开关设备，是现在建筑电气中最常用的终端开关设备，主要用于控制照明灯、小容量用电设备等。

图 3—8　各种类型的翘板开关

（4）插座（socket）。

插座是与插入式元器件相配接的连接器。实验室常用的配电插座（如图 3—9 所示）都属于电源插座，作用是为其他用电设备提供电源接口。

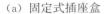

（a）固定式插座盒　　　（b）移动式插座盒　　　（c）配电插座箱

图 3—9　实验室常用的电源插座

（5）保护类设备（protective equipment）。

实验室常见的保护类设备有熔断器、过压保护器、断路器和漏电保护器等。

熔断器是当电流超过规定值时，以本身产生的热量使熔体熔断，断开电路的一种电器。熔断器也称保险器，是电路短路或严重过载时起保护作用的设备，广泛应用于高低压配电系统和控制系统以及用电设备中。图 3—10 为常用的两种熔断器。

（a）高压熔断器　　　　　　　　（b）低压熔断器

图 3—10　熔断器

过压保护器一般用于保护设备免受内、外过电压的侵害，包括避雷器、限压器、浪涌保护器和组合式保护器等。图 3—11 为不同类型的过压保护器。

（a）避雷器　　　（b）限压器　　　（c）浪涌保护器　　　（d）组合式保护器

图 3—11　几种常用的过压保护器

断路器对发生严重过载、短路、欠压等故障的电源线路以及电动机，具有自动切断其电路来实现保护的功能。自动空气开关是一种常用的低压断路器（如图 3-12 所示），具有多种保护功能（如过载、短路、欠电压保护等）、动作值可调、分断能力高以及操作方便、安全等优点，是低压配电网中一种重要的保护电器，目前已得到广泛应用。

漏电保护器又称漏电保护开关（如图 3-13 所示），主要是用在设备发生漏电故障以及对有致命危险的人身触电进行保护。

图 3-12　自动空气开关

图 3-13　漏电保护器

（二）实验室用电设备

（1）按性质和用途分类，一般可分为仪器仪表、机电设备、电子设备、印刷机械、卫生医疗、文艺体育、工具量具及行政办公等。仪器仪表设备有示波器、信号发生器、电子实验箱等，机电设备有机床、电机等，电子设备有计算机、打印机等，印刷机械设备有复印机、晒图机等，卫生医疗设备有 X 光机、治疗仪等，文艺体育设备有舞台灯光、健身器材等，工具量具设备有电动工具、风动工具等，行政办公设备有报警器、考勤机、厨房设备等。

（2）按电力强弱分类。一般按电压等级来分，工作电压在 50 V 以上为强电，其处理对象是能源（电力），一般用作动力能源。常用的照明灯具、冰箱、电视机、空调等家用电器均为强电电气设备。工作电压在 50 V 以下为弱电，其处理对象主要是信息，一般用于信息传递。监控系统（如图 3-14 所示）、计算机网络、消防报警系统、音视频系统等属于弱电系统。

图 3-14　监控系统

第二节　实验室用电安全要求

一、安全用电的技术指标

（一）人体抗电参数

人体的抗电参数是指与人体抵抗各种电气危害相关的参数。

（1）人体电阻、电容。人体电阻是动态变化的，最高可达几十千欧，最低可下降到 800 Ω。人体对地电容大约为 100~150 pF。

（2）人体耐受电流。人体耐受电流分为不同的层级，即无感知电流、有感知电流、二级电击电流（可摆脱电流）和一级电击电流（不可摆脱电流）。一般情况下，2 mA 以下的电流通过人体，仅产生麻感，对人体影响不大；8~12 mA 电流通过人体，肌肉会自动收缩，身体常可自动脱离电源，除感到"一击"外，对身体损害不大；超过 20 mA 即可导致接触部位皮肤灼伤，皮下组织也可因此碳化；25 mA 以上的电流即可引起心室纤颤，导致循环停顿而死亡。同时，电流伤害程度还和通电时间有关，如果通电时间过长，即使电流小到 8 mA 左右，也可使人死亡或给人以永久性重创。

（二）电气安全距离

（1）电业操作安全距离。安全距离是指进行地电位带电作业时，人体与带电体之间应保持的最小距离，其值为：10 kV：0.7 m；35 kV：1.0 m；110 kV：1.5 m。

（2）设备安全距离。电气设备及装置在实际工程中的最小设计距离见表 3-1。

表 3-1　电气装置安全距离

额定电压（kV）	相对地（m）		相间（m）	
	屋内	屋外	屋内	屋外
10	0.125	0.200	0.125	0.200
35	0.300	0.400	0.300	0.400
110	0.850	0.900	0.900	1.000
110	0.950	1.000	1.000	1.100

（三）电场强度限值

我国多个国家技术标准规定，作业场所的工频电场强度限值为 5.0 kV/m，居民区工频电场推荐限值为 4.0 kV/m，公众磁感应强度推荐限值为 0.1 mT（运动阈值）。

（四）电磁辐射限值

根据我国《电磁辐射防护规定》，100 kHz～300 GHz 频段的电磁辐射防护限值如下：

职业照射：在每天 8 h 工作期间内，任意连续 6 min 按全身平均的比吸收率（SAR）应小于 0.1 W/kg。

公众照射：在一天 24 h 内，任意连续 6 min 按全身平均的比吸收率（SAR）应小于 0.02 W/kg。

根据我国《环境电磁波卫生标准》，环境电磁波容许辐射强度标准分为两级。电磁波容许辐射标准见表 3-2。

表 3-2　电磁波容许辐射标准

波　长	单　位	容　许　场　强	
		一级（安全区）	二级（中间区）
长、中、短波	V/m	<10	<25
超短波	V/m	<6	<12
微波	$\mu W/cm^2$	<10	<40
混合	V/m	按主要波段场强或按复合场强加权确定	

（五）安全电压

我国技术标准规定，工频交流安全电压的上限为 42 V，直流安全电压的上限为 72 V，实际采用值如下：

工频交流安全电压：≤36 V；较危险电压：48 V，60 V；危险电压：≥110 V。

直流安全电压：≤48 V；较危险电压：60 V，72 V，96 V；危险电压：≥110 V。

二、接地安全

接地是确保低压配电系统及电气设备、用电器具的安全使用，防止使用人员发生电击危险及用电设备烧毁的常用方法。

（一）接地的分类

（1）用电设备接地。将用电设备金属外壳与大地连接，这时金属外壳就接近零电位。即使在故障情况下，如发生用电设备因绝缘破坏造成碰壳短路，由于金属外壳已与大地进行了良好的电气连接，则两者之间电位差变低，若人与之接触，通过人体的电流就很小，提高了间接触电的安全性。

（2）低压配电系统接地。低压配电系统中较多将配电变压器中性点接地（称为工作接地），在一定的条件下与用电设备的接地共同作用。当接地故障时，产生的电流可使配电系统中的保护设备在适当时间内切断电源，用以保证安全。电气设备及用电器具的金属外壳可以直接接地，也可以通过导体接到配电系统已接地的中性点上，配电系统可以采取直接接地、不接地或通过阻抗接地等多种形式。

（二）接地方式的基本组成

（1）接地体是与大地紧密接触并与大地形成电气连接的一个或一组导体。

（2）外露可导电部分是电气设备能触及的可导电部分，正常时不带电，故障时可能带电，通常为电气设备的金属外壳。

（3）主接地端子板是一个建筑物或部分建筑物内各种接地（如工作接地、保护地）的端子和等电位连接线端子的组合。如果采用成排排列形式，则称为主接地端子排。

（4）保护线（PE）是将外露可导电部分、主接地端子板、接地体以及电源接地点（或人工接地点）任何部分作为电气连接的导体。连接多个外露可导电部分的导体称为保护干线。

（5）接地线是将主接地端子板或将外露可导电部分直接接到接地体的保护线。连接多个接地端子板的接地线称为接地干线。

（6）等电位连接是指各外露可导电部分和装置外导电部分的电位实质上相等的电气连接。

（三）接地形式

我国配电系统的接地方式使用 IEC（国际电工委员会标准）规定，其分类仍然是以配电系统和电气设备的接地组合来分，一般分为 TN、TT、IT 系统等。其中第一个字母表示电源中性点对地的关系：T 表示直接接地，I 表示不接地或通过阻抗与大地相连。第二个字母表示电气设备外壳与大地的关系：N 表示直接与电源系统接地点或与该点引出的导体相连，T 表示独立于电源接地点的直接接地。下面是各种接地方式的特点和应用范围。

（1）TN 系统。

TN 系统根据中性线与保护线是否合并，又分为 TN−C、TN−S 和 TN−C−S 接地。后续字母 C 表示中性线 N 与保护线 PE 合二为一（PEN 线）；S 表示中性线 N 与保护线 PE 分开；C−S 表示在电源侧为 PEN 线，从某一点分开为中性线 N 和保护线 PE。

在 TN 系统中，所有电气设备的外露可导电部分均接到保护线上，并与电源的接地点相连，这个接地点通常是配电系统的中性点，因此 TN 系统又称为保护接零。当故障使电气设备金属外壳带电时，形成相线和零线短路，此时回路电阻小、电流大，能使熔丝迅速熔断或保护装置动作，从而切断电源。

①TN−C 系统。

该系统中保护线与中性线合并为 PEN 线，具有简单、经济的优点。当发生接地短路故障时，故障电流大，可使电流保护装置动作，切断电源。该系统对于单相负荷及三相不平衡负荷的线路，PEN 线总有电流流过，其产生的压降效果将会呈现在电气设备的金属外壳上，对敏感性电子设备不利。此外，PEN 线上微弱的电流在危险的环境中可能引起爆炸，所以有爆炸危险的环境不能使用 TN－C 系统。

②TN－S 系统。

该系统中保护线和中性线分开，系统造价略贵。除具有 TN－C 系统的优点外，由于正常时 PE 线不通过负荷电流，故与 PE 线相连的电气设备金属外壳在正常运行时不带电，所以适用于数据处理和精密电子仪器设备的供电，也可用于爆炸危险环境中。在民用建筑内部、家用电器等都有单独接地触点的插头，采用 TN－S 供电既方便又安全。

③TN－C－S 系统。

该系统 PEN 线自 A 点起分开为保护线（PE）和中性线（N），分开以后 N 线应对地绝缘。为防止 PE 线与 N 线混淆，应分别给 PE 线和 PEN 线涂上黄绿相间的色标，N 线为浅蓝色色标。此外，自分开后，PE 线不能再与 N 线合并。TN－C－S 系统因其线路结构简单，又能保证一定的安全水平，无论是在工矿企业还是在民用建筑中，都得到了广泛采用。

（2）TT 系统。在 TT 系统中，其配电系统部分有一个直接接地点，一般是变压器中性点。其电气设备的金属外壳用单独的接地棒接地，与电源在接地上无电气联系，称为保护接地，适用于对电位敏感的数据处理设备和精密电子设备的供电。

（3）IT 系统。IT 系统的电源不接地或通过阻抗接地，电气设备外露可导电部分可直接接地或通过保护线接到电源的接地体上，这也是保护接地。由于该系统出现第一次故障时的故障电流小，电气设备金属外壳不会产生危险性的接触电压，因此不必切断电源，此时电气设备依然可以继续运行，并可通过报警装置及时进行检查以消除故障。

（4）其他保护接地范围。无论采用何种配电系统接地方式，下列电气设备和用电器具的外露可导电部分均应通过保护线（PE）接地（如 TT、IT 系统）或接到中性线上（如 TN 系统）：

①变压器、电动机、电器、手握式及移动式电器。

②电力设备的传动装置。

③配电装置的金属构架、配电柜及保护控制屏的框架。

④配电线的金属保护管、开关金属接线盒等。

三、供配电系统安全

供配电系统是整个实验室电气安全的物质基础。只有供配电系统安全得以落实，实验室电气安全才能有最基本的保障。

（一）结构性安全

供配电系统结构性安全是指不但要满足容量要求，而且要满足运行要求。前期规划论证应做到科学合理，其论证内容主要包括负荷预测、负荷等级划分、负荷性质确定、负荷归类、确定供配电系统基本参数和结构等。遵循设计施工改造符合规范的原则，即设计是工程实施的基础，施工是工程实现的手段，改造是满足后续要求的措施，各方面应遵守国家及行业的技术标准和规程规范。

（二）运行性安全

运行性安全是指系统工作运行中的流程和操作方面所涉及的安全性问题。供配电系统为了确保安全，必须要有科学合理的运行管理流程和操作规范，否则很可能埋下安全隐患或导致安全事故。

（1）人员管理应采用准入制度。对允许或禁止进入工作现场的人员进行分类管理，明确各类人员的行为规范。生产部门的工作人员应进行相关培训并取得上岗资格证书，方能开展工作。学生进行实验前，必须通过有针对性的安全教育，方能在老师的指导下进行实验。

（2）设备管理。必须做到心中有数、有的放矢。管理内容主要包括设备种类、数量和功用、性能状态以及设备基本信息，如铭牌、标牌，设备运行记录，设备状态记录等。

（3）流程管理。分为工作流程和巡查制度。工作流程：进入→检查→通电→检查→运行→监视→记录→关机→断电→检查→离开。巡查制度：逐级、逐设备、逐项巡查，合理规划巡查路径，不漏点、不漏项等。对于各种紧急情况，要充分预计，并制定相应的紧急情况处置预案。

（4）操作管理。这方面的管理对于学生来说极为重要，主要包括：学生必须了解各种设备或系统的操作规范和操作制度；要求学生操作时遵守规范，严格按照顺序实施。例如，倒闸操作和投切操作要特别注意断路器和隔离刀闸的操作顺序一定要正确。

（三）用电安全

对于低压电用户，由于绝大部分人员的非专业性，需要对以下方面特别关注：

（1）负载设备的容量及容量匹配原则。使用纯阻性负载，如电阻丝、电炉、白炽灯等设备时，配电容量应为负载容量的 $1.25\sim1.5$ 倍。使用感性、容性负载，如电动机、空调、冰箱、电脑、荧光灯具等设备等，配电容量应为负载容量的 $2\sim3$ 倍。用电设备的容量必须小于供配电系统设备的容量，一般以断路器容量为核算依据，供配电系统的其他组成部分的通流容量都必须大于断路器容量。

（2）有功功率和视在功率。电机等用电设备一般以输出有功功率（kW）标注容量，变压器、调压器等一般以输入视在功率（kVA）标注容量，稳压器等电源装置一般以输出视在功率（kVA）标注容量。在进行容量匹配或规划的时候，一定要注意换算，不要弄错。

（3）配电系统接地。相线（L）是输送电能的导体，正常情况下不接地；中性线（N）是与系统中性点相连，并能起输送电能作用的导体；保护中性线（PEN）是兼有保护线和中性线作用的导体；电源接地点是将电源可以接地的一点（通常是中性点）进行接地。

（4）正确安装配电箱。实验大楼都应安装总配电箱，实验室安装分配电箱，每个配电箱都应配置漏电保护器和空气开关等，如图 3-15 所示。漏电保护器具有当发生人员触电事故时，能进行自动保护的功能，比如，一旦有人触电，漏电保护器就会自动跳闸，关闭电源输出，避免触电事故扩大，造成人员伤亡。而空气开关则起过流保护作用，当电气线路出现过电流或短路时，空气开关会主动切断电源，否则将发生电气线路发热、起火或产生强烈电弧引燃其他易燃物，从而造成电气火灾导致事故扩大等灾害。

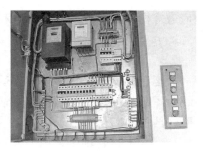

图 3—15 实验室配电箱

另外，安装配电箱时要注意配电箱体应做好接地；布线与电器、仪表等接触点必须牢固；开关、熔断器、仪表的选择与配电箱的实际容量要匹配；配电容量应大于所有用电设备共同用电量，不能过负荷运行；熔断器的熔丝选择应符合规定等。

（5）电器及其环境的维护。良好的设备维护和环境维护是保持设备性能的有效方法，特别要做好电器产品的"三防"维护，即防潮湿、防烟雾（尘）和防霉菌。此外，还要特别注意防止老鼠啃坏电器的绝缘部分或者啃断导线，造成漏电、短路和断路，产生不可知的用电危害。

（6）实验室接线板的使用。实验室用接线板必须选取质量合格的产品，使用时应注意接线板上标准的最大电流、电压或最大功率。如果接线板上没有标明最大功率，可用最大电流乘以最大电压来获得。例如，最大电流是 10 A，最大电压是 250 V，最大功率就是 2500 W（如图 3—16 所示）。实验时同学们还应该注意接线板的正确使用：

①一个接线板上连接的电器功率总和不能超过接线板的最大功率；不能将过多的设备接在同一个接线板上，以免一个设备发生短路影响其他设备。

②接线板应远离水源，以免进水，要尽量避免将其放在潮湿的环境中；最好不要在粉尘浓度高的环境里使用接线板，以防粉尘落入接线板孔造成设备短路等事故。

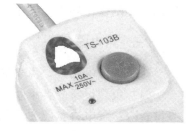

图 3—16 接线板

③不使用接线板时要将接线板的电源开关关闭，最好将接线板拔下来；接线板尽量固定在墙上，不要乱拖乱拉，尽量避免多级联用。

四、弱电系统安全

（一）对不同线路之间的距离要求

一般 36 V 以下的弱电是比较安全的，但弱电线路与电力线路交叉跨越或距离接近时，容易导致弱电线路带电，从而发生触电事故。因此，要求电力线路与弱电线路应分开，并保持一定的安全距离。

（二）对接地系统的要求

弱电系统需要一个稳定的地电位环境，因此对接地系统的要求就很高。按其用途，可分为保护性接地和功能性接地。保护性接地包括防电击接地、防雷接地、防静电接地和防电蚀接地等，功能性接地包括工作接地、逻辑接地、屏蔽接地和信号接地等。不同的接地有不同的要求，应严格按要求进行接地施工。

（三）对电磁兼容性能的要求

弱电系统很多部件是处于高频工作状态，需要保证和提高自身的电磁兼容的性能，既要提高自身抗干扰能力，又要降低电磁辐射水平，保证良好的电磁环境。所以，要正确规划，保证设备布局合理，减少相互的干扰；保证设备形态的完好，机箱机盖等封闭到位，禁止开箱开盖运行。

五、其他用电安全要求

（一）电气安全标志

实验室应设置明确统一的标志（如图3-17所示），这是保证用电安全的一项重要措施。标志分为颜色标志和图形标志。颜色标志常用来区分各种不同性质、不同用途的导线，或用来表示某处安全程度。图形标志一般用来告诫人们不要去接近有危险的场所。为保证安全用电，必须严格按有关标准使用颜色标志和图形标志。我国安全色标采用的标准，基本上与国际标准草案（ISD）相同。一般采用的安全色有以下几种：

（1）红色：用来标志禁止、停止和消防，如信号灯、信号旗、机器上的紧急停机按钮等都是用红色来表示"禁止"的信息。

（2）黄色：用来标志注意危险。如"当心触点""注意安全"等。

（3）绿色：用来标志安全无事。如"在此工作""已接地"等。

（4）蓝色：用来标志强制执行，如"必须戴安全帽"等。

（5）黑色：用来标志图像、文字符合和警告标志的几何图形。

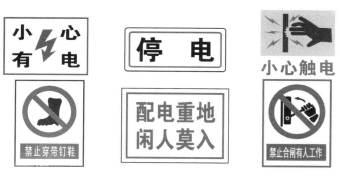

图3-17　常见电气安全标志

（二）安全接线

（1）选用以颜色区分的标准导线。按照规定，为便于识别、防止误操作、确保运行和检修人员的安全，必须采用不同颜色来区别。在供电方面，通常黄、绿、红三种颜色表示火线，黑色表示零线，黄绿双色线表示地线。

（2）选择合适的导线尺寸和材质。设计实验室供配电系统时，应根据用电设备运行情况并结合容量要求，选择合适的导线，以免超负荷运行导致导线过热引起漏电、短路和火灾等事故。

（3）布线和排线应规范、安全、合理。实验室的布线和排线对确保师生实验安全十分重要，应做到符合行业规范，不要乱拉、乱接电线。用于走暗线的套管一定要选用合格的 PVC 阻燃管，切记不能直接从泡沫板中穿线。因为普通泡沫板是易燃材料，而电线用久之后会发热，容易引起火灾事故。

（三）特殊场所电气安全的技术要求

（1）存储、生产以及使用可燃、助燃、易燃（爆）等物体的场所或区域内的用电产品，其阻燃或防爆等级要求应符合特殊场所的标准规定。

（2）在潮湿的场所，应有特殊的用电安全措施，以保证在任何情况下人体不触及用电产品的带电部分；如果用电产品发生漏电、过载、短路或人员触电，应有自动切断电源的保护措施。

（3）医疗场所的电气装置应符合 GB 16895.24—2005 的相关规定。

（四）实验室人员的用电安全要求

为确保实验教学顺利进行，必须首先保证师生的人身安全，规范用电安全应该切实做到以下几点：

（1）实验时，应先检查线路连接是否正确，确认无误后才能接通电源；不得用潮湿的手去触摸电器；实验结束时，应按流程切断电源。

（2）电源裸露带电部分应有绝缘装置，例如，电线接头处应裹上绝缘胶布等。

（3）修理或安装电器时，应先切断电源；不能用测电笔去测试高压电；使用高压电源应有专门的防护措施。

（4）测电笔和万用电表（如图 3-18 所示）是用来判别物体是否带电以及辨别火线和零线的电工工具。使用测电笔时必须正确握持，拇指和中指握住电笔绝缘处，食指压住笔端金属帽上（如图 3-19 所示）。

（五）用电设备的安全使用要求

1. 弄清仪表设备的规格和状态

（1）先了解实验使用的电器仪表要求的电源类型（如交流电还是直流电、三相电还是单相电）和电压的大小（380 V，220 V，110 V 或 6 V）以及操作规程。

图 3-18　万用电表

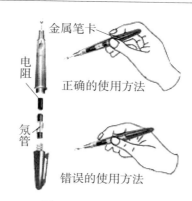

图 3-19　测电笔使用

（2）接通电源前，应先检查电源开关、电机和设备各部分是否良好。如有故障，应先排除后，方可接通电源。

（3）弄清电器功率是否符合要求及直流电器仪表的正、负极。

2．正确使用设备仪器的要领

（1）启动或关闭电器设备时，必须将开关扣严或拉妥，防止似接触又非接触的状况。

（2）电源或电器设备的保险丝烧断时，应先查明原因排除故障后，再按原负荷选用规格相符的保险丝进行更换，不得随意加入或用其他金属线代替。

（3）定碳、定流、硅碳棒箱或炉的棒端，均应设置安全罩；需要加接地线的设备，要妥善接地，以防止触电事故发生。

（4）注意保持电线和电器设备的干燥，防止线路和设备受潮漏电；使用电子仪器设备时，若发现有不正常声响、发生过热现象或嗅到异味，应立即切断电源，停止实验并上报指导教师。

（5）不得擅自更动电器设施，或随意拆修电器设备。如要改动，须在教师指导下进行。

3．用电设备的环境要求

（1）实验室内不应有裸露的电线头；电源开关箱内，不准堆放物品，以免触电或燃烧；如遇电线走火，切勿用水或导电的酸碱泡沫灭火器灭火，应立即切断电源，用砂或二氧化碳灭火器灭火。

（2）要警惕实验室内发生电火花或静电，尤其是实验室内存有氢气、煤气等易燃易爆气体以及使用可能构成爆炸混合物的可燃性气体时，更须特别注意。

（3）使用高压动力电时，应按照安全规定，穿戴好绝缘胶鞋、手套，或用安全杆操作。

（4）操作人员较长时间离开房间或电源中断（如突然停电）时，要切断电源开关，尤其是要注意切断加热电器设备的电源开关。

第三节　电气安全事故防范和应急处理

实验室的电气危害是指实验室所涉及的所有与电有关的危害性问题，包括对人身的危害、财产危害和环境危害。其中环境危害的内因是指对环境的适应性，外因是指对环境的影响，也就是环境保护问题。

一、电气危害的特征

电气危害是现代生产生活中普遍存在而又极易爆发的危害，具有以下特性。

（一）隐蔽性

电是一种看不见的物理存在。一个电路，如果没有指示仪器，是看不是否有电的，因此，行业内有一个规定：在未搞清楚电路状况的情况下，一律认为其有电。

（二）瞬时性

电气危害的瞬时性表现为不管是人体触电、电路短路还是绝缘击穿等，都是瞬时发生，并且由强大的冲击状态开始，使人没有任何理性的反应时间。

（三）累积性

电气危险或危害也具有累积性，如电气设备老化和温升导致的设备老化加速，均会造成电气危险和危害，这个过程是逐渐积累产生的。

（四）传导性

电气危害的传导性表现：当电路中一个设备发生故障时，可能导致其他设备发生故障；一个危害点，可能引发多个危害点同时或先后出现。

二、电气火灾

当电气线路或设备在运行的过程中，产生的实际温升超过其允许的最高极限温升时，将会影响电气线路和设备的正常运行。如果产生电弧、电火花和表面高温，将使电气线路和设备的温度急剧上升，轻则使电气设备的绝缘性能遭到破坏，机械强度下降，寿命降低；重则使电气设备或线路的绝缘层被烧毁，进而引燃可燃物，引起电气火灾或爆炸事故。

（一）电气火灾的形式

电气线路及设备因发热或火花放电而引燃可燃物造成的火灾，称为电气火灾，主要有以下四种形式：

（1）漏电火灾。所谓漏电，就是线路的某一个地方因为某些原因（如风吹雨打、潮湿、高温、碰压、划破、摩擦、腐蚀等）使电线的绝缘或支架材料的绝缘能力下降，导致电线与电线之间（如通过损坏的绝缘、支架等）、导线与大地之间（如电线通过水泥墙壁的钢筋、马口铁皮等）出现一部分电流通过，这种现象就是漏电。当漏电发生时，漏泄的电流如果遇到电阻较大的部位，会产生局部高温。此外，在漏电点产生的漏电火花当温度达到可燃物的燃点时，均会致使附近的可燃物着火，从而引起火灾。

（2）短路火灾。电气线路中的裸导线或绝缘导线的绝缘体破损后，火线与邻线，或火线与地线（包括大地）在某一点碰在一起，引起电流突然增大的现象称为短路。由于短路时电阻突然减少，电流突然增大，其瞬间的发热量大大超过了线路正常工作时的发热量，并在短路点极易产生强烈的火花和电弧，不仅能使绝缘层迅速燃烧，有时还会使金属熔化，引起附近的易燃可燃物燃烧，造成火灾。

（3）过负荷火灾。当导线中通过的电流量超过了安全载流量时，导线的温度不断升高，这种现象称为导线过负荷。过负荷不只会加快导线绝缘层老化变质，当严重过负荷时，随着导线温度的不断升高，甚至会引起导线的绝缘层发生燃烧，并引燃导线附近的可燃物，从而造成火灾。

（4）接触电阻过大火灾。众所周知，凡是导线与导线、导线与开关、熔断器、仪表、电气设备等连接的地方都有接头，在接头的接触面上形成的电阻称为接触电阻。如果接头处理良好，接触电阻不大，则接头点的发热量就很小，可以保持正常温度。如果接头中有杂质，连接不牢靠或其他原因使接头接触不良，就会造成接触处的局部电阻过大。当电流通过此类接头时，就会产生大量的热形成高温，这种现象称为接触电阻过大。在有较大电流通过的电路上，如果在某处出现接触电阻过大，就会在该处的局部范围内产生极大的热量，使金属变色甚至熔化，引起导线的绝缘层发生燃烧，并引燃附近的可燃物或导线上积落的纤维等可燃物，从而造成火灾。

（二）发生电气火灾的原因

（1）过载。电气设备或导线的负荷超过其额定输出功率，称为过载，长时间过载会产生高热，引发火灾。造成过载的主要原因：导线截面大小选择不当，实际负荷超过了导线的安全载流量；设备或导线随意装接增加负荷，造成超载运行；设备检修、维护不及时，长期处于带病运行状态。

（2）短路。由于各种原因使电气设备或导线接触或相碰，致使电流突然增大的现象，称为短路。产生短路的主要原因：设备的选用和安装与使用环境不符，致使其绝缘体在高温、潮湿、酸碱环境条件下受到破坏；电气设备超过其使用寿命，绝缘老化发脆；电源过电压，使电线绝缘体被击穿以及违反规定私拉乱接电线和维护不当等原因。

（3）导体接触不良。导线连接时，由于接头表面污损、氧化膜未及时清除、铝质接头潮湿条件下发生电解腐蚀或者接头因振动、冷热变化发生松动等原因造成接头接触不良，会导致局部接触电阻过大，发生过热，造成火灾。

（4）管理不善，疏忽大意。少数操作人员安全意识淡薄，对于用电设备、热源和火源缺乏妥善处理，如临下班时碰巧停电，操作人员忘记切断电源便离开现场；使用的电气元件，如过电流保护开关等，不符合技术标准以及电热器、干燥箱等发热器没有远离易燃物等，都会造成火灾隐患，甚至发生火灾。

（三）实验室电气火灾的特点

（1）用电设备着火或引起火灾后可能并未与电源断开，仍然带电。

（2）有些用电设备（如电力变压器、断路器、电动机启动装置等）本身充油，发生火灾时，可能喷油甚至爆炸，造成火灾蔓延，扩大火灾范围。

（3）室内放有爆炸性物质和压力设备，如气体钢瓶等，火灾易引发爆炸；引燃可燃性物质或化学品，造成火灾蔓延，难以控制，产生毒害等。

（四）电气火灾的预防措施

为了杜绝火灾的发生，首先要树立强烈的安全意识，遵守法规制度，这是预防电气事故和火灾的根基所在。坚持预防为主，对电气环境中的任何一环都要保持应有的警惕。从制度管理和技术手段两方面入手消除隐患，防止事故的发生。

1. 制度管理

（1）前期介入。在规划、设计、施工、改造、设备购置等各个阶段，都要严格把关，符合规范，技术合理，保证质量，不留隐患。

（2）合理运行，正确操作。运行期要按照设备或系统的运行条件和要求，做到合理运行，按照各设备的操作规程正确操作。

（3）巡检认真，及时到位。以设备、线路、关键点为主要对象，做到人走电断，不留后患；维护保养，细致周到；危险物品，定点存放；偶觉异常，绝不放过。

2. 技防系统

电气火灾的特性决定其技术防范的重要性和必要性。典型的技防手段是继电保护措施和采用火灾监控系统。继电保护是电气系统的工作安保，而火灾监控系统则针对火灾防范和控制。

（五）电气火灾的应急处理

1. 切断电源

当发生电气火灾时，若尚未停电，则应想办法切断电源，这是防止扩大火灾范围和避免发生触电事故的重要措施。切断电源时应注意以下几点：

（1）必须使用可靠的绝缘工具，以防操作过程中发生触电事故。

（2）切断电源的地点选择要适当，以免影响灭火工作。

（3）剪断导线时，非同相的导线应在不同的部位剪断，以免造成人为短路。

（4）如果导线带有负荷，应先尽可能消除负荷，再切断电源。

2. 防止触电

带电灭火过程中，为了防止发生触电事故，应该带绝缘橡胶手套，并保持安全距离。只能使用干黄沙和二氧化碳、干粉灭火器进行灭火的场所，不得使用水、泡沫灭火器灭火。救火人员和使用的消防灭火器等不得与有电部分接触或过于接近有电部分，以免造成触电事故。

3. 充油设备的灭火

扑灭充油设备内部火灾时，应注意以下两点：

（1）充油设备外部着火时，可用二氧化碳、1211、干粉等灭火器灭火；如果火势较大，应立即切断电源，用水灭火。

（2）充油设备内部起火时，应立即切断电源，使用喷雾水枪，必要时可用砂子、泥土等灭火；外泄的油火，可用泡沫灭火器熄灭。

4. 电器灭火

应该马上关闭电源，拔掉电源插头，然后用湿毯子或湿棉被等盖住电器，这样能有效阻止烟火蔓延，一旦发生爆炸也能挡住爆破物碎片飞出伤人。例如，当电视机和电脑着火时，切勿泼水或使用任何灭火器，因为温度的突然降低，会使炽热的显像管和视屏产生爆炸。另外，电视机和电脑内有可能仍带有剩余电流，泼水可能引起触电；为了防止显像管和视屏爆炸伤人，不能正面接近电视机或电脑，只能从侧面或后面接近。

5. 实验室灭火

实验室发生火灾时，应首先弄清楚室内有无人员和易燃易爆物品，如果有，应立即组织人员疏散，将危险品抢运出火场，必要时进行降温处理。与此同时，组织人员进行灭火，如果火势难以控制，应立即拨打119报警。

三、触电

（一）触电伤害类型

人体触及带电体，并且有电流通过，使其受到电击或电伤，即构成触电。

1. 电击

发生电击时，电流通过人体内部破坏人体内部组织，影响呼吸、心脏及中枢神经系统的正常功能，危及人的生命。电击致伤的部位主要在人体内部，形成最危险的触电伤害，据统计，大部分触电死亡事故都是由于电击所致。触电通常分为单相触电、两相触电、跨步电压触电三种类型，如图3-20所示。

（1）单相触电。此时人体的某一部分与一相带电体及大地（或中性线）构成回路，当电流通过人体流过该回路时，即造成人体触电。

（2）两相触电。这是人体某一部分介于同一电源两相带电体之间并构成回路所引起的触电现象。

（3）跨步电压触电。当带电体接地时，有电流向大地扩散，其电位分布以接地点为圆心向圆周扩散，在不同位置形成电位差。当人站在这个区域内，两脚之间的电压称为跨步电压，由此所引起的触电称为跨步电压触电。

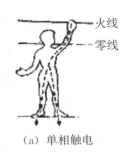

（a）单相触电　　　　　（b）两相触电　　　　（c）跨步电压触电

图 3—20　电击触电方式

2. 电伤

电伤是电流的热效应、化学效应或机械效应对人体造成的伤害。电伤会在人体皮肤表面留下明显的伤痕，如电弧烧伤、金属溅伤等。

电弧烧伤是由弧光放电引起的，主要分为接触灼伤和电弧灼伤。发生高压触电事故时，电流通过人体皮肤的入、出口处造成灼伤，一般入口处比出口处的灼伤程度更加严重。当拉开裸露的闸刀开关时，开关处产生的电弧可能烧伤人的手部和面部；错误操作造成的线路短路可导致电弧烧伤；在线路短路、开启式熔断器熔断时，炽热的金属微粒飞溅，有时也会造成烧伤等。

（二）造成人体触电的主要原因

（1）缺乏安全用电知识。不知道哪些地方带电，什么东西会导电，如误用湿布擦抹电灯泡或带电的电器，或随意摆弄灯头、开关、电线、电器等，都有可能造成触电。

（2）用电设备安装不合格。没有将设备的金属外壳接地，没有足够的安全距离，一旦设备漏电，当人碰触其外壳时，就会造成触电。

（3）用电设备没有及时检查、修理和更换。例如，开关、插座、灯头等日久失修，设备外壳破裂，实验室电器或电动机受潮，塑料老化漏电，使用已经老化或破损的旧电线等，这些都很容易引起人身触电。

（4）高压线附近作业，未达到电业操作安全距离时，由于高压放电或感应电压而造成触电；电力线断落搭到通信线、树枝、其他导体或断落在地面上，一旦碰触，就会造成人员触电。

（三）触电的防护措施

发生实验室触电事故时，根据电击时电流通过人体的途径和人体触及带电体的方式，可分为直接触电和间接触电。直接触电是指操作人员直接触及或过分接近正常运行的带电体时所发生的触电事故。间接触电是指接触正常情况下不带电而在发生事故时却偶然带电的金属物件而发生的触电事故。预防触电事故的发生，做好保护接地是有效措施之一，同时还可以采取以下安全措施：

（1）绝缘。采取隔离带电导体的做法，使人体不能直接接触导体，并具有足够的抗电强度。一般情况下单凭采用涂漆、漆包等工艺作为绝缘防护措施是不够的，还要配合其他安全措施，如对某些仪器可采用双重绝缘或加强绝缘等办法，防止工作绝缘损坏后在易接近的部位出现危险的电压，以达到防护的目的。

（2）屏护。采用屏护装置，如常用电器的绝缘外壳、金属网罩、金属外壳、变压器的遮栏、栅栏等，将带电体与外界隔绝开来，以杜绝不安全因素。凡是金属材料制作的屏护装置，应妥善接地或接零。

（3）间隔。

①安全距离隔离。为防止操作人员和工具触及临近的带电体或过分接近带电体，在带电体与地面之间、带电体与其他设备之间，应保持一定的安全间距。其大小取决于电压的高低、设备类型、安装方式等因素。

②空间环境隔离。主要是防止工作绝缘损坏时，人体同时触及两个不同电位的地点。在环境危险性不大，墙和地坪都是绝缘体时，2 m 以上的空间距离即可满足这个要求。

③电气隔离。采用隔离变压器或有同等隔离能力的发电机供电，以实现电气隔离，防止裸露导体偶然带电时造成的电击。

（4）安全电压。安全电压是根据人在不同环境下工作确定的对人体不产生危害，即触电时能自主地摆脱电源的相应安全使用电压。它是相对于高压、低压而言的，我国规定安全电压工频有效值分别为 42 V，36 V，24 V，12 V，6 V。当电气设备采用的电压超过安全电压时，必须按规定采取防止直接接触带电体的保护措施。

目前，我国安全电压根据发生触电危险的环境条件不同，分为如下三个等级：

①特别危险（潮湿、有腐蚀性蒸气或游离物等）的建筑物中，安全电压为 12 V。

②高度危险（潮湿、有导电粉末、炎热高温、金属品较多等）的建筑物中，安全电压为 36 V。

③没有高度危险（干燥、无导电粉末、非导电地板、金属品不多等）的建筑物中，安全电压为 65 V。

国际上，对安全电压的要求更高，通用的允许接触的安全电压分为以下三种情况：

①人体大部分浸于水中的状态：安全电压小于 2.5 V。

②人体显著淋湿或人体一部分经常接触到电气设备的金属外壳或构造物的状态：安全电压小于 25 V。

③除以上两种以外的其他情况，对人体加有接触电压后，危险性高的接触状态：安全电压小于 50 V。

（5）自动断开电源。当出现不正常情况时，能在规定时间内自动断开电源，就能防止触电的危险。如采用漏电保护器，一般规定其动作电流不超过 30 mA，动作切断电源时间低于 0.1 s。

（6）等电位环境。电位差为零的点就是等电位，通常为避免电位差对人体的触电危害，应使不同的电器设备的漏电电位相同，一般将等电位直接接地。

（7）严格控制温度。温度控制是指设备本身的温度和设备所处环境的温度控制，重点部位是环境空调、电源系统、设备电源模块和大发热量部件及其散热系统。确保散热系统各部件（如散热风扇等）的可靠工作和散热通道的畅通是控制温度的主要技术措施。

（8）确保线路畅通。线路中存在过多的中间接头，线束松动扭折拉扯而断，线束受外物损伤以及发生鼠害等原因，都会造成线路不通，尤其是突然断电会导致设备的损坏或损毁，因此必须做好线路维护，保持畅通。另外，弱电系统线路很多，要注意线路分类，避免相互干扰，大电流线路要做好发热核算，并留有足够裕度，从而有效地保护设备。

（四）触电的应急措施

当触电事故发生时，应立即想法让触电者脱离电源。对于不能立即脱离电源而发生严重电休克，甚至呼吸、心搏骤停的触电者，应就地进行急救。如果接触有电线，应拔掉电源，户外电线不能切断电源时，用干木棒或木板、橡胶棒等绝缘体拨开电线。当无法拨开电线时，一定要用木棒把触电的人从电线处推开，最好戴上橡皮手套、穿上胶鞋或站在绝缘垫上，千万不能用手直接去拉。因触电者本身就是良好的导电体，直接用手去拉，同样会引起自身触电。对心跳、呼吸已停止的触电者，必须在现场立即进行人工呼吸，心脏体外按摩，并立即送医院急救。

1. 脱离低压电源的常用方法

（1）"拉"：指触电事故发生时，首先关掉总开关，迅速切断电源，如图 3－21 所示。

（2）"切"：指用带有绝缘或干燥的木柄切断电源；切断时应注意防止带电导线断落接触周围人体；对多芯绞合导线也应分相切断，以防短路伤害人。

（3）"挑"：如果导线搭落在触电人身上或压在身下，则可用干燥木棍或竹竿等挑开导线，使之脱离电源，如图 3－22 所示。

图 3－21　切断电源　　　　　图 3－22　挑开导线

（4）"拽"：指救护人员戴上手套或在手上包缠干燥衣服、围巾、帽子等绝缘物拖拽触电人，使他脱离电源导线。

（5）"垫"：如果触电人由于痉挛手指紧握导线或导线绕在身上，救护人员可先用干燥的木板或橡胶绝缘垫塞进触电人身下，使其与大地绝缘，隔断电源的通路，然后再采取其他办法把电源线路切断。

2. 触电者的抢救原则

在触电者脱离电源后，应就地仰面躺平，迅速判断触电者是否有心跳、呼吸。再根据以下情况，进行分类处理：

（1）触电者神志清醒。如果触电者只是感到全身无力、四肢发麻、心悸、出冷汗、恶心，或一度昏迷，但未失去知觉，应将触电者抬到阴凉通风处，解开衣扣，使其慢慢恢复，同时注意保温和观察。

（2）触电者出现呼吸、心跳停止。此时，应立即实施心肺复苏并拨打 120 急救电话；不要给触电者打强心针或拼命摇动触电者，以及强行搀扶触电者，以免触电者情况恶化。

（3）出现电伤。一般性外伤创面可用生理盐水清洗伤口，用消毒纱布或干净的布包扎后送医院治疗；伤口大出血时应立即设法止血，尽快送医；摔伤骨折应先止血、包扎，用木板固定肢体后送到医院，做进一步治疗。

四、静电

静电（static electricity）是一种自然现象，存在于物体表面。它的产生是由于某种原因使物体表面堆积起同种性质的电荷，于是形成了静电，随之而生的是静电场。

（一）静电的起电方式

（1）接触分离静电。两种物质接触，其间距小于 2.5×10^{-7} cm 时，由于不同原子得失电子的能力不同，不同原子（包括原子团和分子）外层电子的能级不同，其间即会发生电子的转移。因此，两种物质紧密接触，界面两侧会出现大小相等、极性相反的两层电荷。这两层电荷称为双电层，其间的电位差称为接触电位差。

（2）破断静电。不论材料破断前其内部电荷分布是否均匀，破断后均可以导致正、负电荷的分离，即产生静电，这种起电称为破断起电，形成的静电称为破断静电感应。固体粉碎、液体分离过程的起电均属于破断起电。

（3）感应静电。导体在静电场中由静电感应所导致的静电称为感应静电。图 3-23 为一种典型的感应起电过程。当 B 导体与接地体 C 相连时，在带电体 A 的感应下，端部出现正电荷，但 B 导体对地电位仍然为零；当 B 导体离开接地体 C 时，虽然中间不放电，但 B 导体成为带电体。

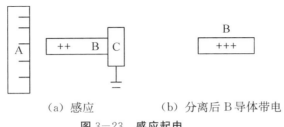

(a) 感应　　　　　　(b) 分离后 B 导体带电

图 3-23　感应起电

（4）电荷转移静电。当一个带电体与一个非带电体接触时，电荷将重新分配，即发生电荷转移而使非带电体带电。当带电雾滴或粉尘撞击在导体上时，会产生很强的电荷转移；当气体离子流射到不带电的物体上时，也会产生电荷转移。以上情况均会形成静电。

（二）静电的类型

（1）固体静电。固体物质大面积接触、分离或大面积的摩擦，以及固体物质在粉碎过程中，都可能产生强烈的静电。橡胶、塑料、纤维等行业生产过程中的静电高达数万伏，甚至数十万伏，如果不采取措施，很容易产生火灾或爆炸。

（2）人体静电。从毛衣外面脱下合成纤维衣料的外衣或经头部脱下混纺材质的毛衣时，在衣服之间或衣服与人体皮肤之间均可产生静电。人在活动过程中，衣服、鞋袜以及所携带的用具与其他材料摩擦、接触或分离时，均可能产生静电，有时人体静电可高达数万伏以上。

（3）粉体静电。粉体物料在研磨、搅拌、筛分或高速运动时，由于粉体颗粒与颗粒之间及粉体颗粒与管道壁、容器壁或与其他器具之间的碰撞、摩擦，以及粉体破断都会产生静电，粉体的静电电压有时可高达数万伏。

（4）液体静电。液体在流动、过滤、搅拌、喷雾、喷射、飞溅、冲刷、灌注和剧烈晃动等过程中，均有可能产生静电。

（5）气体静电。气体在管道内高速流动或由阀门、缝隙处高速喷出时，也会产生危险的静电。气体产生静电的原理类似于液体。完全纯净的气体不容易产生静电，但当气体内含有灰尘、铁末、干冰、液滴、蒸汽等固体或液体微粒时，通过这些微粒的碰撞、摩擦、分裂等过程，可产生较强的静电。气体静电比固体静电和液体静电要弱一些，但有时也可高达数万伏以上。

（三）静电危害

一般产生静电的电量很小，但很小的静电量在一定条件下可能会形成很高的静电电压，引起爆炸、火灾等静电危害。因此，在某些实验中必须消除静电，否则将会妨碍实验或影响实验结果。静电危害的主要形式有以下几种：

（1）引起爆炸和火灾。静电电量虽然不大，但处于高电压环境中则容易形成放电，出现静电火花。在有可燃物体的作业场所，可能会因静电火花引起火灾；在有气体、蒸汽爆炸性混合物或有粉尘纤维爆炸性混合物的场所，也可能会引起爆炸。此外，在带电绝缘体与接地体之间产生的表面放电导致着火的概率也很高。

（2）静电电击。静电造成的电击，可能发生在人体接近带电物体的时候，也可能发生在带静电电荷的人体接近接地体的时候。电击程度与所存储的静电能量有关，能量越大，电击越严重。但由于一般情况下，静电的能量较小，虽然不会直接使人致命，但会在使人电击后产生恐惧心理，造成工作效率下降。

（3）静电力学现象引起的危害。由于静电力学作用的作用（如吸引或排斥），会导致粉末堵塞筛网、粉末黏附在输送管道和管道转弯处而造成输送不畅，以及粉尘飞散和收集困难等。例如纺织生产中，静电力会使线缠绕、漂丝、绕线不紧，甚至造成线混乱而使织机停止。在印刷中，由于静电力作用使纸张吸附而造成不能翻页或套印不准，或因油墨带电而使印刷不匀。在实验室里，因静电力吸附灰尘，会造成环境污染或操作失误、计量误差等。

（4）静电放电现象引起的危害。静电放电可导致的故障：半导体元件遭受破坏，由这些元件组成的电子装置发生误动作或出现故障；静电噪声可引起信息误差，可引起火灾和爆炸；对人体产生静电电击，会引起皮炎或皮肤烧伤等伤害。

（5）静电感应现象引起的危害。静电感应是在静电场影响下，引起物体上电荷重新分布的现象。感应电荷分为正、负两种，呈完全分离且存在于物体表面。因此它和物体表面带有的静电是相同的，就会出现如上所述的静电力学和静电放电现象，以及由此而发生的一系列静电危害和事故。实验室里为了防止输送液体、粉体的软管带、薄膜、绕线骨架、旋转机的转子以及被绝缘的导体等受到静电感应，都必须进行静电接地，以防发生危险。

（四）防止静电产生的措施

（1）接地。凡是进行易燃液体、易燃气体和粉体实验的设备都有可能积累电荷，因此必须接地。静电接地分直接接地和高阻接地两种。直接接地是金属性接地，用来清除导体上的静电，需要注意的是，导体上的感应静电采用接地只能消除部分静电。高阻接地是带有兆欧级电阻的接地，用来消除亚导体或绝缘体上的静电。工厂和实验室采用导电性的地面（如地板、地毯、橡胶、涂料等）可以泄漏静电，以防止出现过高的静电电压。

（2）增湿。在温度较高时，绝缘体表面形成的水膜能溶解电解质，具有较好的导电性，致使绝缘体表面电阻大大降低，有助于静电的泄漏。增湿对于表面容易形成水膜的纸张、橡胶、醋酸纤维素等材料的静电防止是有效的，而对于表面不能形成水膜的纯涤纶、聚四氟乙烯等材料则无效。对于悬浮粉或孤立绝缘体，虽能形成水膜，但因没有泄漏途径而不能消除静电。

（3）添加抗静电剂。抗静电剂一般是指具有较好导电性或较强吸湿性的化学药剂。在容易产生静电的高绝缘材料中，加入少量的抗静电剂，就能降低材料的体积电阻率或表面电阻率，有利于静电的消除。如石油行业采用的油酸盐、环烷酸盐等抗静电剂。目前，为消除静电带给穿衣者的不舒适感，很多的服装面料中都添加了少量的抗静电剂。

（4）屏蔽。用金属物做屏蔽层将静电绝缘体紧密包围起来，称为屏蔽。通过屏蔽，既可防止绝缘体与其他导体放电，又能抑制静电产生，达到限制绝缘体电位和防止静电感应的作用。屏蔽层可用金属膜、金属网等导电材料或金属丝绕制而成且必须接地。

（5）静电中和器。静电中和器又称静电消除器，它能产生电子和离子。因此，带电体上的电荷将得到相反电荷的中和，从而消除静电的危险。按其工作原理，可分为感应式、高压式和放射式。图 3-24 为实验室常见的人体静电中和器。

图 3-24　静电中和器

五、雷电

雷电是自然界中伴有闪电和雷鸣的极其壮观的一种自然现象，如果不加以控制和预防，有可能成为一种自然灾害，严重时会造成人员伤亡和财产损失。人体被雷电击中后，其病变性质和过程与触电相同。

（一）雷电的产生

空气中的尘埃、冰晶等物质在云层中翻滚运动的时候，地面的凸出物、金属等会被感应出正电荷，随着电场的逐步增强，雷云向下形成下行先导，地面的物体形成向上回流，二者相遇即形成雷电。

（二）雷电的主要特点

时间短，雷电变化梯度大，冲击电流大，冲击电压高；强大的电流产生的冲击磁场，其感应电压可高达上亿伏；全世界每秒钟大约发生 100 次左右的雷击。

（三）雷电造成的破坏

当雷电直接击中建筑物时，强大的雷电流使建筑物的水分受热汽化膨胀，从而产生很大的机械力，导致建筑物燃烧或爆炸。另外，当雷电击中接闪器后，电流沿着引下线向大地泻放，这时对地电位升高，雷电有可能向临近的物体跳击，称为雷电"反击"，从而造成火灾或人身伤亡。如果雷电感应到处于联机的导线上，就会对设备产生强烈的破坏性。当雷电接近架空管线时，高压冲击波会沿架空管线侵入室内，造成高电流引入，可能引起设备损坏或人身伤亡事故。如果雷电点附近有可燃物，容易形成火灾。

（四）防止雷电事故的安全措施

（1）建筑设施安全。建筑设备应该安装避雷针、避雷线、避雷网和避雷带等防雷装置，需要保护的设备须进行良好的接地。

（2）人身安全。雷电对人身的伤害发生得非常快，了解防止人身伤害的基本知识十分必要。

①雷电时，应注意关闭门窗，防止闪电袭入。

②关闭实验室及电脑室内的用电设备，并断开电源及信号线路。

③不要触摸水管、铁丝网、金属门窗、建筑物外墙，远离电线等带电设备或类似金属装置，最好不要使用电话和手机等。

④野外防止雷电事故的注意事项，可参照第八章第一节中雷击的相关知识。

六、事故案例分析

（一）案例 1　触电事故案例

事故产生：

某施工单位青年管工王某在雨后有积水的地沟里进行对接管道作业，当时脚上穿的塑料底布鞋、手上戴的帆布手套均已湿透。当他右手拉着电焊机回路电线往钢管上摆放时，裸露的电线头触到戴手套的左手掌上，造成电流在回路线—人体—焊钳手把线（已放在地上）之间形成回路，电流通过心脏造成触电倒下。王某倒入积水沟内成为良好的导体，且带电回路线压在身下，故造成触电身亡。

技术要点：

触电时，王某人体电阻大约为 1000 Ω 左右，电焊机空载二次电压大约 70 V 左右，则通过人体的电流为 70 mA。而成人通常的致命电流为 50 mA，70 mA 电流使其心脏不能再起压送血液的作用，所以血液循环停止造成死亡，致使年仅 23 岁的王某死于非命。

点评：

由案例 1 我们可以清楚地知道，环境的不安全加之缺乏安全用电知识是造成触电事故发生的主要原因，并从中了解触电的危害性和对人身伤害的严重性。

安全警钟：触电的危害

触电看似生活中经常会见到的事情，如不小心，将会造成不同程度的伤害，甚至危害生命。因此，在从事实验室工作或者做实验的过程中，一定要具有安全用电的基本常识，严格规范操作，才能防止触电事故的发生。

（二）案例 2　设备带电事故案例

事故产生：

某工厂的车工发现车床带电，有麻手的感觉，无法操作。用万用表测量，车床有32 V 左右的对地电压。断开车床电源后，车床仍然带电，仔细检查后并未发现有任何漏电现象，但撤除保护接零线后，车床对地电压消失。他由此初步推断车床的带电是由保护接零线引入的。检查零线果然发现其接头处有严重氧化现象，致使阻抗变大，当接头上有其他较大负载电流通过时，会产生一个较高的对地电压，造成连接的车床带电。这说明应重视零线的检查和维护，否则会发生危险。

点评：

从案例 2 中我们看到，零线阻抗明显增大时，会导致设备带电，从而影响工作，可见，对于常用的电器，应该合理接地，注意检查、维护和保养。

安全警钟：电器外壳带电的伤害

如果电器接地或其他安装有问题，则有可能导致电器的外壳带电，导致使用电器的人触电。如果能够及时查明原因并进行处理，则可以避免危险和伤害的发生。

（三）案例 3　静电事故案例

事故产生：

某化工厂二车间的封闭式离心机，在刚开始分离从搪瓷反应釜倒出的 W-100-1 纺织用抗氧化剂和甲苯溶剂时，突然发生爆炸，致使 1 名职工死亡，1 名职工重伤。调查发现此物料经过 23 小时不停地机械搅拌，再通过塑料导管直接快速送入离心机，离心机转鼓内垫有非导电体的化纤过滤布袋。因此可以判断，物料经长时间搅拌和快速流经塑料管道后，含有甲苯溶剂的物料产生较强的静电积聚。此时进入离心机的物料带有很高的电位，一旦遇到电火花就发生了爆炸。

技术要点：

我国安全工程专家崔克清教授指出：离心机转鼓上部暴露的螺栓是低电位点，当带有较强静电的物料接触到离心机转鼓螺栓顶端时，物料的高压电位与螺栓顶端的零电位形成高低压电位差放电，产生火花引爆了离心机内混合性爆炸气体。

点评：

从案例 3 中我们看到静电的危害，如果对环境中的静电不及时排除，将会引起非常大的危害，甚至发生爆炸，对人们的财产和安全带来隐患。

安全警钟：静电危害

对于长时间工作将会产生静电的仪器设备，必须采取措施及时排除。在使用这类设备时要格外小心，以防发生事故。

（四）案例 4　弱电系统专项检查

检查结果通报：

某市质检部门对全市部分事业单位的弱电系统和计算机网络综合布线系统进行专项抽查。弱电系统抽查的主要指标为湿度、照明、尘埃等，计算机网络综合布线系统抽查的主要指标为传播延迟、设备安装、线缆保护措施等。本次共抽查了 16 家单位的 10 个计算机机房和 15 个计算机网络布线系统。抽查结果显示，计算机机房的合格率为 0，计算机网络布线系统仅 4 家合格，合格率为 26.7%。竟然没有一家单位的弱电系统符合要求，尤其是环境设施，根本不满足信息传输的要求。

技术要点：

检验站的负责人说："弱电系统所处的环境若湿度过低，尘埃指数过高，可能会引起大量静电产生，对计算机、服务器、交换机、路由器等设备造成损害和损毁，一旦短路还有可能造成重大火灾隐患；同时，静电过大会对操作人员的身体产生不同程度的危害。计算机网络综合布线系统如果指标不合格，将会造成传输不稳定；网络运行不正常，时通时断；网络运行速度过慢，无法正常使用；严重的还会造成网络系统局部甚至全部瘫痪等。"

点评：

从案例 4 中我们可以看到，一定要注意弱电系统环境的要求，不能在建设弱电系统时偷工减料，更不能忽略弱电系统的环境要求。

安全警钟：弱电的危害

一个不合格的弱电系统将有可能导致整个系统瘫痪，或者发生不必要的危害。

（五）案例 5　电气火灾事故

事故产生：

北京某高校可容纳 3000 余人的女生宿舍发生火灾，楼内弥漫浓烟，6 层楼房的能见度不足 10 m。火灾发生时大部分学生都在楼内，所幸消防员及时赶到，学生被紧急疏散，没有造成人员伤亡。宿舍最初起火点为物品摆放架上的接线板，当时该接线板插着两台可充电台灯，以及引出的另一接线板。因使用电器插头连接不规范，且长时间充电造成电器线路发生短路，火花引燃附近的布帘等可燃物，蔓延向上造成火灾。

上海某高校学生宿舍楼发生火灾，火势迅速蔓延，导致烟火过大，4 名女生在消防队员赶到之前从 6 楼宿舍阳台跳楼逃生，造成严重伤害。火灾事故原因初步判断是寝室里违章使用"热得快"引发电器故障，引燃室内可燃物。

点评：

从案例 5 中我们应该了解日常生活中安全用电的重要性，如果违章用电且使用不合格的电器设备，发生火灾和造成伤害的概率将增加。

安全警钟：用电安全

"热得快"是一种大功率用电设备，一般学校的宿舍的照明布线无法承受这么大的用电功率，因此，不能在学校宿舍中使用大功率的电器，否则容易发生火灾。

思考题

1. 简述 TN-S 和 TN-C 系统的特点。为什么保护零线不可装设自动开关或熔断器？

2. 为了保证电气安全，如何对高校实验室用电进行合理配置？提出具体方案，并探讨其可行性。

3. 电气事故有哪些主要类型？高校实验室内常见的电气事故有哪些？如何有效防止电气事故的发生？

4. 高校实验室中引起电气火灾的火源主要有哪些？分析火源的具体起因，并提出预防电气火灾的措施。

5. 安装插座时，错误地将电源相线接在单向三极插座的保护接地极上，会发生什么严重后果？

6. 照明电源开关应该接在火线上还是零线上？为什么？

7. 为什么电气设备停电检修时要进行验电、放电？

8. 电弧灼伤一般分为几种程度？触电者受到电弧灼伤时如何进行抢救？救护过程中应注意哪些事项？

9. 学校、科研单位和工厂实验室电气设备的接地应采取哪些措施？局部照明和事故照明的接地有什么要求？

10. 为了实验室安全，如何设置消防报警系统？应该注意哪些问题？

11. 实验室音视频系统包括哪些部分？各部分如何进行合理设置？

12. 在雷雨天，实验室如何有效地防止雷击？采取的方法有哪些？

13. 实验室中照明设备主要有哪些？为了满足实验室安全要求，应如何选择和使用照明设备？

14. 举出实验室中常用的几种仪器仪表，并说明它们的工作原理、使用方法和使用过程中的注意事项。

15. 为了实验室用电安全，通常使用哪些保护类用电设备？举例说明，并指出它们的工作特点。

16. 简述三相交流电中负载所用的三角形接法和星形接法。各种接法中线电压和相电压、线电流和相电流之间有什么关系？实验室中我们常用的是哪种接法？

17. 弱电系统无处不离我们身边，就你所在实验室的情况，请列举存在的弱电元件，并回答它们有哪些危害，平时使用的过程中又如何防护。

18. 耳机是实验室同学们经常使用的音频元器件，不同的耳机对人体有不同的危害，请同学们上网查阅资料，分析三种以上的耳机性能及参数，然后对实验室同学提出使用建议。

19. 电力设备在带电时是否要电压等级匹配的验电器？低压验电笔检查电压的范围是多少？如何正确使用？

20. 人体允许的电流和安全电压是多少？

21. 为什么要对电力负荷进行分类？是如何分类的？

22. 静电的类型主要有哪些？

23. 防止静电危害的方法有哪些？

24. 人身直接接触电源，简称触电（electric shock）。人体为什么会触电？人体触电的原理是什么？人体自身的电阻的大小与哪些因素有关？人体所能承受的安全电压在不同情况下的大小是多少？触电后应该采取什么急救措施？

25. 电气火灾一般是怎样引起来的？电气火灾主要包括哪几个方面？请简述利用剩余电流探测原理，怎样检测电路中的漏电情况。

26. 供配电系统是整个实验室电气安全的物质基础，请根据已经所学的知识建立一套完整的供配电系统安全管理制度。

27. 在弱电系统中，系统保护接地和保护接地的作用是什么？工作接地、保护接零、重复接地的作用是什么？

28. 弱电系统的综合布线部分也是故障多发的部位之一，请简述故障现象的原因。

29. 我国工作条件及生产环境的划分为哪几个类别？弱电系统灵敏娇贵，需要为其提供适合的工作环境，请简述弱电系统需要什么样的工作环境。

30. 请简述静电的产生机理。在实验室中，静电对我们的电子设备有什么危害？需要做什么防护？

31. 电气火灾前都有一种前兆，要特别引起重视，请简述电气火灾都有什么前兆。

32. 发生电气火灾时千万不能慌乱，因其伴有多重危险，一定要保持冷静，沉着应对。请简述发生电气火灾时的处理步骤。

参考文献

[1] 杨岳. 电气安全 [M]. 北京：机械工业出版社，2010.

[2] 梁慧敏，张青，白春华. 电气安全工程 [M]. 北京：北京理工大学出版社，2010.

[3] 瞿彩萍. 电气安全事故分析及其防范 [M]. 北京：机械工业出版社，2007.

[4] 姜忠良. 实验室安全基础 [M]. 北京：清华大学出版社，2009.

[5] 李五一. 高等学校实验室安全概论 [M]. 杭州：浙江摄影出版社，2006.

[6] 黄凯，张志强，李恩敬. 大学实验室安全基础 [M]. 北京：北京大学出版社，2012.

[7] 天地大方. 用电安全常识读本 [M]. 北京：中国工人出版社，2010.

第四章 机械类实验室安全与环境保护

【本章导读】

现代社会的各行各业都离不开种类繁多、形态各异的机械设备。本章以机械行业中广泛使用的各种冷热加工机床设备和工具为例，通过详细介绍机械安全和环保的基础知识，让学生在短时间内建立安全意识，掌握必要的安全知识，理解各种设备的安全操作规程，以便在自主完成训练内容时能主动避免发生安全事故。

本章主要学习要点：

(1) 了解产生机械危险、机械危害、机械伤害的原因和形式以及预防措施。

(2) 熟悉机械安全的基本常识和常见的机械安全保护装置。

(3) 掌握安全操作通用机械的一般原则，学习遇到机械事故的应急处理方法。

(4) 了解机械加工过程中，噪音与粉尘的产生、危害和防治。

(5) 运用所学知识尝试提出安全教育和环境保护的新想法和新措施。

第一节 机械安全概述

机械是一种古老的装置，作为人类进行生产活动的主要工具，已经使用了几千年，它们在人类发展史上自始至终都占有极其重要的地位。但是将机械安全作为一门技术甚至一门学科来对待，进行理论研究和实践论证是 20 世纪 60 年代以后的事情。

一、机械安全技术理论的内涵

(一) 机械安全问题的提出与理论发展

机械安全是从人的需要出发，在使用机械的全过程的各种状态下，达到使人的身心免受外界因素危害的存在状态和保障条件。机械的安全性是指机器按照预定的使用条件，执行预定功能，或在运输、安装、调整等时不产生损伤或危害健康的能力。从人类科学技术发展史看，人类对机械安全的认识经历了以下四个阶段：

(1) 安全的自发认识阶段。在自然经济（农业经济）时期，人类的生产活动主要是劳动个体使用手用工具的初级劳动，如使用古代机械水车（如图 4-1 所示），人们在考虑提高生产力的同时，无形中解决了安全问题。在这个阶段，人类尚未有意识地专门去解决工具的安全问题，而是由于生产技术需要，不自觉地附带解决了安全问题，因而具有很大的盲目性。

（2）安全的局部认识阶段。工业革命以后，特别是动力的发明和广泛使用，大量机器（如蒸汽机）的出现取代了部分手用工具。随之而来的是劳动者在使用机器过程中受到的危害大大增加，为了生产，不得不考虑安全问题。这时，主要针对某种机器设备的局部、个别安全问题，采取专门技术方法去解决。例如，给锅炉装设安全阀，为机器加一个行程限位开关等，从而形成解决局部安全问题的专门技术。

图 4—1　水车

（3）系统安全的认识阶段。经过第二次世界大战，以制造业为主的工业化时代的到来，使生产技术向复杂化、规模化和高速化方向发展。分工的专业化形成了分属不同部门的生产方式和相对稳定的生产结构系统，对安全问题的局部认识已经很难适应要求。需要从机械整体系统的各个方面去考虑安全问题，形成了在某一生产领域应用的、从属于生产系统并为其服务的系统安全。例如，化工机械安全、建筑机械安全等，其特点是以解决机械事故为目的的安全技术。

（4）安全系统的认识阶段。随着知识经济和信息时代的到来，计算机的应用使生产力进一步解放，市场经济的高度发展出现了在安全问题上纵横交错的复杂局面。机械已经融入人们生产、生活的各个角落，需要解决的安全问题不仅仅限于一台机械设备或一个生产领域，而要在更大范围、更高层次上，通过宏观和微观的结合全面进行安全工程设计，提出安全要求，进行安全决策。这就要求安全工程技术要从更高的认识角度，用安全系统的观念和知识结构去解决机械系统的安全问题，即安全问题的对象还是机械，但是解决问题的人的认识角度和思维方法发生了转变。

（二）高校机械类实践教学的安全保障

在机械类实践教学中，涉及的机械设备的种类和数量较多，常见的有各类钳工设备、热加工设备、普通机床、数控机床、数控雕刻机床、激光雕刻机、电火花成型机床、加工中心、快速原型制造机床、小型工业机器人、三坐标测量机床等，这些设备主要集中在学校的工程训练中心和机械学科的各个专业实验室。其中面向全校一二年级学生开设的工程训练系列课程，是量大面广的校级实践课程，课程的特点是能为学生提供比较接近真实工业氛围的学习条件。因此，在整个学习过程中，同学们要亲自动手操作各种各样的仪器和机床。

近年来参加工程训练的学生规模不断扩大，教学内容虽然仍以机械制造为主，但已向材料、测试、控制、计算机和环境保护、安全教育等学科拓展，突破了传统金工实习的模式；训练形式强调学生的主动参与，并向着学生自主安排训练时间、内容，自行设计实验方案的研究性、综合性和创新性全开放学习模式发展。针对课程教学要求和训练内容，要求学生在有限的训练时间内，独立完成比较复杂的机器设备操作训练或者相关实验项目。而大多数学生进入工程训练课程时，往往缺乏基本的机械安全常识和基本技能，因此，对学生进行安全心理教育并制定与课程相适应的安全保障体系，使初学者快速掌握基本安全知识要点，确保师生安全和实践教学的有序进行，是十分必要的。

机械类实践教学的安全保障机制一般包括以下三个部分：

（1）机械安全教育机制。帮助学生掌握安全知识，理解各种设备的安全操作规程，树立机械安全和环保意识。如工程训练课程坚持执行的 5 级安全教育模式，即安全动员、安全报告（学生完成的作业）、安全指南、实习/实验项目安全教育和操作设备前现场安全教育。

（2）机械安全保护机制。通过实验室和机械设备的安全保护装置，从技术层面降低事故发生的概率。

（3）机械安全事故应急处理机制。通过正确快速的应急处理，最大限度地降低事故造成的伤害和影响。

二、机械安全的相关知识

（一）机械的组成

机械是机构和机器的总称。机构是各组成部分间具有一定相对运动的装置，如车床的齿轮机构、走刀机构，起重机的变幅机构等；而机器是用来转换或利用机械能的机构，如车床、铣床、钻床、磨床等。机器的种类繁多，应用目的和实现的功能也各不相同。从机器最基本的特征入手，把握机器组成的基本规律后可以发现，从最简单的千斤顶到复杂的现代化机床，机器组成的一般规律：由原动机将各种形式的动力能变为机械能输入，经过传动机构转换为适宜的力或速度后传递给执行机构，通过执行机构与物料直接作用，完成作业或服务任务，而组成机械的各部分借助支承装置连接成一个整体。图 4－2 为常用的摇臂钻床和卧式铣床。

（1）原动机。原动机是提供机械工作运动的动力源。常用的原动机有电动机、内燃机、人力或畜力（常用于轻小设备或工具，或作为特殊场合的辅助动力）等。图 4－2 中钻床的电动机安装在主轴的上方，铣床的电动机安装在机床的后部。

（2）执行机构。执行机构是通过刀具或其他器具与物料的相对运动或直接作用来改变物料的形状、尺寸、状态或位置的机构。机械的应用目的主要是通过执行机构来实现，机器种类不同，其执行机构的结构和工作原理就不同。执行机构是一台机器区别于另一台机器的最有特性的部分。执行机构及其周围区域是操作者进行作业的主要区域，称为操作区。钻床上用于安装钻头的主轴、铣床上用于安装工件的工作台即为执行机构。

（3）传动机构。传动机构是用来将原动机和执行机构联系起来，传递运动和力（力矩），或改变运动形式的机构。一般情况是将原动机的高转速、小扭矩，转换成执行机构需要的较低速度和较大的力（力矩）。传动机构包括除执行机构之外的绝大部分可运动零部件，常见的有齿轮传动、带传动、链传动、曲柄连杆机构等，它是各种不同机器具有共性的部分，因此，机器不同，传动机构可以相同或类似。机床的传动系统非常复杂。机床的机箱中都包含大量传动元件（如齿轮、传动轴等）组成的传动系统。图4-2所示的钻床和铣床从外部看不见传动元件，这是由于安全保护和传动元件工作条件（密封防尘、润滑）的需要。车床上可以看见的丝杠与光杠就是传动元件的一种。

（4）控制操纵系统。控制操纵系统是用来操纵机械的启动、制动、换向、调速等运动和控制机械的压力、温度、速度等工作状态的机构系统，包括各种操纵器和显示器。人通过操纵器（如操纵杆、手柄等）来控制机器；显示器或手轮上的刻度盘可以把机器的运行情况适时反馈给人，以便及时、准确地控制和调整机器的状态，以保证作业任务的顺利进行并防止事故发生。控制操纵系统是人机接口环节，安全人机学的要求在这里得到集中体现。

（5）支承装置。支承装置是用来连接、支承机器的各个组成部分，承受工作外载荷和整个机器重量的装置。它是机器的基础部分，分固定式和移动式两类。固定式与地相连（如机床的基座、床身、导轨、立柱等），移动式可带动整台机床相对地面运动（如可移动机床的金属结构、机架等）。支承装置的变形、振动和稳定性不仅影响加工质量，还直接关系到作业的安全。图4-2中的机床床身即为支撑装置。

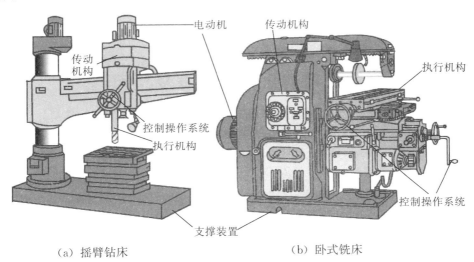

（a）摇臂钻床　　　　　　　　（b）卧式铣床

图4-2　机械的组成

（二）机械的状态及其安全问题

机器在按规定的使用条件下执行其功能的过程中，以及在运输、安装、调整、维修、拆卸和处理时，可能对人员造成损伤或对健康造成危害。这种危害在机器使用的任何阶段和各种状态下都有可能发生。

（1）正常工作状态。这是机器在状态完好的情况下，完成预定功能的正常运转过程。由于在此状态时，存在着多种完成预定功能所必须具备的运动要素，而有些要素可能产生危害后果。例如，大量形状各异的零部件的相互运动，刀具锋刃的切削，起吊重物、机械运转的噪声等。

（2）非正常工作状态。非正常工作状态是指在机器运转过程中，由于各种原因（可能是人员的操作失误，也可能是动力突然丧失或外界的干扰等）引起的意外状态。例如，意外启动、运动或速度变化失控，外界磁场干扰使信号失灵，瞬时大风造成起重机倾覆倒地等。

（3）故障状态。故障状态是指机械设备（系统）或零部件丧失了规定功能的状态。例如，当机器的动力源或某零部件发生故障时，使机器停止运转，处于故障保护状态；由于电器开关故障，会产生不能停机的危险；砂轮轴的断裂，会导致砂轮飞甩的危险；速度或压力控制系统出现故障，会导致速度或压力失控的危险等。

（4）非工作状态。在正常情况下，机器停止运转处于静止状态时，一般呈现为安全状态。但并不排除处于此状态时由于各种原因，导致人员与机械悬吊部分的碰撞，结构垮塌，室外机械在风力作用下的滑移或倾覆，堆放的易燃易爆原材料的燃烧、爆炸等事故的发生。

（5）检修保养状态。检修保养状态是指机器进行维护和修理作业时（包括保养、修理、改装、翻建、检查、状态监控和防腐润滑等）所处的状态。尽管检修保养一般在停机状态下进行，但有些作业的特殊性往往迫使检修人员采用一些超常规的做法。例如，攀高，钻坑，将安全装置短路，进入正常操作时不允许进入的危险区进行抢险等，使维护或修理有可能出现在正常操作时不易发生的各种危险。

第二节　机械的危害及原因

由机械产生的危险，是指存在于机械本身和机械运行过程中产生的危险。它可能来自机械自身、机械的作用对象、人对机器的操作以及机械所在的场所等。有些危险是显现的，有些是潜在的，有些是单一的，有些是交错在一起，表现出复杂、动态、随机的特点的。因此，必须把由人、机、环境等要素组成的机械加工系统看作一个整体，用安全系统的观点和方法来识别和描述机械在使用过程中可能产生的各种危险、危险状态以及预测可能发生的危险事件，为学习安全操作机器、设计安全的机器、制定有关机械安全标准，以及对机械系统进行安全风险评价提供依据。

一、机械产生的危险

根据《机械安全基本概念与设计通则》（GB/T 15706—2007）标准，由机械产生的机械危险和非机械危险主要包括以下几个方面。

（一）机械危险

由于机械设备及其附属设施的构件、工件、零件、工具或飞溅的固体和流体物质等的机械能（动能和势能）作用，可能产生伤害的各种因素以及与机械设备有关的滑绊、倾倒和跌落等危险。

（二）电气危险

这类危险的主要形式是电击、燃烧和爆炸。其产生条件可以是人体与带电体的直接接触，人体接近高压电体，带电体绝缘不充分而产生漏电、静电现象，短路或过载引起的熔化粒子喷射热辐射和化学效应等。

（三）温度危险

一般将 29℃ 以上的温度称为高温，−18℃ 以下的温度称为低温。温度危险产生的条件有环境温度、热源辐射或接触高温物（材料、火焰或爆炸物）等。高温会引起燃烧或爆炸，会对人体产生高温生理反应，高温烧伤、烫伤等；低温对人体产生低温生理反应、低温冻伤等。

（四）噪声危险

噪声危险的形式主要有机械噪声、电磁噪声和空气动力噪声等，其造成的危害如下：

（1）对听觉的影响。根据噪声的强弱和作用时间不同，可能造成耳鸣、听力下降或者永久性听力损失甚至爆震性耳聋等。

（2）对生理、心理的影响。通常分贝（dB）为 A 级以上的噪声对神经系统、心血管系统等都有明显的影响，而低噪声则会使人产生厌烦、精神压抑等不良心理反应。

（3）干扰语言通信和听觉信号而引发其他危险。

（五）振动危险

振动对人体可造成生理和心理影响，造成损伤和病变。最严重的振动（或长时间不太严重的振动）可能产生生理严重失调，如血脉失调、神经失调、骨关节失调、腰痛和坐骨神经痛等。

（六）辐射危险

辐射的危险是杀伤人体细胞和机体内部的组织，轻者会引起各种病变，重者会导致死亡。

（七）材料和物质产生的危险

材料和物质产生的危险有因接触或吸入有害物所导致的危险，火灾与爆炸危险，生物与微生物危险等。例如，构成机械设备、设施自身的各种物料，加工使用、处理的物料，生产过程中产生、排放的余料和废弃的物料等。

（八）人的能力与所处环境产生的危险

当机械设计或环境条件不符合要求时，有可能出现与人的能力（这里指以生理或心理为特征）不协调的情况，例如，承担的负荷（体力负荷、听力负荷、视力负荷或其他负荷等）超过人的生理范围；长期静态或动态型操作姿势，劳动强度过大或过分用力；对机械进行操作、监视或维护而造成精神负担过重，准备不足、紧张等而产生的危险，因操作偏差或失误以及不符合卫生要求的气温、湿度、气流、照明等作业环境而导致的危险等。

（九）综合性危险

存在于机械设备及生产过程中的危害因素涉及面很宽，既有设备自身造成的危害，又有材料和物质产生的危险，也有生产过程中人的不安全因素，还有工作环境恶劣、劳动条件差（如超负荷工作）等原因带来的危险，表现为复杂、多样、动态、随机的特点。有些单一危险看起来微不足道，但当它们组合起来时，就可能发展为严重危害。

二、机械危险的主要伤害形式

机械危险的伤害实质上是机械能（动能和势能）的非正常做功、流动或转化，导致对人员的接触性伤害。由此可见，这类伤害大量出现在操作人员与可运动物件的接触过程中，其主要伤害形式有夹挤、碾压、剪切、切割、缠绕或卷入、戳扎或刺伤、摩擦或磨损、飞出物打击、高压流体喷射、碰撞和跌落等。

（一）卷绕和绞缠

这类伤害主要来自做回转运动的机械零件，主要类型如下：
（1）轴类零件。如联轴器、主轴、丝杠以及其他传动轴等。
（2）回转件上的凸出物和开口。如轴上的凸出键、调整螺栓或销、圆轮形状零件（链轮、带轮、皮带轮）的轮辐、手轮上的手柄等。
（3）未按安全要求着装。回转零件运动时，将人的头发、饰物（如项链）、肥大衣袖或下摆卷缠引起的伤害。

（二）卷入和碾压

这类伤害主要来自相互配合的运动副。卷入伤害通常发生在运动副啮合部位的夹紧点、皮带与皮带轮的夹口，机械中常用的运动副有相互啮合的一对齿轮或齿轮与齿条、链条与链轮等。碾压伤害通常发生在两个做相对回转运动的辊子之间以及滚动的旋转件，如轮子与轨道、车轮与路面等。

（三）挤压、剪切和冲撞

这类伤害主要来自做往复直线运动的零部件。生产现场和实验室中常见的挤压伤害通常发生在大型机床（如龙门刨床）的纵向移动的工作台和垂直移动的升降台、牛头刨床的滑枕、压力机的滑块、运动的带链等零部件与做相对运动的部件之间，运动部件与静止部分之间由于安全距离不够也会产生夹挤。剪切伤害常常发生在剪切机刀片与压料装置之间，造成手部伤害。做直线运动的部件限位不准、突然失去平衡等都有可能出现冲撞伤害。

（四）飞出物打击

机械零部件发生断裂、松动、脱落或弹性势能等机械能释放，会使失控的零部件飞出或反弹出去，对人造成伤害。例如，轴的破坏引起装配在其上的皮带轮、飞轮、齿轮或其他运动零部件坠落或飞出，螺栓的松动或脱落引起被它紧固的运动零部件脱落或飞出，高速运动的零件破裂碎块甩出，切屑飞溅等。另外，弹性元件的势能释放也会引起弹射，如弹簧、皮带等的断裂；在压力、真空下的液体或气体内会引起高压流体喷射等。

（五）物体坠落打击

处于高位置的物体具有势能，当它们意外坠落时，势能转化为动能，造成伤害。例如，高处掉下的零件、工具或其他物体；悬挂物体的吊挂零件（如挂钩等）破坏或夹具夹持不牢引起物体坠落；由于零部件质量分布不均衡，重（中）心不稳，在外力作用下发生倾翻、滚落；运动部件运行超行程、脱轨导致的伤害等。

（六）切割和擦伤

切削刀具的锋刃、零件表面的毛刺、工件或切屑的锋利飞边以及机械设备的尖棱、利角和锐边或粗糙的表面（如砂轮、毛坯）等，无论物体的状态是运动还是静止的，这些由于锋利形状产生的危险都会构成伤害。

（七）操作人员的碰撞、跌倒以及坠落

（1）机械结构上的凸出、悬挂部分（如起重机的支腿、吊杆及机床的手柄等）以及大尺寸加工件伸出机床的部分等，无论是处于静止还是运动状态，都有可能与人体产生碰撞的危险。

（2）由于地面堆物无序、地面凸凹不平或摩擦力过小，都有可能导致人员磕绊跌倒、打滑等危险。如果再引起二次伤害，那么后果将会更严重。

（3）人从高处失足、误踏入坑井、电梯悬挂装置损坏、轿厢超速下行撞击坑底，都会对人员造成坠落伤害。

三、机械事故产生的原因

机械事故的根源多存在于机器的设计、制造、运输、安装、使用、报废、拆卸及处理等多个环节的安全隐患之中。它的发生往往是多种因素综合作用的结果，采用安全系统的认识观点，可以从物的不安全状态、人的不安全行为和安全管理上的缺陷找到原因。

（一）物的不安全状态

物的安全状态是保证机械安全的重要前提和物质基础。这里，物包括机械设备、工具、原材料、中间与最终产成品、排出物和废料等。物的不安全状态将构成生产中的客观安全隐患和风险，是引发事故的直接原因。

例如，机械设计不合理，未满足人机安全要求，计算错误，安全系数不够，使用条件不足；制造时零件加工超差、以次充好、偷工减料；运输和安装中的野蛮作业使机械及其部件受到损伤而埋下隐患等。

近些年来，大量境外的机械设备进入国内，其中有些设备由于不符合中国人的人体测量参数以及有些已被淘汰的垃圾设备非法进入我国而引发伤害；国内少数没有生产许可证的企业生产的缺少安全装置的不合格机械产品流入市场，成为安全隐患的源头。同时，零部件润滑保养不良或报废后未及时更换、缺少必要的安全防护等，造成大量因使用环节不合格而产生的机械伤害事故。

此外，超过安全极限的作业条件或卫生标准不良的作业环境，直接影响人的操作意识水平，使身体健康受到损伤，造成机械系统功能降低甚至失效。

（二）安全管理缺陷

安全管理水平包括安全意识水平、对设备（特别是对危险设备）的监管、对人员的安全教育和培训、安全规章制度的建立和执行等。安全管理缺陷是事故发生的间接原因。

（三）人的不安全行为

在机械使用过程中，人的行为受到生理、心理等各种因素的影响，其表现是多种多样的。缺乏安全意识和安全技能差（安全素质低下）等不安全行为是引发事故的主要原因，其常见的表现有不了解所使用机械存在的危险、不按安全规程操作、缺乏自我保护和处理意外情况的能力、指挥失误（或违章指挥）、操作失误、监护失误等。在日常工作和实验室进行学习时，人的不安全行为大量表现在不安全的工作习惯上。例如，工具或量具随手乱放，测量工件时不停机，站在工作台上装卡工件，越过旋转刀具取送物料，随意攀越大型设备以及不走安全通道等。

（四）不安全的心理状态

多数学生都是第一次接触机械加工设备，他们在实习实验中的心理状态对于安全操作有着非常重要的影响。如果有一个良好健康的心理，情绪和行为就不容易受外界的客观因素的影响，有利于安全操作；反之，就容易受外界环境的影响，引发一些不安全的行为。对于学生们来说，常见的不安全心理状态的表现如下：

（1）侥幸心理。抱有这种心态的学生，不是不懂安全操作规程、缺乏安全知识，也不是没掌握操作技术，而是"明知故犯"。由于心怀侥幸，在他们看来，"违章不一定出事，出事不一定伤人，伤人也不一定伤我"。实践证明，如果抱着这种心态去参加实践学习，迟早有一天事故就会落到自己的头上。

（2）麻痹大意、盲目自信。这部分学生在行为上多表现为马马虎虎、大大咧咧，操作时不认真严肃；对安全要求明知重要，但往往只挂在嘴上，而内心觉得无所谓，放松了警惕。这种心理经常出现在经过一段时间学习后掌握了一定操作技能的学生身上，应该引起大家的高度重视。例如，部分学生不按照安全要求着装，自认为当天的实习内容不会出现危险。

（3）逞能心理。争强好胜本来是一种积极的心理品质，但如果和炫耀心理结合起来，且发展到不恰当的地步，就会变成逞能。在这种心理支配下，为了显示自己的能耐，往往会头脑发热，干出一些冒险的事情。

（4）情绪波动、思想不集中。情绪波动大的学生容易受到社会、家庭、同学等方面因素的影响，要么烦躁不安、思想分散、顾此失彼、手忙脚乱，要么喜悦、兴奋、手舞足蹈、得意忘形。这些情绪都会影响在操作中的注意力，引发安全事故。

（5）从众心理。有些学生看见别人违章操作，或看见大家都那样做，自己明知不对，但也照着做，这就是从众心理。例如，在生活中，明知行人遇到红灯时，不能穿过马路，但如果这时有许多人闯红灯，具有从众心理的人就会忽视安全，跟着闯过去。

（6）逆反心理。有逆反心理的学生常表现为"你让我这样，我偏要那样""你说这样危险，我就不相信"。例如，明明知道操作机床时不能戴手套，看见老师来了赶快脱下手套，老师一走又戴上手套操作。

（7）惰性心理。惰性心理就是人的懒惰心理。有些学生在实习实验中总想省点力、省点时，或嫌麻烦、图省事而违章操作，忽视安全的重要性。例如，有的学生为了省事，用手直接握住工件在钻床上钻孔，而不愿事先用虎钳或其他夹具将工件夹固好后再钻孔，这样极容易造成手部伤害事故。

（8）好奇心理。对外界事物的好奇是人的天性，好奇心也并不是一件坏事。但如果因为好奇，而忽视安全，做出一些不安全的行为就不可取了。有的学生违章违纪，就是好奇心所致。例如，刚到实验室，看到什么都新鲜，于是乱动乱摸，接触到机器的危险区或者造成一些机器出现安全隐患，导致伤害到自己或他人。

（9）疲劳厌倦心理。从事危险、单调重复工作的学生容易产生疲劳、厌倦心理，导致动作失误增加。

（10）错觉和下意识心理。这是一种特殊的心理状态，一般极少出现，可是一旦出现，后果就可能极为严重。例如，一位配电工，自己在高压柜区域用绳子拉了一个禁区，在禁区外工作一会儿后，突然闯进禁区，把实际存在的危险区域错误地感觉为安全区域，结果触电身亡。

第三节　机械实验室安全防护

一、机械设备的安全要求

（一）本质安全与本质安全化

本质安全是指操作失误时，设备能自动保证安全，或设备出现故障时，能自动发现并自动消除，以确保人身和设备的安全。

本质安全化是为使设备达到本质安全而进行的研究、设计、改造和采取各种措施的最佳组合。它建立在以物为中心的事故预防技术的理念上，强调先进技术手段和物质条件在保障安全生产中的重要作用。希望通过运用现代科学技术，特别是安全科学的成就，从根本上消除能形成事故的主要条件；如果暂时无法达到，则采取两种或两种以上的安全措施，形成最佳组合的安全体系，达到最大限度的安全。同时，尽可能采取完善的防护措施，增强人体对各种伤害的抵抗能力。设备本质安全化的程度并不是一成不变的，它将随着科学技术的进步而不断提高。

（二）机械设备本质安全的特征

设备是指可供企业在生产中长期使用，并在反复使用后基本保持原有实物形态和功能的劳动资料和物质资料的总称，它是固定资产的重要组成部分，国外设备工程学把设备定义为有形资产的总称。设备是构成生产系统的物质系统，由于物质系统存在各种危险与有害因素，因此为事故的发生提供了物质条件。要预防事故发生，就必须消除物的危险与有害因素，控制物的不安全状态，使机械设备成为具有本质安全的产品。这类产品的特征如下：

（1）确保使用者人身安全。设备在预定的使用条件下，具有高度的可靠性和安全性，能最大限度地减轻操作人员的体力和脑力消耗，缓解精神紧张状态；同时应有明显的警示，明确标识出有可能产生的危险，从而杜绝事故，减少设备故障，实现安全生产。

（2）确保设备使用安全。设备应具有稳定、可靠的保护其自身安全和师生人身安全的功能与设施。一旦操作者发生误操作或判断错误，造成设备发生故障时，应有能自动切断或隔离危险部分的装置，确保设备安全地停止运行或转换到备用部分，并同时发出报警信号，使生产系统和设备仍能保证安全。

（三）机械设备的基本安全要求

为了最大限度地保护机械设备和操作者的人身安全，避免恶性事故的发生，减少损失，需要提供一种高度可靠的安全保护手段，这种手段就是安全系统。安全系统在设备开车、停车、运行、维护、出现意外情况时，能对生产装置提供可靠的安全保护。当机械装置本身出现危险，或由于人为原因导致危险时，系统应能做出相应的反应并输出正确信号，使装置安全停车，以阻止危险的发生或事故的扩散。机械设备的基本安全要求如下：

（1）设备的布局要合理。设备整体布局应便于操作人员装卸工件、加工观察和清除杂物，同时也应便于人员的检查和维修。

（2）零部件质量要合格。组成设备的零部件的强度、刚度等性能应符合技术条件和安全要求，安装应牢固可靠。

（3）设备装有必需的安全装置。根据设备需要的有关安全要求，装有设计合理、可靠、不影响操作的安全装置。生产中和实验室常用的安全装置如下：

①对于做旋转运动的零部件，应装设防护罩或防护挡板、防护栏杆等安全防护装置，以防发生绞伤；某些动作需要对人们进行警告或提醒注意时，应安设声音信号装置（如电铃、喇叭、蜂鸣器等）或各种灯光信号、警告牌等。

②对于超压、超载、超温度、超时间、超行程等容易发生危险事故的零部件，应装设保险装置，如超负荷限制器、行程限制器、安全阀、温度继电器、时间断电器等，以便在危险情况发生时，由于保险装置的作用而排除险情，防止事故的发生。

③对于某些动作顺序不能出现颠倒的设备或仪器，应装设联锁装置。即某一动作，必须在前一个动作完成之后才能进行，否则就不可能动作。这样就保证了不因动作顺序错误而发生事故。

二、机械实验室安全防护措施

（一）安全操作的主要规程

要避免进行机械类实验时发生危害和事故，不仅需要机械设备本身要符合安全要求，而且更重要的是要求操作者严格遵守安全操作规程。当然，机械设备的安全操作规程因其种类不同而内容各异，但其基本安全规程是相同的。下面的规程适用于大多数机械设备的安全操作。

1. 开机前的安全准备

（1）正确穿戴好个人防护用品。操作人员必须按照安全要求着装，例如，机械加工时要求女生必须戴工作帽，操作机床时所有人员不得戴手套，以免旋转的工件或刀具将头发或手套绞进去，造成人身伤害。

（2）设备状态的安全检查。先要空车运转设备，对其进行安全检查，确认正常后才能进行操作运行。生产和实验中，严禁设备带故障运行，千万不能凑合使用，以防发生事故。

2. 机械设备工作时的安全规范

（1）正确使用机械安全装置。操作人员必须按规定正确使用仪器和设备上的安全装置，绝不能任意将其拆掉。例如，车床的安全保护器，必须将专用卡盘扳手插入后再开动车床，切不可用其他物件替代。

（2）工件及工夹具的安装。在工作过程中，随时观察有紧固要求的物件（如正在加工的刀具、工夹具以及工件等）是否由于振动而松动，如果有松动，必须立刻关停机床，重新紧固，直至牢固可靠。

（3）操作人员的安全要求。机械设备运转时，严禁操作者用手调整，也不得进行各种测量或润滑、清扫杂物等工作，如果必须进行，则应首先关停机械设备。与此同时，操作者不得离开工作岗位，以防发生问题时无人处置。

（4）实验结束后的安全事项。首先，应关闭仪器设备的电源开关；其次，把刀具和工件从工作位置退出，与零件、工夹具等一并摆放整齐，打扫机械设备的卫生、进行润滑并清理好实验场地；最后，实验指导教师要注意检查实验场地的电源总开关是否断开以及门窗是否关好。

（二）常见的安全装置

机械装置在设计时，应根据其工作特点选择合适的安全装置。机械安全装置通常按照控制方式或作用原理分类，常见的类型如下：

（1）固定安全装置。这类装置用于防止操作者接触机器危险部件，它应满足机器的运行环境和条件等技术要求，符合国家标准或行业规范对常用机械做出的相应规定。例如，与危险部件保持一定距离且固定可靠，留出足够的运行空间和进出口等。这类装置所提供的保护标准最高，在机械正常运转无须人进入危险区域时，要尽可能选用固定安全装置。

（2）联锁安全装置。这类装置的工作原理：只有当安全装置关合时，机器才能运转；而只有当机器的危险部件停止运动时，安全装置才能开启。常见的有机械、电气、液压、气动或组合的形式。图4-3所示的车床安全保护器，只有当卡盘扳手从卡盘体上取下并放入保护器中后，车床电气控制系统才能启动主轴带动卡盘旋转进行加工。如果没有安装安全保护器，当学生在操作时，一旦忘记将卡盘扳手从卡盘体上取下就启动车床，卡盘扳手将会从旋转的卡盘体中飞出，导致伤人的危险发生。

卡盘扳手

图4-3　车床安全保护器

（3）自动安全装置。当操作者的身体或着装误入危险区域时，自动安全装置可使机器停止工作，直到操作者离开危险区域，以确保操作者安全。例如，当有衣物靠近车床传动丝杠时，车床会停止运转；当操作者的手部进入冲床冲头区域时，冲床会自动停止工作。

（4）可调安全装置。在无法实现对危险区域进行固定隔离（如固定的栅栏等）的情况下，可以使用可调安全装置。这类装置须对操作者进行适当的培训并合理使用和维护，才能起到安全保护作用。图4-4所示的数控铣床，只有在活动舱门关闭后才能启动。

（5）双手控制安全装置。这种装置迫使操作者要用两只手同时操纵控制器，它仅能对操作者而不能对其他有可能靠近危险区域的人提供保护，因此，机床周围必须设置其他安全装置以保护旁边的学生。双手控制安全装置的两个控制开关之间应有适当的距离，且一次操作只能完成一次工作，如果需要再次运行，则双手再次同时按下。图4—5为装有双手控制安全装置的冲床。

图4—4　机床活动舱门

（6）跳闸安全装置。该装置的作用是在设备操作接近危险点时，自动使机器停止或反向运动，它要求机器有敏感的跳闸机构，并能够迅速停止。

需要注意的是，一般在机械系统正常运行，操作者不需要进入危险区域的情况时，通常安装的是固定安全装置、隔离安全装置、跳闸安全装置等。如果操作者必须进入危险区域，则一般应安装联锁安全装置、跳闸安全装置、可调安全装置以及双手控制安全装置。另外，为保证操作者的安全操作，还应提供相应的个人防护用品（如头部、眼面、四肢、躯体、听力、呼吸、皮肤等）和专业防护用品。

（三）附加预防措施

附加预防措施主要包括涉及紧急状态有关的措施和为改善机器安全而采取的一些辅助性预防手段。

双手同步控制按钮

图4—5　双手启动冲床

（1）急停装置。每台机械都应装备一个或多个急停装置，以使操作者能迅速关机，避免危险状态。急停装置一般应非常明显，便于识别，操作者能迅速接近并完成手动操作，能尽快控制危险过程，避免进一步产生其他危害。急停装置启动后应保持关闭状态，直至手动解除急停状态。急停后并不一定能解除危险，也不一定能挽回损害。急停是一种避免危害继续扩大的紧急措施。

数控机床操作面板如图4—6所示，红色醒目的急停按钮清晰可见，在遇到紧急事故时迅速按下，可避免更大的损害。

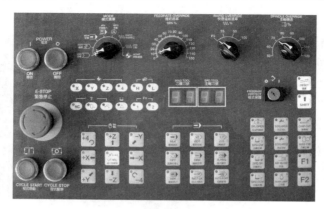

图 4-6　数控机床操作面板

（2）陷入危险时的躲避和救援保护措施。例如，在可能使操作者陷入各种危险的设施中，应备有逃生通道和必要的屏障；机器应装备能与动力源断开的技术措施和泄放残存能量的措施，并保持断开状态以及当机器停机后，可用手动操作解除断开状态等基本功能。

（3）重型机械及零部件的安全搬运措施。对于不能通过人力搬运的大型重型机械或零部件，除了应该在机械和零部件上标明重量外，还应装有适当的附件调运装置，如吊环、吊钩、螺钉孔以及方便叉车定位的导向槽等。

三、机械事故应急处理原则

（一）人员的应急救援和疏散

抢救受害人员是应急救援的重要任务，此时，应遵循及时、有序、有效以及最大程度降低伤害的原则，实施现场急救与安全转送伤员。对于其他现场人员，首先要采取措施进行自身防护，并有组织、相互协助地向安全区域撤离。

（二）危险源与场地的控制

及时控制造成事故的危险源是应急救援工作的首要任务，只有这样，才能防止事故的继续扩大，才能及时有效地进行救援。首先要在保证师生安全的前提下，切断实验室总电源，关闭事故机械。对事故外逸的有害物质和有可能对人和环境继续造成危害的物质，应及时予以清除，做好现场清理，以消除危害后果和危害蔓延。

（三）查清事故原因，估算危害程度

事故发生后应及时调查事故的发生原因和事故性质，估算出事故危害的波及范围和危险程度，查明人员情况，做好事故调查和总结。

第四节　典型机械安全操作

一、金属切削加工机械安全

（一）机床设备及常见伤害

金属切削加工机械是用运动的刀具把毛坯上多余的材料除去的机械设备，常称为"工作母机"，习惯称为机床。金属切削加工也常称为"冷加工"。

机床的种类很多，结构也有很大差异，但其基本结构都是由床身机座、动力源、各种传动机构、工件刀具安装装置、电气控制系统和润滑及冷却系统等部分构成的。各类机床都是利用刀具和被加工件之间做相对运动，从而把工件表面多余的材料逐层切除的。根据加工方式和使用刀具的不同，国家标准将金属切削机床分为 12 大类。在实验室里常用的机床有车床、钻床、刨床、磨床、铣床、镗床、拉床以及数控类机床、加工中心、电加工机床、齿轮加工机床和螺纹加工机床等。

机床设备的危险主要来自刀具、转动件和加工过程中飞出的高温、高速的金属切屑或刀具破碎飞出的碎片等，以及非机械方面的危害，如电气、噪声、振动及粉尘等。在金属切削操作中，除了常见机械可能导致的危险因素外，操作人员还经常容易发生以下伤害事故：

（1）刺割伤和烫伤。刺割伤是指由于操作者不小心接触到各种静止或运动的刀具、工件或毛坯上的毛刺、锋利的棱角而造成的伤害。此外，切削过程中刀具、工件和切屑都呈现高温状态，一旦触碰到就会烫伤皮肤。上述伤害是机械加工实习中最容易发生的，因此必须引起高度的重视。

（2）缠绕和绞伤。金属切削机械的旋转部件是引发缠绕和绞伤的危险部位，如果人体以及衣服的衣角、下摆或手套的一角不慎接触到高速旋转的部件，则极易被缠绕，进而把身体卷入而引起绞伤。

（3）对眼睛的伤害。操作机床时，通常眼睛离加工区非常近，在有些情况下容易造成对眼睛的伤害。例如，切削脆性材料时高速飞出的金属切屑，切削刀具破碎飞出的碎片，加工材料的粉尘颗粒等。

（二）常见冷加工设备的安全操作

1. 常见普通类机床的安全操作

（1）基本安全常识。

操作机床时，要穿好工作服，扣好纽扣，扎紧袖口；女生要戴安全帽，将发辫纳入帽内；禁止戴手套操作机床；禁止穿凉鞋、拖鞋、高跟鞋；颈部和腕部不要戴围巾、饰物；高速切削时要戴好防护眼镜等。

此外，机床安全操作的基本要领还包括：

①工件、工具、机床附件应正确放置在工具箱中或指定的台面上，禁止堆放在机床床头箱体、进给箱或工作台面上。

②开车前检查各转动手柄是否放在空挡位置，以防开车时发生撞击而损坏车床或伤人；启动后主电机必须空转 1~2 min，使润滑油散布到各处润滑点。

③操作中须改变主轴转速时，必须停车换挡；更换走刀箱手柄位置时，要在空挡或低速状态下进行；使用电器开关的机床不准用反转停车，以免打坏齿轮或损坏电器。

④下课前要搞好卫生，并对设备进行日常保养，如擦净机床、给润滑部位加油等。然后将各操作手柄放在空挡位置，并关闭机床总电源。

（2）车床的安全操作。

实习中操作的普通车床如图 4-7 所示，它主要用于加工各种回转体零件，如各种轴类和盘、套类零件。实习操作时的安全要领如下：

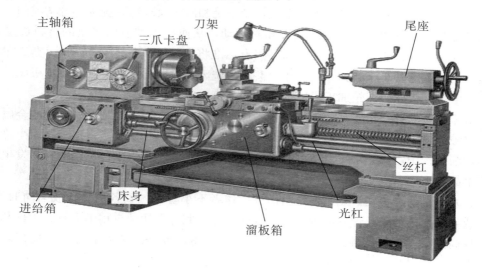

图 4-7　普通卧式车床

①车床运转或停机时，操作者不准用手触摸工件和强行刹停转动的卡盘；车削时，不能站在三爪卡盘旋转面附近或对面，应站在侧面；清除切屑应使用铁钩，绝不允许用手直接拿，或用量具去钩。

②凡装夹工件、更换刀具、测量加工面时，应停机进行；为使工件和车刀装夹牢固，可用接长套筒扳手加力，使用完后切记将扳手取下，以防开机运转时扳手飞出伤人。

③加工细长工件要用顶尖、跟刀架。工件在主轴前面伸出部分不得超过工件直径的20~50 倍；长工件穿过主轴孔在主轴后面伸出超过 300 mm 时，必须加托架，必要时装设防护栏杆。

④为了保护机床精度，不得随意敲击卡盘和床身导轨面；除车螺纹外，不得使用丝杠进行自动退刀；在装卸较大工件时，必须用板垫在床身导轨面上；使用快速移动拖板

时，要注意左右观察，以防撞坏车床。

⑤车削会产生细小微粒、灰尘的材料（如铸铁时），要先将床身导轨上的油擦净，以免微粒、灰尘与油混在一起造成清理困难，车削完毕后应将其清理干净。

⑥使用冷却液时，要先在机床导轨面上涂上润滑油，以防导轨被腐蚀，车削完毕后，应将导轨面上的冷却液擦干净；使用的冷却液要定期更换。

⑦用锉刀锉光工件表面时，应右手在前，左手在后，手臂远离旋转的卡盘；车内孔时不准用锉刀倒角；禁止用砂布裹住工件砂光，应比照用锉刀的姿势，将砂布拉成直条状压在工件上。

⑧攻丝或套丝必须用专用工具，不准一手扶攻丝架（或扳牙架），一手开车。

⑨切断大尺寸工件不应直接完成，以免切断的工件掉下伤人或砸坏机床，应在直径方向上留出足够余量，将工件从车床上卸下后再切断；切断小尺寸工件时，不能用手直接去接。

⑩实习操作结束后，应将溜板箱摇放在车床尾端。

事故案例：车床伤害事故

某工厂机械加工车间初级车工张某，在 C620 车床上加工工件。当时磁铁座千分表放在车床床身外导轨上，他用 185 r/min 的车速校好工件后，没有停车右手就从转动工件上方跨过去拿千分表。由于身体过于靠近工件，衣服下面 2 个衣扣未扣，衣襟散开，被工件突出部分钩住。一瞬间，张某的衣服和身体右部同时被绞入工件与导轨之间，导致头部受撞，伤势严重。

某机械加工车间一位女工，操作车床加工长轴，用锉刀锉削工件时，袖口被工件缠绕，造成右手骨折为四节，上衣被工件撕毁。

安全警钟：车床卡盘扳手的危险性

装夹工件后如果不立即取下卡盘扳手，当开机主轴旋转时，会造成卡盘扳手飞脱，极易造成机床损坏或人员伤害，因此必须小心操作使用。四川大学工程训练中心的车床都装有一个安全开关，开动机床前必须将卡盘扳手插入开关才能打开电源。一定不要使用其他物品代替卡盘扳手插在这个安全开关上，以免造成严重事故。

（3）铣床的安全操作。

实习中操作的卧式铣床如图 4-2（b）所示，立式铣床如图 4-8 所示。铣床是生产中常用的设备，主要用于加工各种带有沟槽、平面、孔等型面的非回转体零件，如传动箱的箱体、机器的支承件等零件。实习操作时的主要安全要领与车床相同，需要特别注意的事项如下：

①装卸工具、挂挡、更换刀具、测量工件时必须停车进行，铣床正在工作时禁止用手去触摸工件和工具。

②手动或机动方式快速移动工作台时，要左右观察，以防撞坏机床。

③使用手动或机动进给时，相对应的夹紧手柄必须松开。

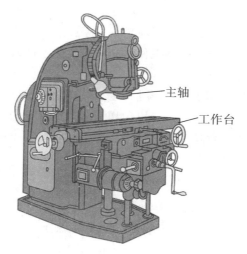

图4-8 立式铣床

事故案例：未戴安全帽造成的伤残事故

某厂机械加工车间铣工赵某（女），违反安全操作规程，未戴安全帽在铣床上加工工件。开机后，赵某见铣刀下方的工作台面上还有一个没有铣过的工件，就低下头伸手去拿，就在此时，头发突然被旋转的铣刀挂住，瞬间造成赵某的头部受伤。赵某大喊，拼命挣脱。同伴听到后立即赶到现场，一边关掉总电源，一边扶起赵某，将她送到医院抢救治疗。

安全警钟：铣床的危险

铣床是比较精密的机床，铣削运动也比较复杂，操作手柄较多。操作时应特别小心注意观察，牢记各手柄的作用，才能避免铣刀碰撞到工件或平口钳，对机床和人员造成损伤。

提示：按照安全要求着装

从上面的案例可以看出，在参加工程训练时必须严格按照安全要求着装，头戴工作帽，

上身着工作服、扣紧袖口、扣好纽扣，下装穿长裤，不戴围巾、饰物、手套等，不穿拖鞋、凉鞋。切不可盲目自信和麻痹大意，忽视着装的重要性。

（4）刨床的安全操作。

生产中常用和实习中操作的牛头刨床如图4-9所示，主要用于加工各种带有沟槽、平面等型面的非回转体零件。加工范围和精度与铣床相似，但不能加工零件上的孔。实习操作时的安全要领大致与车床相同，但由于刨削是断续切削，会产生很大的冲击力，需要特别注意的事项如下：

①刨床工作时，操作人员不得站在滑枕运动方向的前面，头和手部在任何情况下不能靠近刀具的行程之内，以免碰伤。

②刀头伸出长度应尽可能短一些，以防刀具损坏或折断。

③调整滑枕行程时，要注意行程的极限位置，以防滑枕冲出伤人或设备受损。

图4-9　牛头刨床

④牛头刨床工作台或龙门刨床刀架作快速移动时，应将手柄取下或脱开离合器，以免手柄快速转动损坏或飞出伤人。

事故案例：未夹紧工件造成机床损坏

某同学在操作牛头刨床时，工作台上面的工件没有夹紧，刨削中工件在切削力作用下甩出，所幸未造成人员伤害，但机床受损。

点评：

工件、刀具及夹具必须装夹牢固，合理使用工具和机床附件，比如加力杆，夹紧工件并不难。

（5）钻床的安全操作。

与车床主要是加工回转体工件中心部位的孔相比，钻床可加工盘套类、轴类、箱体支架类工件上多种形式和不同部位的孔，如轴承孔、连击孔、定位销孔等。钻削时，钻头做高速旋转运动，加之工件类型的多样性，很容易造成事故。实习时，除了必须遵守金属切削机械的安全操作规程外，还要特别注意以下安全事项：

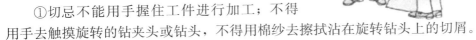

①切忌不能用手握住工件进行加工；不得用手去触摸旋转的钻夹头或钻头，不得用棉纱去擦拭沾在旋转钻头上的切屑。

②更换钻头时，要采用专用工具来松、紧钻夹头，不得用手锤敲击。

③摇臂升降、摇转以及钻夹头左右移动时，要松开锁紧手柄，以防损坏钻床。

事故案例：测量工件不关机引发手指绞断事故

某厂职工甲某在摇臂钻床上进行钻孔操作。在测量工件时，甲某未关停钻床，而只是把摇臂推到了一边，机床仍保持运转。然后甲某戴着手套搬动工件，这时，飞速旋转的钻头猛地绞住了甲某的手套，强大的力量拽着他的手臂往钻头上缠绕。甲某一边喊叫，一边拼命挣扎。同伴听到喊声，迅速关闭了钻床，但事故已造成甲某右手小拇指被绞断。

（6）磨床的安全操作。

磨床所用的刀具是砂轮，它是由成千上万颗磨粒和结合剂烧结而成的多孔物体。一颗磨粒的作用相当于一把车刀，不同的是车刀、铣刀、钻头是由金属材料制成的切削刀具，而组成砂轮的常用磨粒材料是 Al_2O_3，SiC 等。这些材料具有很高的硬度和热性能，因此，磨削能够胜任高速切削。磨削过程中产生大量的热量和砂轮破碎是造成安全事故的主要因素。金属切削刀具与砂轮如图 4-10 所示。

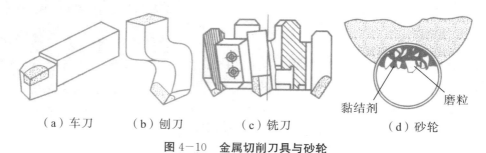

（a）车刀　　　（b）刨刀　　　（c）铣刀　　　（d）砂轮

图 4-10　金属切削刀具与砂轮

磨床属于精密机床。磨床可以加工零件上各种平面、沟槽，外圆和内孔，以及齿轮、螺纹和其他成形面等。磨床有外圆磨床、内圆磨床、平面磨床等，图 4-11 所示为外圆磨床。

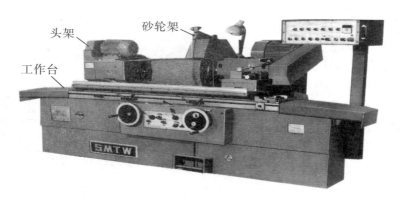

图 4-11　外圆磨床

除了应遵守金属切削机床的安全操作规程外，还要特别注意以下事项：

①采用干磨法磨削工件或修整砂轮时，必须开启吸尘装置，一定要戴防护眼镜，操作者应站在砂轮的侧面。

②砂轮工作速度绝对不能超过允许速度；砂轮切入时，不准快速直接接触工件表面，要留有一小段距离缓慢地进给，以防砂轮突然受力后破裂飞出发生事故。

③更换砂轮时，应根据声响判断新砂轮是否有裂纹；正确安装和紧固砂轮后，将安全防护罩装上紧固且进行平衡试验，确认无误后才能使用。

④砂轮未退离工件表面时，不得突然停止运转；进行测量时，应将砂轮退到安全位置上，待砂轮停转后方能进行。

⑤采用湿磨法时，切削液必须充分和连续，以降低切削区温度，一旦切削液中断，要立即停机；不准突然由干磨转为湿磨，以防高温状态下的砂轮骤冷碎裂。

⑥一次磨削多个小尺寸工件时，需要设置档铁限位，防止工件受力飞出或砂轮爆裂。

⑦磨床液压系统的压力不得低于规定值。若液压缸内有空气，可移动工作台于两端将其排除，以防液压系统失灵造成事故。

事故案例：安全防护罩未紧固造成的伤害事故

某机械有限公司金工车间磨工林某（男，33 岁，已有 3 年磨工工作经验）熟练地在磨床上进行砂轮装夹，装夹完成后，便开动磨床进行砂轮动平衡调整。由于麻痹大意，没有将安全罩用螺栓紧固。突然，磨床上高速转动的砂轮破裂，砂轮片像弹片一样飞出，击中了他的头部，造成严重伤害。

点评：

安全意识要加强，操作步骤要记牢，操作时要胆大心细。

2. 常见现代制造技术实验设备的安全操作

现代制造技术是传统制造技术不断吸收机械、电子、信息、材料、能源及现代管理技术等方面成果并将其综合应用的制造技术的总称。以现代制造技术为载体，出现了多种新的工艺和设备。下面介绍几种在实习中会进行操作的机床。

（1）数控机床的安全操作流程。数控机床和普通机床一样都是通过刀具（或磨具）与工件之间的相对运动来实现切削加工，两者的不同之处在于控制切削运动的方式不同。数控机床是按照预先编制好的加工程序自动对工件进行加工，而普通机床通常必须由手工操作来完成整个加工过程。控制方法的不同致使对实验操作的安全要求也不同，除了应遵守普通切削机床的安全操作规程外，还有专门的如下要求：

①数控程序要在计算机上经过仿真校验，确保程序的正确性，检查确认无误后才能传入机床用于零件加工。

②自动运行程序前，可利用机床上的模拟仿真或空运行模式检查程序的正确性。

③机床运行前，必须先关闭安全防护门；操作过程中，必须集中注意力谨慎操作，一旦发生问题，及时按下复位按钮或紧急停止按钮。

④出现报警时，要先进入主菜单的诊断界面，根据报警号和提示文本，查找原因，及时排除警报。

⑤实习学生在操作时，旁观的同学禁止按控制面板上的任何按钮、旋钮，以免发生意外及事故。

⑥严禁随意修改、删除机床的任何参数。

数控机床的种类很多，如数控车床（如图 4−12所示）、数控铣床、加工中心等。它们都是比较精密的自动化机床，操作设定流程很复杂，编程也需要经过较长时间的学习准备，操作中应特别注意安全规程。操作数控机床也应遵循相应的普通机床的安全操作原则。例如，数控车床的操作需要遵循普通车床的安全操作规程。

图 4−12　数控车床

（2）电加工机床的安全操作。电加工属于特种加工范畴，特种加工较之传统切削加工的不同之处在于，它能直接利用电能、光能、声能、磁能、热能、化学能等形式的能量或者几种能量的复合形式进行加工。电火花加工是特种加工中应用最为广泛的一种加工方式，图 4−13 为电火花线切割机床工作原理。适用于电加工的材料必须具有导电性，因此，操作时必须注意用电安全，警惕发生火灾，特别要注意以下事项：

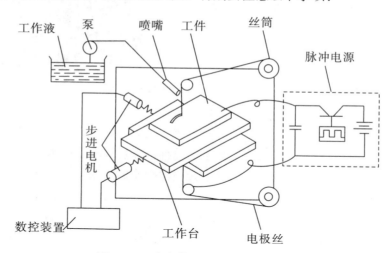

图 4−13　电火花线切割机床工作原理

①开机后先检查电压、油压和各仪表的指示值是否正常，若不正常，应及时排除故障。

②装卸工件时，必须切断电源。

③加工时，禁止用手或导体接触工件，也不准用湿手接触开关或其他电器部位。

④抽换易燃性介质（如油等）时，要注意真空表指数，不许超过真空额定电压，以免油管爆炸。

⑤实验室内严禁吸烟以及其他明火，周围应备有灭火器。

⑥发生火警时，应立即切断电源，用四氯化碳或干粉干砂等扑救，严禁用水和泡沫灭火器，并及时拨打 119 报警。

⑦实习结束时，应立即切断机床电源。

（3）激光雕刻机的安全操作。激光加工也属于特种加工范畴，较之传统切削加工的不同之处在于，它是将高能量（功率密度为 $10^5 \sim 10^{13}$ W/cm^2，焦点处温度高达 $10000℃$ 以上）的激光束照射在工件的被加工处来完成加工的，如图 4-14 所示。操作时除了应遵守一般切割机的安全操作规程外，还应了解激光产生的直射、反射或散射会对眼睛和皮肤造成的不同程度的伤害，并特别注意以下事项：

①必须熟悉激光特性、设备结构与性能，掌握操作系统有关知识，严格按照激光器启动程序启动激光器。

②按规定穿戴好劳动防护用品，在激光束附近必须佩带符合规定的防护眼镜。

③在未弄清某一材料是否能用激光照射或加热前，不要对其进行加工，以免发生烟雾和蒸气等潜在危险。

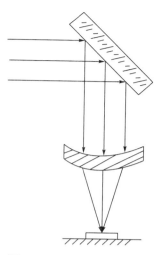

图 4-14　激光加工原理

④要将灭火器放在随手可及的地方，不加工时要关掉激光器或光闸，不要在未加防护的激光束附近放置纸张、布或其他易燃物。

⑤在加工过程中发现异常时，应立即停机，及时排除故障或上报主管人员。

⑥保持激光器、床身及周围场地整洁、有序、无油污，将工件、板材、废料按规定堆放。

（4）快速成型机的安全操作。20 世纪 80 年代中期，一种以 CAD/CAM 技术和计算机立体模型技术为基础的"渐增"式生成模式从根本上改变了制造技术传统的"切除"式加工模式，这种方法称为快速成型制造，是目前应用最广、最成熟的快速成型方法。其基本特征是"分层制造"，即任何一个三维实体均可以由一系列连续的二维薄片堆积而成。这种工艺不需要刀具、磨具、工装，只需要在计算机上先设计出零件的三维 CAD 模型，再用计算机数据信息驱动设备（如数控铣床、快速成型机等）。目前，高校实验室普遍使用的是 3D 打印机，如图 4-15 所示，它可使用 ABS 丝材将电脑中的 3D 数字模型快速制作成实物或者模型。

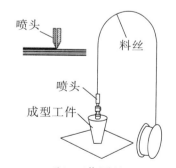

（a）3D 打印机　　　　（b）工作原理　　　　（c）学生设计制作的作品

图 4-15　3D 打印机及其工作原理

较之其他加工方法，操作快速成型机需要特别注意的安全技术要领如下：

①原材料须保持干燥，受潮会影响加工的性能。

②开机前检查电源线、网线，确保连接良好。

③操作前，仔细校平工作台面，确保喷头与台面垂直；任何时候喷头都要保持清洁且与台面保持适当间距，绝不能与工作台相碰。

④加工前，要调定好运丝的拉力，确保喷头所喷出丝的质量。

⑤合上机床电源后，要检查面板上的按钮，确保全部处于工作状态；必须在成型室内的温度达到设定温度后，才能点击开始加工菜单。

⑥加工结束后，须保温 15～20 min 方可取出制件。

⑦快速成型机的工作场所不允许有高频电源。

（三）钳工安全操作

钳工是机械制造和修配中的重要工种，它以手工操作为主，劳动强度较大，生产效率低。尽管如此，它仍适用于完成机械加工难以进行的工作（如设备中用机械加工无法达到的狭窄区域和无法完成的修配表面等），所以，钳工依然得以广泛使用，目前，其机械化程度正在逐步提高。在实习实验过程中，由于工作量较大，耗费体力较多，同学们常常会出现疲倦、精力不集中等现象，因此，更应该注意安全教育和安全操作规范。

（1）使用手锤前必须仔细检查，锤头和锤把要安装牢固，没有楔子不准使用，锤头不得有淬火裂缝或卷边及毛刺。

（2）锤击时，不得戴手套操作，应尽量将锤头和锤把上的油擦净，以免打滑；錾切时，工作台上应放置隔离安全网。同学们要注意自己和他人的位置，不要被飞出的切屑击伤。

（3）锉刀必须装有刀柄，刀柄不得有裂缝，必须用专用箍箍牢，不得用铁丝临时结扎；不得用锉刀撬、砸、敲打其他物品。

（4）锉削时，锉刀向前推进时用力，返回时不要施加压力；不要用手去摸正在加工的表面，以免毛刺伤手或再锉削时锉刀打滑。

（5）安装锯条时，注意锯齿的方向必须向前与推力方向一致，不易过松或过紧，以免锯条断裂伤手。

（6）工件起锯或将要切断时，用力要轻，行程要短，以防滑出碰伤手或折断锯条。

（7）钻床速度不能随意变更，如要调整，须经指导人员同意，必须停车后进行。

（8）钻孔时，严禁戴手套，长头发的同学必须戴安全帽；工件必须用虎钳夹持，严禁用手握住工件进行；孔将要钻穿时，应十分小心，不可用力过猛。

（9）使用丝锥和扳牙时，转动刀具用力要均匀；刀具每转一圈应反转 1/4 圈，以使切屑折断，防止缠绕刀具及损坏工件加工过的表面。

（10）装配时，如用油类清洗零件，切记不要接近火种；使用扳手、起子等均要符合规定，用力不能过猛，以防打滑造成事故。

（11）实习中要合理分配体力，注意饮水和防暑降温。

容易引发事故的常见不当操作如下：

（1）用锉刀打砸工件，会损坏锉刀且容易造成伤害。

（2）锯削操作用力不当，锯条折断，划伤手指。

（3）用手摸已加工表面，划伤手指且造成加工困难。

（4）用嘴吹工件表面的铁屑，铁屑飞入眼睛造成伤害。

（5）錾削工件时不注意防护，飞溅的铁屑容易造成其他人受伤。

（6）装拆重工件时不注意安全操作，砸伤手指。

（7）着装不当时操作钻床引发事故。

二、热加工机械安全

金属热加工一般是指铸造、锻造、冲压、焊接和热处理等工艺方法。热加工车间的生产特点是生产工序多，起重运输量大，在生产过程中易产生高温、有毒气体和粉尘，使劳动环境恶化，容易发生工伤事故。因此，在金属热加工车间中必须格外注意安全措施。

（一）金属热加工车间的防护措施

热加工车间应有适当的安全防护装置。例如，地坑要采取严格措施，严防地下水及地表水渗入；用于熔融金属的容器必须符合制造质量标准，并且金属熔液出炉时最好采用电动、气动或液压式等自动化机构，尽量避免人工操作；电焊作业地点一般都要设置适当的隔离屏蔽；自由锻造时，应设置隔离防护罩，防止热锻件氧化皮等飞出伤人；冲压设备应装有安全装置，如双手按钮式保护装置，防止冲头误动作伤人等。

另外，车间及实验室都应设有安全通道，地面平坦而防滑，并保证畅通。设计有合适的机械通风与自然通风通道以及足够的采光照度。在不影响教学、生产与运输的前提下，各工序各岗位尽可能做到相互隔离，对易产生不安全因素的设备，必要时也应隔离，设置安全栏杆或护网。

在金属热加工车间实习的学生必须佩戴安全帽、防护眼镜、防护鞋等必要的防护用具。

（二）锻造与冲压安全操作

锻造与冲压两种成形方法，合称锻压。它是指金属材料在外力作用下产生塑性变形，从而获得所需形状、尺寸和力学性能的毛坯、型材或零件的塑性加工方法。大多数碳钢、有色金属及其合金都具有一定的塑性，因此，它们均可以在热态或常态下进行锻压成形。空气锤与锻造工艺如图4-16所示。

（1）锻造的安全操作。锻造是将金属坯料加热到一定温度后，放到上、下砧铁或模具之间，在外力作用下使之产生塑性变形的方法。锻造工艺主要包括坯料加热、锻造成形、锻件冷却和热处理等，不难看出，防止热辐射和烫伤、烧伤是主要的任务。在实习操作中要特别注意以下事项：

①实习时必须穿着长袖、长裤工作服和工作鞋；操作时，不要站立在容易飞出火星和锻件毛边的地方。

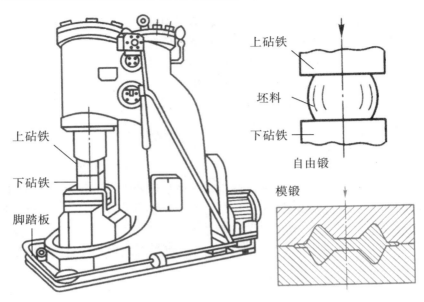

上砧铁

坯料

下砧铁

自由锻

上砧铁

下砧铁

脚踏板

模锻

图4—16 空气锤与锻造工艺

②操作前必须检查所用工具（如大锤、小锤等）的锤头与手柄连接是否牢固、有无裂纹。工具状况不完好时，不得使用。

③手工自由锻造时，两位学生之间要注意配合，思想要集中；握钳者应该将夹持锻件的手钳置于身体侧面，不得正对腹部，锻件要夹牢和放稳；击锤者应按照握钳者的指挥点出锤，注意控制锤击方向和节奏。

④自由锻时，锻件应放在下砧铁的中央，锻件及垫铁等工具必须放正、放平，以防飞出伤人。

⑤使用空气锤时，脚要踩实脚踏板，脚跟不得悬空，以保证操作的稳定和准确；不锤击时，应随即将脚离开踏板，以防误踏出事故。

⑥不要用手摸或光脚踩未冷却透的锻件；需要拿取锻件时，须使用手钳等工具。

⑦不得随意拨动锻压设备的开关和操纵手柄等；严禁用锤头空击下砧铁，也不得锻打过烧或已冷的锻件，以防损坏设备。

⑧实习结束后，应立即熄火或封炉，并将易燃品移开，以确保安全。

事故案例：锻模与工件飞出导致事故发生

某机械厂职工甲某、乙某二人在锻压机上进行模锻件加工作业，当甲某夹住装有工件的锻模放入锻压机上锻压时，乙某开启机器，锻压机上锤头开始下降，由于上锤头打击力过大，锻模与工件又没有固定好，导致锻模与工件飞出，击中甲某。

点评：

锻造操作一般是多人协同进行。操作中两人应密切配合，控制击打的操作者应根据握钳者的指令控制锤击。

（2）冲压的安全操作。冲压是利用装在冲床上的冲模头向下运动，使金属板料产生变形或分离，从而获得毛坯或零件的加工方法。冲压的坯料厚度通常小于 10 mm，多数冲压件加工时不须加热，故板料冲压又称为薄板冲压或冷冲压。冲压加工时，防止机床误动作造成伤人事故是首要安全工作。目前，大多数冲压设备出厂时都装有安全保护装置。在实习操作中要特别注意以下事项：

①操作设备前，必须认真检查防护装置是否完好；离合器制动装置是否灵活和安全可靠；应把工作台上一切不必要的物件清理干净，以防冲压时产生的震动将工件震落到脚踏开关上，造成冲床突然启动而发生事故。

②操作者对脚踏开关的控制必须小心谨慎，装卸工件时，脚应离开脚踏开关；严禁非操作人员在脚踏开关的周围停留。

③冲压小尺寸工件时，不得用手握住工件，必须使用专用工具，批量生产时，最好安装自动送料装置；如果工件卡在冲模里，应用专用工具取出，不准用手拿取，此时，一定要将脚从脚踏板上移开。

事故案例：改动保护装置造成断指事故

某电气设备制造公司冲压车间，因生产量大，任务紧张，需要安排人员进行夜班生产。在夜间生产过程中，冲压工刘某被安排在30 t冲床上操作，该冲床设置有双手按钮式保护装置。刘某在操作冲床时，为了加快冲压速度，提高生产效率，在夜班无人巡逻的情况下，违反安全操作规程，自作主张，将冲床双手按钮中的一个按钮用牙签顶住，使之处于常开状态，然后进行单手操作。由于冲床失去安全防护，刘某在送料、取件过程中，不慎操作失误，左手进入冲头下方，冲头下行，将刘某左手食指、中指、无名指轧掉，构成重伤，造成终生残疾。

点评：

安全保护装置是操作冲床的保护神，必须认真学习安全操作方法，不能私自改动。

（三）铸造安全操作

铸造是将金属加热熔化，使其具有流动性，然后浇入具有一定形状的铸型型腔中，金属液在重力或外力（如压力、离心力、电磁力等）的作用下充满型腔，经过冷却凝固成为铸件（或零件）的一种成形方法。我国的铸造生产至少已有四千多年的历史，图4-17展示了铸造的发展。

图4-17　铸造生产的现代发动机与古代司母戊大方鼎

铸造的液态金属成形原理决定了它工作环境的特殊性，在实习中必须注意下面的安全操作规程。

（1）制作铸型与型芯。

①工作前必须按要求清点好各种工具，并确保工具完好。

②造型时，最好佩戴眼镜和口罩，防止砂粒进入眼睛和口腔。

③造好的铸型和砂芯必须烘干，并确保排气畅通。

④利用链条翻箱，应注意手的位置及与他人的配合，注意安全。

⑤吊运铸件、工装、型砂时，正确指挥行车；注意观察地面和通道周围的环境。

⑥合箱操作时，应用泥条封紧缝隙，将两箱扣紧或放上压箱铁，防止浇注时发生抬箱、射箱、跑火事故。

（2）浇注与铸件清理。

①熔炼金属时，应精选炉料，防止混入爆炸物；投入的炉料必须充分干燥；添加的合金要进行预热。

②浇注人员必须按照要求穿好工作服，并佩戴防护眼镜，工作场地应通畅无阻。

③盛放金属液的手提浇包、抬包，烘干后方能盛放金属液；所盛金属液不可太满，以免抬运中飞溅伤人；抬包时，两人应注意步调一致，前后呼应。

④浇注时，操作者应站在安全位置，并及时将从铸型中冒出的气体点燃，以防损害人体健康和污染环境。

⑤开箱落砂不宜过早，防止铸件未凝固或完全冷却发生烫伤事故。

⑥清除铸件上的浇冒口及飞边、毛刺时，切记不可用手直接清除，应使用工具；应注意锤击方向，以免敲坏铸件，并注意不要正对他人。

事故案例：造型砂箱爆炸致多人伤亡事故

某重型机床厂在浇注重量为 18 t 的 C5250 车床床身铸件时，由于铸型未完全按照技术要求烘干，金属液充型时产生大量的气体，致使造型木质砂箱发生爆炸，把长 5.8 m、宽 2.1 m、高 1.46 m 的大型造型砂箱冲起 0.3 m 高。事故造成重大伤亡。

点评：

高温金属溶液非常危险，操作不当甚至一些意外因素，都极易造成重大事故。在实习中，同学们一定要注意学习安全操作技术，特别是安全防护装置的使用方法。

（四）焊接安全操作

焊接技术有悠久的应用历史，例如，我国出土的秦代铜车、马就已经应用了焊接技术。但是，工业中广泛应用的焊接方法是在 19 世纪末电力生产得到发展以后才发明的。

焊接是把分离的金属通过局部加热、加压或两者并用，借助于金属接头处原子间的结合与扩散作用，而形成不可拆卸整体件（即焊接件）的加工方法。它是目前应用最广泛的金属不可拆卸连接方法。焊接的方法很多，下面主要介绍实习中要操作的手工电弧焊（又称焊条电弧焊）和气焊的安全操作要领。

1．手工电弧焊的安全操作

电弧焊属于熔化焊，它是利用电弧产生的热能熔化被焊金属母材（即焊件）以实现连接的熔焊方法。实习中除了重视用电安全外，还要预防电弧光及烟尘对眼睛和皮肤的伤害。手工电弧焊的工艺原理及劳动保护如图 4-18 所示。

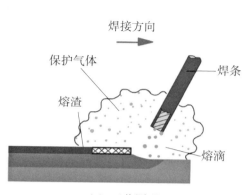

（a）工艺原理　　　　　　　　　　（b）劳动保护

图 4-18　手工电弧焊

（1）焊接操作前的安全准备与检查。

①实习中学生应按要求穿戴好劳保用品，如长袖、长裤工作服、劳保鞋，深色劳保眼镜以及专用手套和护膝。

②焊机应放置在距离墙和其他设备 500 mm 且通风良好的地方，不得放置在日光直射、潮湿和灰尘较多处；焊机机壳应接地良好，电源必须接零；焊机裸露接线柱必须设有防护罩；焊钳手柄要有良好的绝缘层。

③焊机上及周围不得堆放杂物；禁止在储有易燃、易爆物品的房间内焊接；必须要在有可能引起火灾的场所附近焊接时，务必备有消防器材。

（2）焊接操作过程中的注意事项。

①焊接过程中，焊接设备不得带病使用，如发现冒烟、异常噪音和温升等故障现象，必须立即停机检查。

②操作焊机开关时，应戴干燥绝缘手套，另一只手不得放在焊机的外壳上。

③禁止登在梯子最高梯阶上实施焊接；在潮湿地方焊接，必须站在干燥的木板上，确保绝缘良好。

④禁止将带电的绝缘电缆搭在身上或踏在脚上，不得将过热的焊钳浸在水中冷却后使用；清理焊渣时必须戴白光眼镜并避免对着人敲打焊渣。

⑤实习结束时，断开电源，检查现场，确保无火种留下。

电弧焊具有危险性，在手工电弧焊作业过程中，电弧光、烟尘、有毒气体、灼伤、火灾、触电构成电弧焊六大职业危害。

2．气焊的安全操作

气焊是利用气体燃烧产生的热量熔化母材焊接处及充填金属的焊接方法。较之其他焊接方法，气焊不需要电源，移动灵活，适用于野外无电源条件下的焊接及维修工作。

同学们在实习中，需要特别注意的是气瓶的管理和防止弧光伤害和烫伤。

（1）气焊操作前的安全准备与检查。

①进行气焊操作时学生的着装安全要求可参照手工电弧焊。

②检查氧气、乙炔胶管是否有裂纹、老化等现象。

③检查减压器有否损坏、漏气或其他事故，回火防止器是否处于正常工作状态。

（2）气焊操作过程中的注意事项。

①点火时，焊枪口不得对准人；不要用邻近焊枪的火焰点燃自己的焊枪；为确保安全，点火时先开氧气，后开少量乙炔；熄灭时先关乙炔，再关氧气；发生回火时，一般应先关乙炔，再关氧气。

②操作时，不要用拿着焊枪的手移动铁板或移动眼镜；正在燃烧的焊枪不得放在工件或地面上；焊枪通有乙炔和氧气时，不得放在金属容器内，以防气体逸出，发生燃烧事故。

③放在地上的乙炔管和氧气管要摆放有序，不要碰到焊接火焰或炙热的钢板；不要过度弯曲和避免被踩踏；用完后要盘好挂起，防止扎坏、压坏。

④气瓶不得在阳光下暴晒或靠近热源；不要让油脂与焊枪口、氧气瓶及其减压阀等接触，以免遇火发生燃烧；开启瓶阀时，操作的学生应站在瓶嘴侧面的安全区域。

⑤实习结束时，必须关紧有关阀门并放松调压阀，确认场地安全无火种后方可离开。

事故案例：焊枪漏气爆燃致焊工面部严重烧伤

某厂铸造车间一台电炉电阻丝烧断，需要焊接修理。焊工曹某上午用气焊对断开处进行补焊。在没有焊完的情况下，曹某只将焊枪开关关好，顺手放在电炉里。下午上班，曹某穿好工作服，从电炉里拿出焊枪，打开调整开关进行点火，此时电炉里突然冒出火焰，曹某躲闪不及，将面部严重烧伤。

点评：

下班时应关闭乙炔气瓶和氧气瓶阀门，切不可只关焊枪上的开关。焊枪一旦发生泄漏，经过一段时间，乙炔在电炉内聚集到一定浓度，点火即发生燃爆事故。

三、其他机械实验设备安全操作要点

（一）三坐标测量机安全操作

三坐标测量机（Coordinate Measuring Machining，CMM）是一种精密测量物体三维尺寸的仪器，主要用于零部件尺寸、形状和相互位置的检测。该仪器采用坐标测量原理，即将被测物体置于坐标测量机的测量空间，从而获得被测物体上各测点的坐标位置。根据这些点的空间坐标值，经过数学运算，求出被测的几何尺寸、形状和位置。三坐标测量机是一种典型的精密机械仪器，如图4-19所示。

1. 工作前的准备

（1）检查和保持温度。

①测量机房、测量机和被测零件的温度。

②连续恒温的机房要求恒温可靠，能达到测量机要求的
温度范围。被测零件按规定时间提前放入测量机房，以保证
零件温度与环境温度一致。

（2）检查和清洁仪器。

①仔细检查并校正气源压力，放出过滤器中的油和水。

②清洁测量机导轨及工作台表面。

③开机空运行，检查软件、控制系统、测量机主机各部
分是否正常工作。

图 4-19　三坐标测量机

2. 检测工作

（1）查看零件图纸，了解测量要求和方法，规划检测方案或调出检测程序。

（2）被测零件的吊装、运转要求可参照机械加工安全操作规程。

（3）按照测量方案安装探针及探针附件，注意轻拿轻放，用力适当，安装好后，注
意试验一下测头保护功能是否正常。

（4）实施测量过程中，操作人员要精力集中，首次运行程序时要注意减速运行，确
定编程无误后再使用正常速度；一旦有不正常的情况，应立即停机，保护现场，查找
原因。

3. 关机及整理工作

（1）零件检测完毕后，将测量程序和程序运行参数及测头配置等说明存档；将测量
机退至原位（注意，每次检测完后均须退回原位），卸下零件。

（2）按顺序关闭测量机及电源后，清理工作现场。

三坐标测量机属于精密机械设备，如果操作不当，会导致机件特别是精密测头损
坏，使价值昂贵的设备无法使用。

（二）手持式电动工具安全操作

手持式电动工具是指用手握持或悬挂进行操作的电
动工具，如施工中常用的电钻、电锤、射钉枪等。

1. 手持式电动工具

（1）电动工具分类。

电动工具（如图 4-20 所示）按触电保护方式，可
分为三种类型。

Ⅰ类工具，即普通型电动工具。这类工具外壳一般
都是全金属，其额定电压超过 50 V。在防止触电的保
护方面不仅需要依靠其本身的绝缘，而且必须将不带电
的金属外壳与电源线路中的保护零线进行可靠连接，这
样才能保证工具基本绝缘损坏时不成为导电体。

图 4-20　电动工具

Ⅱ类工具，即绝缘结构全部为双重绝缘结构的电动工具。这类工具外壳有金属和非金属两种，但手持部分都是非金属，并标注有"回"符号，其额定电压超过50 V。工具在防止触电的保护方面不仅依靠基本绝缘，而且还提供双重绝缘或加强绝缘的附加安全预防措施。

Ⅲ类工具，即特低电压的电动工具。这类工具外壳均为全塑料，其额定电压不超过50 V。这类工具的防触电保护是通过能提供安全特低电压的装置（如安全隔离变压器提供36 V电压）来供电和工具内部设计有确保不会产生比安全特低电压更高电压的装置来实现的。

Ⅱ、Ⅲ两类工具都能保证使用时电气安全的可靠性，不必接地或接零。

（2）电动工具的使用环境。

①空气湿度小于75％的一般场所。可选用Ⅰ类或Ⅱ类手持式电动工具，其金属外壳与PE线（接地保护线）的连接点不得少于2个；其负荷线插头应具备专用的保护触头；所用插座和插头在结构上应保持一致，避免导电触头和保护触头混用。

②在潮湿场所或金属构架上进行作业。严禁使用Ⅰ类手持式电动工具，此时，应选用Ⅱ类或由安全隔离变压器供电的Ⅲ类工具。使用金属外壳Ⅱ类手持式电动工具时，其安全技术要求如上所述，此外，开关箱和控制箱应设置在远离作业场所的地方。

③在狭窄场所（如锅炉、金属容器、金属管道内等）工作。必须选用由安全隔离变压器供电的Ⅲ类手持式电动工具，其开关箱和安全隔离变压器均应设置在狭窄场所外面，并连接PE线；漏电保护器应采用防溅型产品；操作过程中，应有人监护开关箱和安全隔离变压器等放置在外的设备。

2. 手持式电动工具安全操作要点

（1）电气安全要点。

①手持电动工具自带的软电缆不允许任意拆除或接长，插头不得任意拆除、更换。

②使用工具前，应检查其外壳、手柄、接零（地）、导线与插头、开关、电气保护装置和机械防护装置以及工具转动部分等是否正常。

③使用工具时，不许用手提着导线或工具的转动部分；要防止导线被绞住、受潮、受热或碰损；严禁将导线线芯直接插入插座或挂在开关上使用。

④非金属壳体的电动机、电器在存放和使用时不应受压、受潮，不得接触汽油等溶剂。

（2）操作安全要点。

①操作前检查工具是否完好，是否符合使用要求。例如，外壳、手柄有无裂缝、破损；电缆软线及插头是否完好无损，开关动作是否正常，保护接零是否连接正确、牢固、可靠；各部分防护罩是否齐全牢固，电气保护装置是否可靠。

②工具试运行。工具开动后应先空载运转，检查并确认各联动部分灵活无阻。

③正确使用工具。作业时，加力应均匀平稳，不得用力过猛，不得用手触摸刃具、模具和砂轮；严禁超载使用，注意声响及温升，发现异常应立即停机检查；作业时间过长，工具温升超过60℃时，应停机，待自然冷却后再行作业；发现其有磨钝、破损情况时，应立即停机修整或更换。

3．典型电动工具安全操作

电动工具品种繁多，下面介绍几种在实习中常常会使用到的典型工具的安全操作要求。

（1）使用冲击电钻或电锤。

①作业时，应握稳电钻或电锤手柄；打孔时，先将钻头抵在工作表面，然后开动，用力要适度，避免晃动；若工具转速急剧下降，应减少用力，防止电机出现过载。

②钻削孔径为 25 mm 以上的孔时，应有稳固的作业平台，周围应设置安全防护栏；不得在混凝土中的钢筋上钻孔。

③电钻和电锤因切削力很大，故为 40％断续工作制，不得长时间连续使用。

（2）使用瓷片切割机。

①切割时会产生大量的微粒和粉尘，应防止其吸入电动机内；随时观察机壳温度，当发现温度过高或炭刷出现火花时，应立即停机检查处理。

②推进刀片时用力应均匀适当，不得用力过猛；当刀片被卡死时，应立即停机，慢慢退出刀片，在重新对正位置后再进行切割。

（3）使用电剪刀。

①剪切前，应根据被剪钢板的厚度调节剪刀两刃口之间的间隙量。

②剪切时，不得用力过猛，当遇刀轴往复次数急剧下降时，应立即减少推力。

（4）使用射钉枪。

①严禁用手掌推压钉管和将枪口对准人。

②击发时，应将射钉枪口垂直压紧在工作面上；两次扣动扳机后，子弹均不击发时，应保持原射击位置数秒钟后，再退出射钉弹。

③在更换零件或断开射钉枪之前，射枪内均不得装有射钉弹。

习惯性违章操作，就是指那些违反安全操作规程或有章不循，坚持、固守不良操作方式和工作习惯的行为，因而造成极大的安全危害。例如：

①在运输电动工具时，直接提着电线，致使电线和电动工具本体连接处的保护套脱落，裸露电线与壳体直接接触，造成触电事故。

②在使用手提电钻时，发现钻头已磨损变钝而不处理，全凭力气大硬按压进行钻孔，造成手提电钻电流过大、线圈发热而造成绝缘的破坏。

③用电不用正规的连接方法，而直接将线头插进插座，结果造成线路直接接地、短路或人员触电。

缺乏安全意识的人总认为，"多少年都这样干下来了，也未见出什么问题""哪有这么巧，我们不是这样天天在做吗"，一旦出了事故，还怪运气不好。习惯性违章就某次具体的行为可能未引发事故，但这只是侥幸。此时确实存在一种潜在的险情，一旦这种险情与环境或某种因素结合，就会变为现实的事故。从事故统计分析来看，80％以上的事故是由于违章而引起的，且大部分又与习惯性违章有关。

第五节　噪声与粉尘的危害及防护

一、噪声的危害及其控制

（一）噪声与听觉

（1）噪声与噪声污染。噪声（又称噪音）是指不和谐、不悦耳的声音，其特点之一是听起来刺耳，如高频率的机器轰鸣声。凡是妨碍人们学习、工作和休息并使人产生不舒服的声音都属于噪声。噪声主要来自工业噪声、交通噪声和生活噪声。噪声污染是指不同频率和强度的声音无规则地组合在一起，造成对人和环境的影响。噪声是社会公害之一。

（2）耳朵的工作机理。声音是由于物体机械振动在媒介（如空气、水等）中传播到人的听觉器官而产生的声波。声波是由人的耳郭收集并经过外耳通道到达耳鼓膜的。不同强度的声波会使鼓膜产生与之成正比的振动，使中耳产生机械振动，耳蜗转换成神经脉冲，通过听觉神经传入大脑，从而产生称之为"听觉"的对声音的感觉。在外耳的声波会最终传送到大脑的神经脉冲而被转换成声音。耳朵的结构如图 4—21 所示。

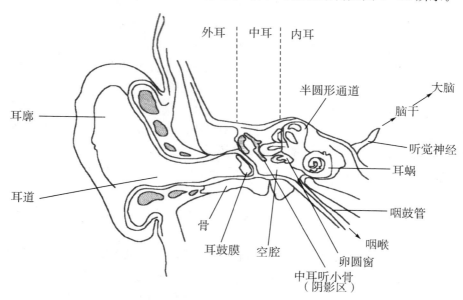

图 4—21　耳朵的结构

（3）听力与听阈。声波每秒的振动次数称为声音的频率，单位用赫兹（Hz）表示。在人耳听觉可以感觉到的听力频率范围 20~20000 Hz 之间，能引起人耳听觉的最小声音强度称为听阈。听阈是听到声音的门槛，直接反映了听觉感受器的灵敏程度，听阈越低，表示很小的声音都能听到，说明听力很好；反之，听力就很差。人的耳朵对频率范围在500~4000 Hz的声音最为敏感，随着年龄的增长，其听力的频率范围会逐渐变小。

（4）不同机械设备和环境的声强级。声音的强度或压力，简称声强，可用实际声音强度与一个标准声音强度比值的对数来表示，即声强级，单位为贝（Bel），十分之一贝称为分贝（dB）。通常我们用"分贝数"代替声强级数来形象地表示噪声水平。不同机械、设备或加工条件的分贝数各不相同，见表4-1。

表4-1　机械设备的噪声水平对比

声强级（dB）	机械设备或环境	
135以上	长时间置身其中有可能造成内耳鼓膜永久性损伤（如喷气发动机试车、铆接机、空洞实验等的工作环境）	
120	造成内耳鼓膜疼痛的极限（如玻璃切割机、打桩机、空气锤等的工作环境）	
110	听力临时性下限位移（如冲击钻、电锯等的工作环境）	
100	听力临时性下限位移（如冲压机、纺织机、塑料成型机等的工作环境）	
90	连续暴露8 h听力将受损的极限值（如车床、铣床、刨床等的工作环境）	
80	缝纫机	正常范围
70	电子装配生产线	正常范围
60	正常谈话	正常范围
50	夜间细雨	正常范围
40	安静的办公室	比较安静
30	图书馆	比较安静
20	录音棚	比较安静
10	刚刚能听到	比较安静
0	听力开始（声强级的参考标准数值，并非没有声音）	

如果是多台机械同时工作，则工作环境的总分贝数可以如下估算：

①相近分贝数相加，总分贝数增加3，例如，90 dB+90 dB=93 dB。这表明声音每增加3分贝，噪声水平翻一倍。

②相差10 dB以上的两个分贝数相加等于大分贝数，例如，100 dB+90 dB=100 dB。

（二）噪声的危害

1. 噪声暴露

噪声对人体的影响取决于4个参数，即噪声级、噪声的频率构成、每天持续暴露在噪声中的时间和噪声的分布以及一生中暴露在噪声中的总时间。也就是说，对听力的损害取决于一个人所接收的总声能，因此，对噪声的估计需要考虑一个人暴露在噪声中的时间长短以及分贝数高低。

（1）连续暴露。如果每天连续8 h暴露在较为平稳的噪声中，那么分贝数不应超过90 dB。

139

（2）非连续暴露。如果每天连续 8 h 暴露在分贝数波动的噪声，那么可以将其换算成等效连续噪声分贝数，其数值仍不应该超过 90 dB。连续噪声分贝数可以看作一种理论噪声水平，其值用所接收到的实际声能换算。大致可以按照"分贝数增加 3 则暴露时间减半"的原则计算每天暴露的极限时间。例如，如果持续暴露在 93 分贝的噪声中，则每天工作时间应该减少为 4 h。

2. 噪声暴露的影响

人的听力系统是对噪声最敏感的系统，也是受噪声影响最大的系统。机械设备的噪声对听力的影响主要表现为听觉疲劳和噪声性耳聋。

（1）听觉疲劳。在噪声作用下，人的听觉敏感性会下降，表现为听阈提高（一般不超过 10~15 dB），但离开噪声环境几分钟后即可恢复，这种现象称为听觉适应，听觉适应有一定的限度。在强噪声的长期作用下，听阈提高 15 dB 以上，离开噪声后需要较长时间才能恢复，这种情况称为听觉疲劳。听觉疲劳初期尚可恢复，但再经强烈噪声的反复作用，则难以完全恢复，是耳聋的一种早期信号。

（2）噪声性耳聋。长期在噪声环境中工作产生的听觉疲劳，若不能及时恢复，将产生永久性听阈位移。当听阈位移达 25~40 dB 时，为轻度耳聋；当听阈位移达到 40~60 dB 时，为中度耳聋；长年在 115 dB 以上的高频噪声环境中工作，听阈提高超过 60~80 dB 时，为重度耳聋。

（3）系统影响。噪声除损害听觉外，还影响其他系统。对神经系统的影响的表现：以头痛和睡眠障碍为主的神经衰弱症状群，脑电图有改变（如节律改变、波幅变低、指数下降），植物神经功能紊乱等；心血管系统出现血压不稳（大多数为增高），心率加快，心电图有改变（窦性心律不齐，缺血型改变）；胃肠系统出现胃液分泌减少，蠕动减慢，食欲下降；内分泌系统出现甲状腺功能亢进，肾上腺皮质功能增强，性机能紊乱，月经失调等。

（4）心理危害。从心理方面来说，噪音会引起睡眠不好、注意力不集中、记忆力下降等症状，导致心情烦乱、情绪不稳、忍耐性降低、脾气暴躁等不良反应。

（三）噪声危害的防治

1. 降低噪声的方法

（1）降低生源噪声的措施。用噪声低的机械取代噪声高的机械，改进机械或工具的设计（如控制机器的转速、尽可能使用切削液等），调整生产过程，改进工艺方法，定期维护机器。

（2）降低噪声的传递。让人们远离噪声，把机器与人隔离或者把机器封闭起来，通过短时工作、轮换工作或加大休息间隔等降低人们暴露在噪声中的时间，戴上听觉防护器等。

2. 听觉防护器的种类与选用

选择合适的听觉保护器，能够为工作者提供适当保护。选择的依据主要是工作环境噪声的频率和声强级。

生产和生活中，常用的听觉防护器有耳塞和耳套两种。

（1）耳塞。耳塞是一种可反复使用的防护器，分为内、外耳塞。

①内耳塞是用软橡胶或塑料制成的小塞子，使用时放入耳道，需要经常清洗。其优点是价格低廉，缺点是密封效果较差。

②外耳塞是由矿物绒毛或浸过蜡的棉花制成，其优点是卫生、适合任意大小或形状的耳朵，隔音效果较好。

（2）耳套。耳套是一种密封在耳朵上并且系在头上的带软垫的硬罩。其优点是一种型号就适用于很多人，容易戴上和摘下，易于检测；缺点是耳朵被覆盖起来可能太热，体积大，携带不太方便。

（四）实习环境的噪声防止和人身保护

目前，国内大多数高校理工类的校内实习通常在实验室和实验车间里进行，而实验室和实验车间的噪声声强级差别很大，因此要做好相应的防护。

（1）实验室的噪声防止。一般情况下，实验室的噪声声强级大约为 60～70 dB。此时，噪声防止应从以下几个方面入手：①不要高声喧哗，尤其是多人讨论问题时，更要注意每个人的音量不要太大；②实验室要尽量降低使用仪器设备和通排风设备的噪声；③对已经产生的噪声，采用隔振板、隔声屏障等措施。

（2）实验车间的人身保护。同学们在实验车间学习，一般都是在冷加工设备（如车床、铣床、刨床等切削机床）和热加工设备（如冲床、锻压机等）上进行的，此时应特别注意自身保护。例如，佩戴听觉防护器耳塞或耳套；学会选择合理的加工方法和正确使用机床；实习结束后，立即关闭机床，离开操作场地。在管理方面，应保证学生在这类实习环境下，一天连续学习时间不得超过 4 个学时。

二、粉尘的危害及其控制

（一）粉尘与粉尘污染

粉尘是指把材料变为更小体积的过程中，产生的能够较长时间飘浮在空气中的固体微小颗粒。颗粒直径的大小用 μm 表示，1 μm=1/1000 mm。粉尘颗粒的体积大小变化很大，既可能用普通显微镜都看不到，也可能用肉眼就能直接看得到。粉尘无处不在，到处飞扬，例如，研磨、粉碎、爆炸等加工时，都会产生体积极小的固体微小粒子，这些微粒严重影响环境的质量和人们的身体健康，形成粉尘污染。

（二）粉尘的危害

粉尘侵入人体的途径主要有呼吸系统、眼睛、皮肤等，其中以呼吸系统为主要途径。粉尘同样会对机械的安全运行产生影响。

（1）粉尘化学毒性的危害。粉尘的化学成分可决定粉尘对人体损害的性质。例如，吸入含高浓度游离二氧化硅的粉尘，可引起矽肺；吸入石棉尘，可引起石棉肺及间皮瘤；吸入含铅、锰的粉尘，可引起相应的铅中毒及锰中毒。

（2）微细颗粒粉尘的危害。粉尘的颗粒尺寸用其直径的大小来表示，单位为 μm，颗粒尺寸也决定其危害程度。直径在 $1 \sim 2$ μm 左右的粉尘，可较长时间地悬浮在空气中，被人体吸入机会也更大，危害性相对更大。直径小于 15 μm 的粉尘颗粒称为可吸入性粉尘，直径小于 5 μm 的粉尘颗粒称为呼吸性粉尘，这些粉尘可达呼吸道深部和肺泡区。

目前我国各大城市采用的空气质量监控标准为 PM2.5，就是指城市大气中直径小于或等于 2.5 μm 的颗粒物，也称为可入肺颗粒物。日常发电、工业生产、汽车尾气排放等过程中，经过燃烧而排放的残留物是粉尘的主要来源，大多含有重金属等有毒物质。

（3）高浓度粉尘的危害。粉尘浓度是指单位体积空气中的粉尘数量，单位为 mg/m^3。尘肺的发展、发病率和病死率与粉尘浓度有密切关系。

（4）粉尘引发的爆炸危害。粉尘是固体物质的微小颗粒，它的表面积与相同重量的块状物质相比要大得多，故容易着火猛烈燃烧。如果悬浮在空气中的可燃物质的颗粒达到一定的浓度，形成爆炸性混合物，一旦遇到火星就可能引起迅速燃烧甚至爆炸。如煤粉、铝粉等，在空气中达到一定浓度极易产生爆炸。

在镁合金生产中，为避免工件表面遇到切削液发生氧化，常采用无切削液的干式切削。精加工时产生的细屑由于具有较大的面积/体积比，当镁粉颗粒累积达到一定浓度时，若车间内有静电或火花，则可能引起爆炸或起火燃烧。

（5）粉尘影响机械安全运行。粉尘引发机械加工车间的安全问题是多方面的。若粉尘颗粒进入机床主轴部件，极有可能划伤主轴表面、缩短主轴轴承使用寿命，造成主轴装夹不稳等问题。

例如，实习中同学们使用的车床，其主轴转速比较高，一旦出现主轴装夹不稳，就会使与主轴前端相连的三爪卡盘产生大的惯性离心力，这时，不但会降低工件加工精度，还有可能将工件甩出，造成安全事故。

又如，数控机床的系统主板、电源模块、伺服放大器等的电路板采用高度集成工艺，大都由多层印刷电路板复合而成，线间距离狭小，一旦金属粉尘颗粒进入，极易引起电路板故障。

（三）粉尘的种类

除按照颗粒尺寸分成 15 μm 以下的可吸入性粉尘和 5 μm 以下的呼吸性粉尘外，还可根据化学成分，将其分为有机粉尘和无机粉尘。

（1）有机灰尘。这类灰尘包括：动物性粉尘，如皮毛、骨等；植物性粉尘，如棉、麻等；人工粉尘，如农药、合成橡胶等。有机灰尘进入人体后，容易诱发多种疾病。例如，采集和加工棉花所产生的棉花屑，常导致支气管炎和肺气肿等疾病，潜伏期一般为 5 年，20 年后才能消除影响；加工某些有毒的木材（如西方红杉等）产生的木屑尘以及收集和加工羽毛产生的羽毛屑，都有可能导致咳嗽或急性哮喘的发生。

（2）无机灰尘。这类灰尘包括：矿物粉尘，如石英、石棉等；金属粉尘，如铅、铁、锰等；人工粉尘，如水泥、玻璃纤维等。导致肺部病变的粉尘有焊接和抛光时产生的粉红色氧化铁粉尘、游离的 SiO_2、石棉粉尘、铁尘、镉尘等，导致神经系统病变的粉尘有锰尘、铅尘、锌尘、水银尘等，导致肾功能疾病的粉尘有铅尘、镉尘等。

值得注意的是，目前的无机粉尘中危害较大的仍然是铅尘和石棉尘。铅尘是最主要的工业毒源之一，它除了对肾功能及神经系统产生危害外，还能破坏红细胞而造成贫血以及严重损害生殖系统。此外，石棉尘吸入肺部不仅会造成严重纤维化形成石棉肺，还有可能导致肺癌的发生。很多国家已经制订法规限制在建筑中使用石棉。

（四）粉尘防治措施

目前，粉尘对人造成的危害，特别是尘肺病尚无特异性治疗。因此，预防粉尘危害，加强对粉尘作业的劳动防护管理十分重要。

（1）材料替换。最佳方案是用无毒、无害的材料替代含毒性或含少量毒性的材料。例如，尽可能采用不含或含游离 SiO_2 低的材料代替含游离 SiO_2 高的材料。

（2）优化工艺。采用有效的生产工艺，例如，在工艺要求许可的条件下，尽可能采用湿法作业，以防止粉尘的形成或把粉尘控制到最低限度；尽量将手工操作变为机械化、自动化、遥控化操作，避免手工操作处理有毒物质。

（3）改进设备。尽量提高使用容器的密闭性能，同时加强排气通风设备的完善和维护。

（4）以人为本。

①操作者必须使用个人防尘用品，做好自身保护。例如，工作时必须穿着劳保服装，佩戴防尘口罩，做好必要的急救措施等。

②主管部门要加强检测和定期维护。例如，对作业环境的粉尘浓度实施定期检测，达到国家标准规定的允许范围；除尘系统必须加强维护和管理，使之处于完好、有效的状态；急救措施完善，实施得力。

（五）实习实验环境下的自我保护

同学们在实习中有可能遇到粉尘伤害的学习环境，集中在化学类、力学类、材料类以及工程训练等范围。以工程训练为例，粉尘伤害多发生在铸造、焊接、钳工和机械加工时。因此，希望同学们有针对性地学习和掌握相关的安全知识，做好安全保护。

思考题

1. 什么是机械安全？
2. 工程训练中的安全保护机制包含哪三个部分？
3. 机械会产生哪些危险？
4. 对机械设备的安全有哪些基本要求？
5. 机械加工实习中为什么要严格要求着装？
6. 车工、铣工、刨工、磨工、钻工实习中需要注意哪些安全规则？
7. 数控机床需要注意哪些安全操作规则？

8. 锻造、铸造、焊接工艺过程中需要注意哪些安全规则？

9. 噪声有哪些危害？

10. 粉尘是如何产生的？对人体有哪些危害？对机械设备有哪些危害？

参考文献

[1] 陈志刚，余志红，胡广霞. 现代工业安全 [M]. 北京：中国石化出版社，2010.

[2] 黄春新，刘建. 讲案例学安全·机械 [M]. 北京：中国劳动社会保障出版社，2010.

[3] 任凡，刘飞，李聪波，等. 机械加工粉尘问题的研究现状及体系结构框架 [J]. 中国机械工程，2011，22 (8)：994−1001.

第五章　生物类实验室安全与环境保护

【本章导读】

生物安全与环境保护是指对自然生物和人工生物及其产品对人类健康和生态环境可能产生的潜在风险的防范和现实危害的控制。本章通过对生物类实验室可能存在的安全隐患及防护措施的介绍，让学生了解并掌握必要的安全知识，树立自我保护意识。

本章主要学习要点：

（1）了解实验室实验生物存在的危害、传播途径和分级。

（2）熟悉生物类实验室的安全防护及分级，学会正确使用安全防护设备设施。

（3）了解生物安全实验室管理要求，增强预防生物伤害的自我保护意识。

（4）掌握生物安全危害的特性、发生的规律以及对社会生产、人类生活和环境保护的影响。

（5）运用所学知识来应对安全事故，具备自救和互救的常识和能力。

第一节　实验室生物安全概述

生物安全（bio-safety）与环境保护是指对自然生物和人工生物及其产品对人类健康和生态环境可能产生的潜在风险的防范和现实危害的控制。生物安全实验室是指具有一级隔离设施的、可实现二级隔离的生物实验室。一级隔离（primary barrier），也称一级屏障，是指操作对象和操作者之间的隔离，通过生物安全柜、正压防护服等防护设施来实现。二级隔离（second barrier），也称二级屏障，是指生物安全实验室和外部环境的隔离，通过建筑技术（如气密的建筑结构、平面布局，通风空调和空气净化系统、污染空气及污染物的过滤除菌和消毒灭菌直至无害排放）达到防止有害生物微粒从实验室逸散到外部环境的目的。世界各国均在不同程度上出现过生物安全问题，其中实验室病原微生物泄露造成的突发性公共卫生事件已成为国际社会生物安全的关注点。

一、实验室生物安全的现状与发展趋势

实验室生物安全与环境保护的概念始于 20 世纪 40 年代至 50 年代的美国，主要是对当时部分实验室意外事故原因进行了调查和分析，提出预防实验室感染可采取的对策，但该领域一直未能获得应有的关注度。继严重急性呼吸窘迫综合征（Severe Acute

Respiratory Syndrome，SARS）疫情在全球得到控制后，新加坡、中国台湾地区和北京相继发生 SARS 冠状病毒实验室感染事件，实验室生物安全才提上议事日程。实验室生物安全在我国一直处于相对落后的状态，尽早建立我国的生物安全管理体系，尤其是在生物安全实验室的建设和使用方面与国际接轨成为一项十分紧迫的任务。

（一）国际发展现状

科赫早在 1886 年曾发表过霍乱的实验室感染报告，可称得上是全世界第一个实验室生物安全方面的报告。1941 年 Meyer 等报道了美国实验室工作人员在处理微生物标本时，不慎吸入布鲁氏菌，发生了 74 例实验室相关的布鲁氏菌感染。1949 年 Sulkin 首次对实验室感染进行了系统调查，共发现了 222 例病毒感染，21 例死亡，其中仅 27％ 与已知的事故相关。在随后的近 30 年里，Sulkin 进一步扩大了调查范围，共调查了 5000 多个实验室，累计发现实验室相关感染 3921 例，有近 20％ 的感染病例与已知事故有关。对不明原因的实验室感染进一步分析发现，65％ 以上的感染是由微生物气溶胶引起的，这使人们认识到实验室内微生物培养或标本的处理过程中含菌尘粒的吸入是工作人员被感染的主要途径。气溶胶是悬浮于气体介质中粒径一般为 $0.001\sim1000\ \mu m$ 的固体、液体微小粒子形成的胶溶状态分散体系。气体介质称连续相，通常是空气；微粒或粒子称分散相，是多种多样的，成分很复杂，是气溶胶学研究的主要对象。分散相内含有微生物的气溶胶称为微生物气溶胶。

20 世纪 40 年代，美国为了研究生物武器，开始实施"气溶胶感染计划"，大量使用烈性传染病的病原体进行实验室武器化和现场试验。在从事此类研究的实验室中，实验室感染频频发生。20 世纪五六十年代，欧美国家就开始关注实验室生物安全问题，美国首先出现生物安全实验室，在一些发达国家，如英国、苏联、加拿大、日本等也相继建造了不同级别的生物安全实验室。

1974 年，美国疾病预防控制中心生物安全办公室出版了《基于危害程度的病原微生物分类》，该书在全球首次对可供人类研究的病原微生物和开展的相应的实验室活动按不同危险类别进行了分类，共分为四级，并将其作为本国从事病原微生物实验室工作的一般参考标准，得到了各国的推广和借鉴。

世界卫生组织一直认为生物安全是一个重要的国际性问题，可以指导实验室生物安全，减少实验室事故的发生。1983 年，WHO 出版了《实验室生物安全手册》（第一版），鼓励各国针对本国实验室安全实际情况处理病原微生物实验室管理工作，制定具体的操作规程，并为制定这类规程提供专家指导。1993 年，WHO 发布了该手册的第二版，由 7 个国家（美国、加拿大、俄罗斯、瑞典、英国、澳大利亚、苏格兰）和 WHO 的生物安全专家和官员编写而成。2002 年 WHO 又发表了第二版的网络修订版，2004 年正式发布了第三版。1993 年，美国 CDC/NIH 发布《微生物和生物医学实验室生物安全手册》第三版，1999 年发布了第四版，目前该手册已被国际公认为"金标准"。

（二）国内发展概况

我国实验室生物安全工作起步相对较晚。1987 年，为了研究流行性出血热的传播途径，军事医学科学院和天津一家生物净化公司合作修建了我国第一个国产三级生物安全防护水平（biosafety level 3，BSL-3）实验室，并制定了比较系统的操作规程。1993年，我国颁布了中华人民共和国建筑工程行业标准《科学实验建筑设计规范》（JGJ 91—93），该规范对有害微生物具体的危害等级进行了规定，分为高度危害性、中度危害性、低度危害性和微度危害性四个等级，是最早与实验室生物安全直接相关的规定。为了进一步规范我国实验室生物安全工作，2002 年 12 月，经卫生部批准并颁布了行业标准《微生物和生物医学实验室生物安全通用准则》（WS 233—2002），这是我国生物安全领域的一项开创性工作。该准则主要参考了美国 CDC/NIH 的《微生物和生物医学实验室生物安全手册》第三版，并结合多年国内的经验，在管理职责、人员要求、设施设备、病原微生物的危害性评估等实验室生物安全方面提出了具体要求。继卫生部之后，国家农业部委托兽医总站牵头，组织专家编写了兽医实验室的生物安全规范《兽医实验室生物安全通用标准》，并已颁布实施。

在"炭疽邮件事件"、SARS 疫情发生，特别是北京的 SARS 实验室感染事故发生后，我国实验室生物安全法律法规和技术规范的制定进入了快速发展的新阶段。《突发公共卫生事件应急条例》《传染性非典型肺炎病毒研究实验室暂行管理办法》相继发布，专门就实验室生物安全提出了要求。国家实验室认证认可委员会组织生物安全专家开始起草国家标准。2004 年 5 月，中华人民共和国质量监督检验检疫总局和中华人民共和国标准化管理委员会正式颁布了《实验室生物安全通用要求》（GB 19489—2004）。这是我国第一部关于实验室生物安全的国家标准。此后，2004 年 9 月，中华人民共和国建设部与国家质量监督检验检疫总局又联合发布了《生物安全实验室建设技术规范》（GB 50346—2004），提出了生物安全实验室建设的技术标准。2004 年 11 月，国务院公布施行了《病原微生物实验室生物安全管理条例》（第 424 号令），卫生部下发了《可感染人类的高致病性病原微生物菌（毒）种或样本运输管理规定》《人间传染的病原微生物名录》《人间传染的高致病性病原微生物实验室和实验活动生物安全审批管理办法》，农业部颁发《高致病性动物病原微生物实验室生物安全管理审批办法》，国家环境保护总局下达了《病原微生物实验室生物安全环境管理办法》，这些与《实验室生物安全通用要求》和《生物安全实验室建设技术规范》一起，构成了现阶段我国实验室生物安全的法律法规框架。

二、实验室生物安全的相关概念及术语

尽管人们很早就开始了实验室生物安全方面的调查和研究，但真正引起普遍重视还是在 SARS 疫情发生以后。人类对实验室生物安全的研究才刚刚起步，随着对实验室生物安全认识的不断加深，对合理使用生物安全实验室的方案也在不断优化。

（一）安全第一

安全是建造生物安全实验室的最直接目的。微生物气溶胶在一个实验室内产生后，可以通过气流转移到同一建筑物的其他地方，甚至污染整个建筑物的空气或环境。如果一个实验室的通风系统以 6~12 次/h 的频率换气，实验室内产生的微生物气溶胶就可以在 30~60 min 内随着通风系统的气流逃逸出去。布鲁菌属、Q 热立克次体、鹦鹉热衣原体和结核杆菌等病原体的大部分实验室感染暴发都是由感染性气溶胶泄漏所致的。需要在三级和四级生物安全实验室中操作的病原微生物都具有通过气溶胶泄漏，从呼吸道途径传播的可能性。因此，生物安全实验室建设中应避免一切不利于安全的设计，与生物安全有冲突的参数设计都应首先服从安全的要求，如净化要求、使用方便、节约和人性化设计等。

（1）围场操作。围场操作（enclose）是指操作有害生物因子时，用物理防护设备把感染性物质局限在一个尽可能小的空间内进行操作，避免生物因子对人体的暴露和污染环境，在围场内接触的空气和液体需经过处理后排放。在实验室内使用的生物安全柜等实验室设施均属此类设备。围场大小要适宜，以达到既保证安全，又经济合理的目的。目前，进行围场操作的设施设备往往组合应用了机械、气幕、负压等多种防护原理。

（2）有效拦截。在围场（包括生物安全柜和实验室）内接触的空气均视为被污染的有害物质，须经过高效空气粒子过滤器过滤或其他措施净化后方能排放，以保护环境。钠焰法效率不低于 99.9% 的空气过滤器为高效过滤器，其中效率不低于 99.9% 为 A 类高效过滤器，不低于 99.99% 为 B 类高效过滤器，不低于 99.999% 为 C 类高效过滤器。空气过滤方法简单、有效、经济实用。

（3）定向气流。定向气流（directional airflow）是指从污染概率小的区域流向污染概率大的区域的受控制气流。三级以上生物安全实验室内要求保持定向气流。定向气流包含三个方面的要求：首先，实验室周围的空气向实验室内流动，实验室内被污染的空气绝不能向外扩散，保证不让公众受到感染；其次，在实验室内部，清洁区的空气向操作区流动，保证没有逆流，以减少工作人员暴露的机会；最后，轻污染区的空气应向污染严重的区域流动。

（二）消毒灭菌

实验室生物安全的各个环节都少不了消毒灭菌技术的应用。实验完成后，在实验室污染区和半污染区的范围内，空气、水和所有物品表面（仪器）均被视为污染物，对人体有害，都要进行消毒灭菌处理，特别是对实验后的废液、器材和手套务必进行严格处理。废液废物在拿出实验室之前务必彻底灭菌。在实验完成后撤离实验室的过程中，每一步要经过有效消毒，确保无菌，严防有害因子泄漏。应注意根据生物因子的特性和消毒对象，选择有针对性的、有效的消毒灭菌方法，注意预先评估环境条件对消毒效果的影响。

（三）个人防护

由于屏障的作用不可能百分之百可靠，万一操作中有所疏漏，使病原微生物泄露到实验室环境中，对操作人员将是极大威胁，这就需要按要求做好个人防护。个人防护要适宜、科学，可根据医疗上三级防护的原则进行个人防护，其中一级防护用于一、二级生物安全实验室，二级防护用于三级生物安全实验室，三级防护用于四级生物安全实验室。

（四）严格管理

生物安全实验室必须按照《病原微生物实验室生物安全管理条例》严格管理，基本原则是对病原微生物实行分类管理，对实验室实行分级管理。高等级生物安全防护实验室建设必须获得国家认可，与人体相关的高致病性病原微生物实验活动必须通过卫生部批准，与动物相关的实验活动必须通过农业部批准。目前，各地方卫生行政部门也在积极研究和制定一、二级生物安全实验室建设与管理相应的法律法规，各实验室应按照属地化管理的原则遵守地方的相关规定。

（五）远离病原、预防为主

对在生物安全实验室开展的病原微生物实验活动，应采取"远离病原、预防为主"的原则，预先进行严格筛选。修建生物安全实验室是为了研究致病微生物或高致病性微生物，必要的实验必须在生物安全实验室内进行，但非必要的时候则尽可能少接触病原体或少进入生物安全实验室。例如，能在半污染区做的实验不进污染区，能在清洁区做的实验不进半污染区，进实验室 2 人能完成的不用 3 人，无关人员不进实验室等。

实验一旦确定开展，要在实验操作的各个环节做好充分准备。例如，实验室要使用经过生物和物理检测并且合格的生物安全柜、排风过滤器和高压蒸气灭菌器，确保达到零泄漏；对实验过程进行实时监测，发现问题及时采取预防和改正措施；使用实验室后及时进行净化处理和灭菌，不要存留废弃物，按照废弃物存留的时限及时处理；暂时不用而需要保存的菌（毒）种、培养物、标本应送到保藏机构保存；发现有实验室感染先兆时，要及时采取隔离治疗措施，严防出现二代病例。

第二节　实验生物存在的危害和分级

生物危害是指各种生物因子（biological agents）对人、环境和社会造成的危害或潜在危害。实验室生物危害是指在实验室进行科学研究的过程中，各种生物因子对实验人员造成的危害和对实验环境的污染。生物因子是指一切微生物及生物活性物质，有害的生物因子包括病原微生物、来自高等动植物的毒素和过敏源、来自微生物代谢产物的毒素和过敏源、转基因生物等。本节主要介绍病原微生物危害及实验动物危害这两类最常见的实验室生物危害。

一、病原微生物存在的危害

病原微生物研究对于人类控制疾病，特别是感染性疾病的诊治和预防均起到了重要作用。但是，几乎是伴随着人们开始在实验室从事病原微生物研究，实验室感染事件不断发生。早在 19 世纪末，就不断有实验室感染伤寒、霍乱、破伤风、布鲁菌病等的报道。1967 年 8 月，德国马尔堡镇的一名实验室工作人员突然发生高热、腹泻、呕吐、大出血，并伴有休克及循环系统衰竭，小镇的宁静从此被打破。当地病毒学家快速调查原因后发现，此症状同样出现在法兰克福和贝尔格莱德的两个实验室，而这三个实验室都曾经用过来自乌干达的猴子进行脊髓灰质炎疫苗等研究。在此次事件中，有包括实验室工人、医生在内的 37 人感染了这种未知的疾病，其中 1/4 的人死亡。3 个月后，德国专家们才找到了引起该疾病的罪魁祸首：一种由猴子传染给人类的新型危险病毒，并将其命名为马尔堡病毒。该病毒与埃博拉出血热病毒为同一家族，却比埃博拉病毒毒性更强。1976 年，Sulkin 和 Pike 报告了 3921 例实验室获得性感染病例，其中不到 20％与已知事故有关，80％以上可能是由微生物感染性气溶胶引起的。

（一）病原微生物危害评估

病原微生物的危害评估是指对实验微生物及其产物可能给人或环境带来的危害进行评估。对微生物进行危害评估是选择适当防护水平进行微生物学实验研究的重要依据，是实验室生物安全的重要保障。根据微生物危害评估的结果，我们可以确定进行微生物操作的生物安全实验室（biological safety laboratory）的防护级别，并制定相应的操作规范、实验室管理制度和紧急事故处理预案等，以保障实验室的生物安全及实验活动的顺利进行。因此，在建设或使用具有传染性或潜在传染性材料的实验室之前，必须进行微生物危害评估。进行微生物危害评估最有用的工具之一就是明确微生物的危害等级。

（1）病原微生物危害程度的分级依据。病原微生物危害类别的高低是依据病原微生物感染个体和群体后可能产生的相对危害程度来划分的。病原微生物的危害程度分级主要考虑微生物的致病性、微生物的传播途径、微生物的稳定性、微生物的浓度、微生物的宿主范围、实验室操作、当地所具备的有效预防及治疗措施等因素。

（2）我国对病原微生物危害程度的分级标准。据中华人民共和国第 424 号国务院令《病原微生物实验室生物安全管理条例》，我国将病原微生物分为四类：第一类病原微生物，是指能引起人类或者动物非常严重疾病的微生物，以及我国尚未发现或者已经宣布消灭的微生物。第二类病原微生物，是指能引起人类或者动物严重疾病，比较容易直接或间接在人与人、人与动物、动物与动物之间传播的微生物。第三类病原微生物，是指能引起人类或者动物疾病，但一般情况下对人、动物或环境不构成严重危害，传播风险有限，实验室感染后很少引起严重疾病，并具备有效治疗和预防措施的微生物。第四类病原微生物，是指通常情况下不会引起人类或者动物疾病的微生物。它们中绝大多数由于种系屏障不感染人类，如某些对人不致病的动物病毒、大肠埃希菌等。

第一类及第二类病原微生物统称高致病性病原微生物。高致病性病原微生物的实验活动必须在防护级别较高的 BSL-3 和 BSL-4 实验室内才能进行。

（3）国外对病原微生物危害程度的分级标准。

①WHO 的分级标准。在 2004 年颁布的《实验室生物安全守则》中，WHO 对微生物危害的评价标准和等级划分与我国的《实验室生物安全通用要求》（GB 19489—2008）基本一致，危害程度由 1 级到 4 级逐级递增。

危险度 1 级（无或极低的个体和群体危险），是指不太可能引起人和动物疾病的微生物。

危险度 2 级（个体危险中等，群体危险低），是指能引起人和动物发病，一般情况下对实验室工作人员、社区、牲畜或环境不易造成严重危害的微生物。这类微生物的实验室暴露可能会引起严重感染，但已具备有效的预防和治疗措施，且感染的传播风险有限。

危险度 3 级（个体危险高，群体危险低），是指能引起人和动物的严重疾病，但一般不会发生感染个体向其他个体传播的微生物。对该类微生物引起的感染已具备有效的预防和治疗措施。

危险度 4 级（个体和群体的危险均高），是指通常能引起人和动物的严重疾病，且很容易发生个体之间的直接和间接传播的微生物。对该类微生物引起的感染一般缺乏有效的预防和治疗措施。

②美国 CDC/NIH 的分级标准。美国 CDC/NIH《微生物和生物医学实验室生物安全》中将病原微生物危害分为以下 4 级：

BSL-1 级病原微生物，是指不会经常引起健康成年人疾病的微生物。

BSL-2 级病原微生物，是指可因皮肤伤口、吸入、黏膜暴露而感染人体的病原微生物。

BSL-3 级病原微生物，是指可通过气溶胶传播、能导致严重后果或危及生命的内源性和外源性病原微生物。

BSL-4 级病原微生物，是指对生命有高度危险的外源性病原，或未知传播危险的有关病原。

③澳大利亚和新西兰的分级标准。根据病原微生物的危害程度，将病原微生物分为以下四类：

第一类病原微生物，是指不太可能给健康人群、动植物带来疾病的微生物。

第二类病原微生物，是指可能给人类、动植物带来疾病，但对实验室工作人员和环境危害不大的病原体。实验室暴露可能会引起感染，但具备有效的预防和治疗措施，且传播风险有限。

第三类病原微生物，是指能给人类、动植物带来严重疾病，并可以给实验室工作人员及环境带来较大危害，但通常能找到有效的预防措施和治疗手段的病原体。

第四类病原微生物，是指能给人类、动植物带来严重疾病，并可以给实验室工作人员及环境带来较大危害，且不能找到有效预防措施和治疗手段的病原体。

（二）病原微生物危害的主要途径

病原微生物危害的传播途径包括自然传播途径及实验操作所致的非自然传播途径。病原微生物可通过空气、水、食物、母婴、血液、接触、虫媒和土壤等自然途径传播，也可通过实验操作过程中吸入含病原体的气溶胶、经口摄入病原体、被污染的针或刀片刺伤或割伤、动物或昆虫的咬伤或抓伤以及病原体经皮下或黏膜透入等非自然途径传播。常见病原微生物危害的主要传播途径见表5-1。

表5-1　病原微生物危害的主要传播途径

病原微生物	主 要 传 播 途 径			
	吸　入	食　入	黏膜接触	接触动物
布鲁菌属	+	+	+	+
土拉热弗兰西丝菌	+	+	+	+
结核分枝杆菌	+	－	+	－
伤寒沙门菌	－	+	+	－
其他沙门菌	－	+	+	+
炭疽芽孢杆菌	+	+	+	+
霍乱弧菌	－	+	+	－
鼠疫耶尔森菌	+	+	+	－
衣原体属	+	?	+	?
立克次体属	+	－	+	+
钩端螺旋体	+	+	+	－
汉坦病毒	+	+	+	+
乙型和丙型肝炎病毒	－	－	+	－
狂犬病毒	+	－	+	+
淋巴细胞性脉络丛脑膜炎病毒	+	+	+	+
猴B病毒	－	－	+	+
委内瑞拉马脑炎病毒	+	－	+	+
马尔堡病毒	－	－	+	－
埃博拉病毒	－	－	+	+
人类免疫缺陷病毒	－	－	+	－
荚膜组织胞浆菌	+	－	+	+
粗球孢子菌	+	－	+	+
新型隐球菌	+	－	+	+

同一种病原微生物可以有一种以上的传播途径，同一传染病在不同病例中的传播途

径也可以不同。在实验微生物危害的传播途径中，最常见的就是暴露于微生物感染性气溶胶。

1. 病原微生物气溶胶的种类

悬浮于气体介质中粒径为 $0.001\sim1000\ \mu m$ 的固体、液体微小粒子形成的溶胶状态分散体系总称气溶胶（areosol）。病原微生物实验室产生的微生物气溶胶主要有气沫核气溶胶和粉尘气溶胶两大类。

（1）气沫核气溶胶。外力作用于含有微生物的液体（如液体标本或培养基），可形成分散于空气中的细小颗粒，颗粒中的水分迅速蒸发后，留下核心的颗粒悬浮于空气中，就形成了气沫核气溶胶。

（2）粉尘气溶胶。外力作用于干燥的培养物，或干结的带有微生物的硬壳、皮毛或毛发碎屑，或沉降在物体表面或地面的灰尘等，可形成悬浮于空气中的微小颗粒，即粉尘气溶胶。

这两类气溶胶对实验室工作人员都具有一定程度的危害性，危害程度取决于微生物本身的毒力、气溶胶的浓度、气溶胶的粒子大小以及实验室的局部气候条件等。

2. 实验室微生物气溶胶的产生

实验室中的许多操作过程都可以产生微生物气溶胶。有人曾对 276 种实验操作进行了测试，发现其中 239 种操作可产生不同程度的微生物气溶胶，占全部操作的 86％以上。

微生物实验室中，像搅拌、研磨、振荡、吹打、离心、超声破碎等常规操作均会产生大量的微生物气溶胶。还有一些操作也会产生微生物气溶胶，例如，液体薄膜突然破裂可产生气溶胶，将烧热的接种环放入菌液也会激起微生物颗粒形成气溶胶。就是在人们认为没有微生物气溶胶感染危险的某些操作中，危险依然存在，例如，振荡混匀置于密闭培养瓶中的菌液或病毒液后，将培养瓶静置，产生的气溶胶可在空气中持续存在 1 h 左右。

实验室中的静电排斥作用在一定条件下也可产生气溶胶，而带静电的物体（如塑料器皿）由于可以吸附空气中的微生物颗粒，污染程度通常比不带静电的器皿高。一些在自然环境中繁殖的微生物，一旦进入实验室的空调系统或通风系统，或污染了空调的冷凝水，就可形成更为广泛的微生物气溶胶，如军团菌气溶胶的形成。

气溶胶进入空气后，一部分降落在物体表面，另一部分水分被蒸发后，剩下直径小于等于 5 μm 的液滴核仍悬浮于空气中。这些含有病原微生物的液滴核经呼吸道进入人的肺泡而感染。除了结核分枝杆菌这类典型的经空气传播的病原菌外，自然条件下非经空气传播的病原菌体也在实验室条件下发生空气传播的感染事件。操作严重污染的或大体积的液体，可导致吸入过量的细菌，增加发生感染的可能性。

研究表明，常规的玻片凝集实验、火焰上烧灼接种环、颅内接种、鸡胚接种或抽取培养液等操作，一次可产生少于 10 个颗粒的气溶胶；实验动物尸体解剖、用乳钵研磨动物组织、离心沉淀后注入或混悬毒液、细菌接种、打开培养容器的螺旋瓶盖、摔碎带有培养物的培养皿等操作，一次可产生 11～100 个颗粒的气溶胶；而离心管破裂、打开或打碎干燥菌种安瓿、搅拌后立即打开搅拌器盖、注射器针尖脱落喷出毒液、小白鼠鼻内接种等操作，一次可产生 100 个颗粒以上的气溶胶。显然，一次能产生大量微生物气溶胶的操作危害程度更大，但那些一次操作产生的微生物气溶胶较少，却需要反复多次重复的操作，也可以在短时间内产生大量微生物气溶胶，对实验室工作人员的危害也是较大的。

3. 微生物气溶胶的感染特点

实验室中产生的微生物气溶胶，可随空气扩散污染实验室空气，工作人员吸入被污染的空气，便可引起实验室获得性感染。微生物气溶胶感染具有以下特点：

（1）微生物气溶胶可随空气的流动进入密闭的、没有无空气过滤装置的空间，造成污染的空间和面积效应均较大。

（2）呼吸道吸入微生物气溶胶的易感性明显高于其他感染方式。

（3）气溶胶吸入可同时造成大量人群感染，且在临床上可能引起非典型症状，容易误诊并延误治疗。

（4）呼吸道吸入气溶胶感染的防治比较困难。

（三）实验室常见病原微生物的危害

据报道，大部分实验室获得性感染是由细菌（43％）引起的，其次是病毒（27％）和立克次体（15％）。最常见的实验室获得性细菌感染是布鲁菌属、土拉热弗兰西丝菌、结核分枝杆菌、伤寒沙门菌、衣原体和立克次体，36％的实验室获得性病毒感染是肝炎病毒和汉坦病毒，50％以上的实验室获得性真菌感染是荚膜组织胞浆菌和粗球孢子菌。

1. 布鲁菌属 （Brucella）

布鲁菌属是人兽共患传染病的病原体，可经皮肤、黏膜、眼结膜、消化道、呼吸道等不同途径感染人体引起布鲁菌病。该病是最常见的实验室获得性细菌感染之一，其中的羊布鲁菌、牛羊布鲁菌、猪羊布鲁菌和犬羊布鲁菌都曾在实验室人员中引起感染。

（1）实验室危害：布鲁菌引起的实验室获得性感染大多发生在研究机构，主要与接触了大量生长的布鲁菌有关。该病原体可存在于血液、脑脊液、尿液和精液中。实验操作过程中产生的气溶胶是该菌主要的潜在危害，经口吸入、意外的胃肠道外接种以及培养物溅入眼、口、鼻等也能导致实验室感染的发生。

（2）预防措施：操作含有或可能含有致病性布鲁菌的人或动物标本时，建议采用BSL－2级水平的操作技术及防护设施；对于致病性布鲁菌培养物的所有操作，建议采用 BSL－3 级水平的操作技术及防护设施；使用致病性布鲁菌进行动物实验研究时，建议采用动物 BSL－3 级水平的操作技术及防护设施。目前尚无可用于人类的布鲁菌疫苗。

2. 土拉热弗兰西丝菌 （Francisella tularensis）

土拉热弗兰西丝菌的主要存储宿主是家兔、野兔以及鼠类等啮齿动物，人类可经直接接触、动物咬伤、节肢动物叮咬、食入被污染食物或呼吸道感染等途径引起土拉热。

（1）实验室危害：土拉热曾经是最常见的实验室获得性细菌感染之一。几乎所有感染病例均发生在进行土拉热研究的机构，个别病例与处理自然或实验室感染的动物及其他寄生物有关，临床实验室也曾发生过土拉热感染病例。

该病原体可存在于感染动物的伤口渗出液、呼吸道分泌物、脑脊液、血液、尿液和组织中，也存在于受感染节肢动物的体液中。皮肤和黏膜直接接触感染性物质、意外的胃肠道外接种、摄入以及暴露于传染性气溶胶和飞沫中都会对实验人员造成危害。土拉热弗兰西丝菌引起的实验室获得性感染中，与培养物相关的感染比与临床标本和实验动物相关的感染更为常见。

（2）预防措施：操作含有或可能含有土拉热弗兰西丝菌的人或动物标本时，建议采用 BSL－2 级水平的操作技术及防护设施；对于土拉热弗兰西丝菌的培养操作，建议采用 BSL－3 级水平的操作技术及防护设施；使用土拉热弗兰西丝菌进行动物实验研究时，建议采用动物 BSL－3 级水平的操作技术及防护设施。

对于操作感染性物质或受感染的啮齿类动物的工作人员，建议考虑接种疫苗；对于研究该病原体及其感染动物的工作人员，包括所有培养该病原体和饲养其感染动物的实验室工作人员及进出的人员，建议接种疫苗。

3. 结核分枝杆菌（*Mycobacterium tuberculosis*）

结核分枝杆菌是人类结核病的病原体，可通过呼吸道、消化道或皮肤损伤等途径侵入机体，引起全身各器官、组织的相应的结核病，但以肺结核最为常见。

（1）实验室危害：已证实结核分枝杆菌感染对实验室人员以及可能暴露在实验室感染性气溶胶中的人员是一种危害。据报道，进行结核分枝杆菌操作的实验人员的结核病的发病率比其他人群高 3 倍，普通人群每年结核菌素转阳率不到万分之三，而进行相关操作的实验人员每年结核菌素转阳率可达千分之七。

该菌主要存在于痰液、胃灌洗液、脑脊液、尿液等各种临床标本中，也存在于被污染的操作台、器械、仪器等的表面。结核分枝杆菌可在加热固定的涂片中存活，也可在制备冷冻切片和操作液体培养物的过程中被气雾化。由于结核分枝杆菌的主要感染途径为呼吸道，且对人体的感染剂量较低（$ID_{50}<10$ 个细菌），暴露于感染性气溶胶中是该病原体最主要的实验室危害。一般情况下，取自可疑或已知结核病例的痰液及其他临床标本均应视为具有传染性，处理时须采取适当的预防措施。

（2）预防措施：操作不产生结核分枝杆菌气溶胶的临床标本时，建议采用 BSL－2 级水平的操作技术及防护设施；所有可能产生结核分枝杆菌气溶胶的实验操作必须在一级或二级生物安全柜内进行；对于结核分枝杆菌的培养操作以及使用自然感染结核分枝杆菌的非人灵长类动物进行的研究，建议采用 BSL－3 级水平的操作技术及防护设施；使用豚鼠或小鼠进行结核分枝杆菌动物实验研究时，建议采用动物 BSL－2 级水平的操作技术及防护设施。

对于以前皮肤 OT 试验为阴性的实验室工作人员，建议用 PPD 纯蛋白衍生物再进行皮肤试验，作为疾病监测的手段。卡介苗可作为疫苗使用，但一般不建议常规用于实验室工作人员。

4. 伤寒沙门菌（*Salmonella typhi*）

伤寒沙门菌是引起人类伤寒热的病原体，主要通过消化道途径引起感染。

（1）实验室危害：文献证实伤寒沙门菌曾多次造成实验室工作人员感染伤寒热。该病原体可存在于粪便、血液、胆汁和尿液中，人类是唯一已知的传染源。摄入和胃肠道外接种是该菌主要的实验室危害，暴露于气溶胶中能否引起感染尚不清楚。

（2）预防措施：操作含有或可能含有伤寒沙门菌的临床标本和培养物时，建议采用 BSL－2 级水平的操作技术及防护设施；对于涉及"生产数量或浓度"的培养物的工作以及产生气溶胶可能性较高的实验操作，建议采用 BSL－3 级水平的操作技术及防护设施。对于经常操作感染性临床标本和培养物的实验人员，建议接种伤寒沙门菌疫苗。

5. 志贺菌属（*Shigella*）

志贺菌属是人类细菌性痢疾的病原菌，灵长类动物也是其天然宿主。志贺菌的传播途径为消化道，人类易感染该菌。

（1）实验室危害：已有文献报道，志贺菌可造成实验人员感染细菌性痢疾，仅在美国和英国就有数十例报告。实验室感染的豚鼠、其他啮齿类动物和非人灵长类动物也是其传染源。

该菌主要存在于受感染的人和动物粪便中，极少存在于血液中。摄入及胃肠道外接种是该菌主要的实验室危害。人类经口感染福氏志贺菌的 $ID_{25\sim50}$ 大约是 200 个。目前尚不清楚暴露在气溶胶中能否引起感染。

（2）预防措施：操作具有或可能具有传染性的临床样本或培养物时，建议采用 BSL－2 级水平的操作技术及防护设施；进行自然感染或实验室感染动物的研究时，建议采用动物 BSL－2 级水平的操作技术及防护设施。

6. 炭疽芽孢杆菌（*Bacillus anthracis*）

炭疽芽孢杆菌主要是食草动物（牛、羊、马等）炭疽病的病原菌，可经多种方式传播，引起人类皮肤炭疽、肠炭疽和肺炭疽，并可能引起炭疽性败血症或炭疽性脑膜炎，死亡率极高。

（1）实验室危害：已有多例实验室感染炭疽病的报道，主要发生在研究炭疽的机构。1979 年 4 月，苏联设在叶卡捷琳堡的一个微生物中心的地下试验场在试验武器时发生了事故，导致炭疽芽孢杆菌气溶胶意外泄漏，造成严重的吸入性炭疽爆发，感染了方圆 50 公里内的动物。2011 年 3 月法新社报道，法国食品卫生安全署的 6 名工作人员在做动物病体实验时，意外感染致命性炭疽病菌。

该病原体可存在于血液、伤口渗出物、脑脊液、胸水和痰液中，极少存在于尿液和粪便中。完整或破损的皮肤直接和间接接触炭疽芽孢杆菌培养物及污染的实验操作平台、意外的胃肠道外接种以及接触到有传染性的气溶胶，都会对实验人员造成危害。自然及实验感染的动物也会对实验人员及动物饲养员造成潜在威胁。另外，由于该菌可能会被用于生物恐怖活动，任何操作炭疽芽孢杆菌的工作都要求特殊的安全考虑。

（2）预防措施：在含有或可能含有炭疽芽孢杆菌的临床标本的实验操作和感染性培养物的定量诊断中，建议采用 BSL－2 级水平的操作技术及防护设施；在使用实验室感染的啮齿类动物进行研究时，建议采用动物 BSL－2 级水平的操作技术及防护设施；对于涉及"生产数量或浓度"的培养物的工作以及产生气溶胶可能性较高的实验操作，建议采用 BSL－3 级水平的操作技术及防护设施。

除了经常操作临床样本或培养物的人员外，不推荐对所有实验室人员进行免疫。但是在动物疾病诊断试验室，建议对操作该病原体及其受感染动物的所有人员，包括培养物处理间的工作人员进行免疫。

7. 衣原体（*Chlamydia*）

衣原体是一类有独特发育周期的原核细胞型微生物，广泛寄生于人类、哺乳动物及禽类中，但仅有沙眼衣原体（*C. trachomatis*）、鹦鹉热衣原体（*C. psittaci*）、肺炎衣原体（*C. pneumoniae*）等少数种类能引起人类沙眼、泌尿生殖道感染和呼吸道感染等。

（1）实验室危害：1960 年以前，鹦鹉热是最常见的实验室获得性感染，且死亡率最高，主要原因是在处理、饲养自然或实验室感染的鸟类或者对其进行尸检时接触或暴露在传染性气溶胶中。另外，沙眼和性病淋巴肉芽肿也曾经是最常发生的实验室相关性细菌感染。

（2）预防措施：操作含有或可能含有鹦鹉热衣原体或沙眼衣原体的组织或培养物，以及对受感染的鸟类进行尸检时，建议采用 BSL－2 级水平的操作技术及防护设施；在研究自然或实验室感染的鸟类时，建议采用动物 BSL－2 级水平的操作技术及防护设施；对于产生气溶胶或飞沫可能性较高的实验操作及涉及"生产数量或浓度"感染性物质的工作，建议采用 BSL－3 级水平的操作技术及防护设施。对鸟类进行尸检前，建议用清洁剂和消毒剂打湿感染鸟类的羽毛，以降低鸟的羽毛和体表污染的粪便及鼻分泌物形成气溶胶的危险性，并戴手套进行操作。目前，尚无可用于人类的鹦鹉热衣原体及沙眼衣原体疫苗。

8. 立克次体（*Rickettsiae*）

立克次体是一类严格细胞内寄生的原核细胞型微生物，以人虱、鼠蚤、蜱或螨等节肢动物为传播媒介，可引起斑疹伤寒、Q 热、洛基山斑点热、恙虫病等立克次体病。

（1）实验室危害：贝纳柯克斯体（*Coxiella burnetii*）是引起 Q 热的病原体，也是最容易引起实验室获得性感染的立克次体。该病原体传染性强，单个即可能引起实验动物致病，人类感染的 $ID_{25\sim50}$ 约为 10 个病原体。多个研究机构都曾爆发过实验室获得性 Q 热。斑疹伤寒也是立克次体引起的常见实验室获得性感染之一，文献曾报道了 57 例实验室获得性斑疹伤寒，其中多数病例与在开放性实验台上处理感染性物质有关。另外，洛基山斑点热被证实也会对实验室工作人员的安全构成威胁，曾报道的 63 例实验室洛基山斑点热感染病例中，有 11 例死亡。Oster 报告某实验室 6 年期间发生了 9 例洛基山斑点热感染，推测与吸入感染性气溶胶有关。

单纯的立克次体在外环境中生存能力较弱，主要存在于受感染的人或哺乳动物的血液、尿液、粪便、奶及组织中，也存在于某些节肢动物体内。该病原体是专性细胞内寄生的原核微生物，只能在鸡胚或细胞内繁殖，培养、提纯过程较为复杂。在实验操作中，立克次体意外从胃肠道外途径进入人体或吸入感染性气溶胶导致感染。

（2）预防措施：对无须进行立克次体培养的实验（如血清学检测、涂片染色等），建议采用 BSL－2 级水平的操作技术及防护设施；当进行立克次体的培养纯化、感染动物的尸检以及处理受污染的组织时，建议采用 BSL－3 级水平的操作技术及防护设施；对除节肢动物以外的实验室相关感染动物的饲养、管理，建议采用动物 BSL－2 级水平的操作技术及防护设施；研究自然感染或实验室感染了可致人类立克次体病的啮齿类动物时，建议采用动物 BSL-3 级水平的操作技术及防护设施。

Ⅰ期 Q 热疫苗已由美国军事医学研究所研发，其他立克次体疾病尚无有效疫苗。立克次体感染早期抗体治疗效果明显，建议研究立克次体的实验室应建立一套有效的监测制度，随时报告实验人员出现的发热情况，以便及时诊断和治疗。

9. 肝炎病毒（*Hepatitis virus*）

肝炎病毒是指以侵犯肝脏为主并引起病毒性肝炎的一组不同种属的病毒，目前公认的人类肝炎病毒有甲、乙、丙、丁、戊五型。其中，甲型肝炎病毒和戊肝炎病毒的主要传播途径是粪-口途径，其他三型肝炎病毒主要经血源途径传播，也可通过母婴垂直传播。

（1）实验室危害：甲型肝炎病毒和戊型肝炎病毒对实验室人员的威胁并不严重。乙型肝炎是最常发生的实验室获得性感染之一，从事乙型肝炎病毒相关研究的实验室人员属于高危人群。乙肝感染者的血液及其血液制品、尿液、精液、脑脊液及唾液中均可能含有乙型肝炎病毒，在凝固的血液或某些血液成分中该病毒可存活数天，其最常见的实验室感染方式是注射、黏膜接触及创伤感染。丁型肝炎病毒是一类缺陷病毒，只有在乙型肝炎病毒存在的情况下才能复制，因此，感染了乙型肝炎病毒的人更易感染丁型肝炎病毒。实验室中也可感染丙型肝炎病毒，该病毒只能在血液和血清中检测到，唾液中检出率较低，尿液或精液中罕见，甚至可能完全没有。

（2）预防措施：处理人或其他非人灵长类动物的可疑粪便标本、体液或组织标本时，建议采用 BSL-2 级水平的操作技术及防护设施；接触病毒感染的灵长类动物时，建议采用动物 BSL-2 级水平的操作技术及防护设施，饲养员应戴手套，并采取适当的预防措施；大量制备、浓缩病毒或进行可能引起液体飞溅物或形成感染性气溶胶的操作时，建议采用 BSL-3 级水平的操作技术及防护设施。强烈推荐实验室工作人员接种乙肝疫苗。

10. 汉坦病毒（*Hantaan virus*）

汉坦病毒是引起人类出血热的病原体，目前至少有 6 个不同的型别。该病毒的主要存储宿主和传染源为啮齿类动物，可通过动物源性途径（包括呼吸道、消化道、创伤途径）感染人类，也可通过胎盘传播和虫媒传播。汉坦病毒可引起两种类型的急性出血热综合征：一种是以发热、出血、肾功能损害和免疫功能紊乱为突出表现的肾综合征出血热（Hemorrhagic Fever Renal Syndrome，HFRS），另一种是以肺浸润、肺间质水肿、呼吸窘迫为突出表现的汉坦病毒肺综合征（Hantavirus Pulmonary Syndrome，HPS）。

（1）实验室危害：已证实通过气溶胶感染汉坦病毒的危险性较大，尤其是啮齿类动物的尿液容易形成气溶胶。接触啮齿类动物的排泄物、新鲜尸检组织、动物饲养垫料、黏膜或破损的皮肤接触到污染组织以及被感染动物咬伤等均具有感染的可能性。尚不清楚节肢动物是否能传播汉坦病毒，也未见人与人直接传播的报道。

（2）预防措施：实验室处理可疑患者的血清及其他体液时，建议采用 BSL-2 级水平的操作技术及防护设施，并在符合标准的生物安全柜内进行，以免样品溅出或形成气溶胶；处理可能带毒的组织样品、实验动物血清时，应在符合 BSL-2 级标准的设施中进行，并按 BSL-3 级标准进行规范操作；大量培养病毒、制备病毒浓缩物时，应在符合 BSL-4 级标准的防泄漏专用设施内进行；对于排泄物中不含病毒的实验室相关感染啮齿类动物的饲养、管理，建议采用动物 BSL-2 级水平的操作技术及防护设施；所有涉及将病毒接种到实验动物体内的操作，应采用 BSL-4 级水平的操作技术及防护设施。

二、实验动物存在的危害

实验动物作为重要研究手段，被广泛应用于生命科学研究的各领域，越来越多的研究者使用动物进行艾滋病、病毒性肝炎、流行性出血热、狂犬病、鼠疫等烈性传染病的研究。动物感染实验从接种病原体到实验结束，要经历给动物喂食、给水、更换垫料及笼具等操作，这些操作中若遇到病原体随动物尿粪、唾液等排出，就存在感染性气溶胶不断扩散到环境中的危险；解剖动物时，实验者还存在接触到在动物体液和脏器中已繁殖病原体的危险；进行动物实验还存在动物咬伤、注射或手术创伤而被感染的危险等。1949 年，Sulkin 和 Pike 总结了 222 例实验室获得性病毒感染病例，其中至少 1/3 的感染原因与操作传染性动物和组织有关。表 5-2 列举了部分已报道的由实验动物感染引发的实验室获得性感染病例。

表 5-2　实验动物感染引发的实验室获得性感染病例

疾病名称	感染的可能来源	感染病例数
病毒性出血热	啮齿类动物排泄物形成的气溶胶	113
淋巴细胞性脉络丛脑膜炎	感染地鼠和处理传染物	58
水泡型口炎	处理感染动物	54
Q 热	动物尘埃或感染地鼠	50
鼠伤寒	小鼠鼻腔接种	18
类牙巴病	处理感染猴	20
类丹毒	解剖马匹	13
鹦鹉热	鹦鹉传染	11
钩端螺旋体病	处理感染小鼠	8
土拉热	解剖啮齿类动物	6

（一）实验动物的健康分级

按照对携带微生物的控制程度，国际上通常将实验室动物分为普通动物（CV）、无特定病原体动物（SPF）及无菌动物（GN）3 级。在参照国际标准的基础上，我国在《实验动物寄生虫学等级及监测》（GB 14922，1—2001）和《实验动物微生物学等级及监测》（GB 14922，2—2001）中将实验动物分为以下 4 级：

（1）普通动物（conventional animals，CV）是指不携带所规定的人兽共患寄生虫及人兽共患病原和烈性传染病病原的动物。CV 级动物因微生物控制标准低、动物质量差，以及在实验研究中动物敏感性较低等，实验结果常常不准确。在慢性实验过程中，CV 级动物死亡率高也容易导致实验失败。CV 级动物主要用于教学实验及某些实验研究的预实验，但一些大型的普通实验动物，如地鼠、豚鼠、犬、猴等，目前仍广泛应用于各种科学实验、生产活动及检验工作中。

（2）清洁动物（clean animals，CL）是指除普通动物应排除的寄生虫及病原外，不携带对动物危害大和对科学实验干扰较大的寄生虫及病原的动物。国际上普遍认为 CL 级动物是按照微生物控制要求质量最低的动物，常称其为清洁普通级动物。CL 级动物也主要适用于短期实验或一般性的预实验。

（3）无特定病原体动物（specific pathogen free animals，SPF）是指除普通动物、清洁动物应排除的寄生虫及病原外，不携带主要潜在感染或条件致病和对科学实验干扰较大的寄生虫及病原的动物。SPF 级动物是目前普遍使用的标准实验动物，广泛用于生命科学研究的多个领域。

（4）无菌动物（gnotobiotic animals，GN）是指无菌可检出的一切生命体。这种动物体内排除了各种微生物的干扰，对于科学实验研究能够得出较准确、可靠的结果，且可用于研究机体和某种特定微生物之间的相互关系，已成为良好的动物模型。

（二）实验动物危害的主要途径

常见实验动物危害的感染方式包括吸入含病原体的气溶胶、动物造成的损伤以及动物的破坏和逃逸等。

（1）气溶胶。感染动物释放的气溶胶是造成动物实验室感染的主要原因。动物实验过程中，感染动物除了能释放微生物气溶胶以外，还会产生动物性气溶胶。

（2）动物损伤。在动物安全实验室接触感染动物时，虽然有常规的个人防护措施，但还是有可能会遇到与之相关的意外伤害，如实验动物的抓伤、咬伤或踢伤等。因此，要求实验室工作人员应在所从事的动物处理工作方面接受专业训练，并具有一定经验，还应熟悉动物的生活习性和潜在危害，并且要求配备适当的能防护自身的工作服和仪器设备。

（3）动物的破坏和逃逸。饲养中的动物可能会将接种的病原体通过呼吸道、粪便或尿液等途径排出体外而污染实验室环境。如果实验人员防护和操作不当，也可能会接触到污染物而被感染。实验中的废弃物、动物尸体和排放液体等，如果未能得到有效处理，也会扩散到实验室外而污染环境，对人类造成危害。感染动物如果逃离实验室，可能会将病原微生物播散到环境中，并传染给其他野生动物。一些科学家还利用野外捕捉到的野生动物进行实验，这些野生动物可能携带有对人类产生严重威胁的人兽共患病原体，如果不得到有效控制，势必会引起疾病的扩散，给人类带来巨大危害。

（三）实验室常见人兽共患病原体的危害

人兽共患病是指人和脊椎动物由共同病原体引起的、又在流行病学上有关联的疾病。实验动物携带的人兽共患病病原，如淋巴细胞性脉络丛脑膜炎病毒、汉坦病毒、猴

B病毒、狂犬病毒等，严重威胁着人类的健康和生命。1984年至今，中国、韩国、日本曾多次发生实验用大鼠将所携带汉坦病毒传染给人，致使实验人员感染死亡的事件。在众多能引起动物性疾病的病原微生物中，约有1/3可同时引起人类感染，主要包括细菌、病毒、真菌以及寄生虫等病原体。实验动物中常见人兽共患病原体及其危害情况见表5-3。

表5-3　实验动物中常见人兽共患病原体及其危害

病原体	易感动物	传播及危害
沙门菌	人及所有动物	急性暴发者，发病急，死亡快；亚急性感染，腹泻，肠炎；慢性感染，长期带毒
志贺菌	猴、人	急性感染，高热，腹痛，黏液脓血便；慢性感染，有菌痢史，间歇发病，部分长期带菌
布鲁菌	猪、牛、羊、人等	生殖道感染，流产，睾丸炎，不育
钩端螺旋体	猪、小鼠、人等	引起人钩端螺旋体病
狂犬病毒	犬、猫、猴、人等	急性接触性传染，散发出现
伪狂犬病毒	犬、猫、人	发热，皮肤剧痒，神经节炎，脑神经炎
汉坦病毒	人、大鼠、小鼠	引起急性出血热综合征，死亡率高
淋巴细胞性脉络丛脑膜炎病毒	小鼠、豚鼠、仓鼠、人	普通小鼠群抗体阳性率为3%，人感染表现为流感症状和脑膜炎
猴B病毒	猴、人	上呼吸道疾病，死亡率高；可在猴体内长期潜伏，我国猴群抗体阳性率为20%～50%
麻疹病毒	猴、人	与人麻疹相同，并发巨细胞性肺炎，我国猴群抗体阳性率为46%
猴雅巴痘病毒	猴、人	局部皮下肿瘤，可传染人
马尔堡病毒	猴、人	引起急性烈性传染病，有发热和出血，死亡率高
埃博拉病毒	猴、人	引起急性烈性传染病，有发热和出血，死亡率高
猴痘病毒	猴、人、松鼠	皮疹，重者死亡；我国猴群抗体阳性率为3.7%
浅部感染真菌	人及所有动物	侵犯毛发、皮肤、指（趾）甲等部位，引起多种癣
深部感染真菌	人及所有动物	侵犯机体深部组织及脏器
机会致病性真菌	人及所有动物	机体免疫功能降低时引起疾病

下面主要介绍狂犬病毒、淋巴细胞性脉络丛脑膜炎病毒、猴B病毒及弓形虫四种常见人兽共患病原体的预防。

（1）狂犬病毒（*Rabies virus*，RV）预防措施：进行犬类实验操作时，建议从标准化犬场购入健康犬，不买无健康保证的犬，在做犬实验前，应给所有犬注射狂犬疫苗；操作含有或可能含有固定毒的人或动物标本、培养物等时，建议采用BSL-2级水平的操作技术及防护设施；操作含有或可能含有街毒的人或动物标本、培养物等时，必须采用BSL-3级水平的操作技术及防护设施。强烈建议从事狂犬病临床和实验室工作的人

161

员应暴露前免疫，所有意外暴露于狂犬病毒时须立即报告本部门负责人，及时处理。

（2）淋巴细胞性脉络丛脑膜炎病毒（*Lymphocytic choriomeningitis virus*，LCMV）预防措施：严格控制和防止野鼠，并及时做好实验动物群体的检疫是防止该病发生的关键。操作被污染的移植物、病毒培养物等时，建议采用 BSL－2 级水平的操作技术及防护设施；利用感染动物进行实验操作时，建议采用动物 BSL－2 级水平的操作技术及防护设施。

（3）猴 B 病毒（*Simian herpesvirus*）预防措施：依据实验用猴的特征性症状可初步诊断该病，动物接种和分离病毒可确诊。病猴应立即隔离或处死，与病猴接触的实验人员应注意防止被病猴咬伤。人被咬伤后，应立即用肥皂水清洗伤口，并用碘酊消毒。

（4）弓形虫（*Toxoplasma gondii*）预防措施：预防和控制该病的关键在于控制传染源，严格进行日常消毒灭菌工作。

《人兽共患病》一书中介绍的 154 种常见人兽共患病，涉及鱼类的有 4 种，两栖类有 1 种，爬行类有 2 种，鸟类有 33 种，而涉及哺乳动物的则有 148 种，且同一种疾病或感染可涉及几种不同的动物宿主。在众多的实验动物中，非人灵长类动物本身对人类常见传染病很敏感，而且是几种严重人兽共患病的潜在传染源，要特别重视这类动物的检疫和质量检测。

三、转基因生物存在的危害

转基因生物（transgenic organisms）是指通过基因操作技术将外源基因转入体内稳定遗传表达而获得新性状的动物、植物、微生物。随着分子生物学技术的不断发展，科学家们还能够在不导入外源基因的情况下，通过对生物体本身遗传物质的修饰、敲除、表达沉默等方法来改变生物体的遗传，获得人们希望得到的性状。由于没有导入外源基因，所以在这种情况下获得的新的生物被称为"基因修饰生物"（Genetically Modified Organisms，GMOs）。现在"基因修饰生物"的概念已经涵盖了"转基因生物"。但由于"转基因"一词已经普遍为人们所接受，而且外源基因导入仍然是目前分子生物技术在生物育种领域中所采用的主要方法之一，所以"转基因生物"一词就沿用至今，泛指经过基因分子操作技术改变了遗传物质而表现出新性状的生物。

作为现代生物技术核心内容之一，转基因生物技术在农业、工业、医药等各个领域得到了广泛的应用。在植物方面，自 1983 年第一例转基因烟草问世以来，转基因技术被广泛应用于培育高产、优质、抗病毒、抗虫、抗寒、抗旱、抗涝、抗盐碱、抗除草剂等特性的作物新品种，转基因作物在减少对农药化肥和水的依赖，降低农业成本，大幅度地提高单位面积的产量，改善食品的质量，缓解世界粮食短缺的矛盾等方面展现了诱人的商业应用前景。据国际农业生物技术应用服务组织（ISAAA）发布的转基因作物年度报告显示，2011 年全球已经有 29 个国家大规模种植转基因作物，转基因作物种植面积已达到 1.6 亿公顷，对农业生产的发展产生了重大的影响，转基因作物来源的食品也已经是人类日常生活的选择之一。在动物方面，自 1980 年世界首个转基因小鼠诞生以来，各种转基因猪、牛、羊、鱼等相继培育成功，转基因动物给畜牧业及医药行业等带来了巨大的社会效益和经济效益。转基因微生物则是最早培育成功的转基因生物，已经广泛应用于食品、化工、生物医药等多个领域。

（一）转基因生物对生态和健康的影响

由于科学技术发展阶段的局限性，转基因技术及其产品还存在一些不确定的风险，即转基因生物安全问题。伴随着转基因生物技术的快速发展和转基因产品在社会生产生活中的影响日益扩大，转基因生物安全问题已成为全球关注的焦点和争论的热点。概括起来，转基因生物安全可分为生态安全和健康安全两方面。

（1）转基因生物对生态的影响。在生态方面，主要指转基因生物对自然生态环境的影响，可能出现环境的"基因污染"。所谓"基因污染"，是指人工修饰的外源基因通过转基因生物进入、整合到自然环境的生物体基因组内，并通过生物间遗传物质的交流和个体繁衍，造成人工修饰的外源基因在自然界基因库的混杂和污染。"基因污染"与其他形式的环境污染不同，生物的生长和繁殖可能使基因污染蔓延而不可逆转，可能对自然种群生态形成不可修复的损伤。生态环境安全的核心是保护自然环境中的生物多样性。生物多样性资源的衰减和丧失，主要是外来物种入侵、生态环境破坏、生物资源的滥用三个原因造成的。在自然界，生物物种种类繁多，各具特色，其种性的相对独立性与物种长期进化而形成的生殖隔离是分不开的，生殖隔离即不同生物种类之间不能交配产生后代，阻止了遗传物质的横向转移，保持了不同物种的特异性，使生物多样性得以维持和延续。而转基因技术打破了自然界物种间因生殖隔离而形成的遗传物质的天然隔离，可以将目的基因转到任何物种，完全由人工制造出的转基因生物可能是自然界原本不存在的特殊生物物种，它对生态环境的影响可能比自然生物物种的入侵要严重而深远得多。

转基因生物在环境中释放后的潜在风险及对生物多样性与生态环境的影响非常复杂，可能出现转基因生物逃逸到自然环境或通过基因漂移形成强抗药性的生物，如超级杂草，可能使农田里的杂草再也不能用除草剂除去，让机械化的农业生产无法进行；超级细菌会让现代医药束手无策；抗性作物还可以使目标害虫产生抗性，并进化增强。非目标生物可能因为误食转基因植物或遭"基因污染"的新种植物而受害，如1999年美国斑蝶事件，康乃尔大学一个研究小组发表在1999年5月《自然》上的一篇文章，题为"转基因花粉对大斑蝶幼虫有害"，指出用带有Bt毒蛋白转基因玉米花粉的马利筋草叶片饲喂美国大斑蝶，导致这种珍稀濒危动物的幼虫取食量减小、生长延缓且死亡率更高，文章引起了巨大的争议，尽管随后由美国农业部牵头的研究团队进行了田间实验，证明了Bt玉米花粉在田间对大斑蝶并无威胁，但该事件的警示作用是应该被充分重视的。转基因生物或被转基因污染的生物，可能凭借人工赋予的某种优势，大量繁殖和传播，挤占其他生物的生存空间，通过竞争、环境胁迫使自然环境生物多样性受到损害，甚至导致物种遗传多样性的衰减和丧失，严重影响生态环境安全。

（2）转基因生物对健康的影响。在人体健康方面，主要指利用转基因生物体生产人类所需要的生物制品，用于医药、食品等方面存在潜在的安全问题。经过安全认证的转基因食品对人类短期的、直接的影响较小，至少到目前为止，还没有发现转基因食品对人类有害，但同时也缺乏证据证明其无害性，长期的、间接的、累积的影响还难以确定，因此产生了许多争论。转基因食品在基因重组与改变过程中，引起的营养成分改变，可能产生某种毒性、过敏性及抗营养因子等。转基因食品对人类健康可能的危害表现在以下方面：①毒素问题，外来基因可能会带来新的毒素，食用后可能引起急性或慢性的中毒；②过敏性问题，外来基因产生的新的成分可能会引起部分人群的过敏反应；③抗药性问题，转基因技术一般会应用抗生素抗性基因作为筛选标记，作为转基因食品的标记基因，可能被转入人体消化系统的细菌体内，产生新的抗药性细菌，使其对抗生素药物的治疗产生抗性，抗生素对机体从此失去疗效，可能导致普通疾病也无法治愈的可怕情形出现。

由上可见，转基因技术也像其他许多技术一样，是一把双刃剑，在给人类带来好处的同时，也可能给人类带来危害。因此，对转基因生物可能带来的生态学和健康的风险进行评估是非常必要的。由于生物基因作用的特殊性，安全监管应重在预防，并在转基因生物实验室研发、中试、商业化生产、加工、使用等各个环节进行全程安全评估和监管。

（二）转基因生物实验涉及的潜在风险

转基因生物实验室的生物安全主要涉及三个方面的潜在风险：实验操作的对象、实验操作本身、实验室废弃物。

实验操作的对象，即生物材料和试剂。分子生物学和生物化学操作所必需的生物材料，包括生物个体、组织、细胞和微生物菌种、质粒、载体以及病毒等，可能对人体造成感染和伤害。各种化学试剂，包括有毒、有腐蚀、致畸的生化试剂，如氯仿等有机溶剂、溴化乙啶（EB）、丙烯酰胺、各种酸碱溶液、染料、抗生素、放射性同位素等。

实验操作本身的风险是指研究人员的操作失误和器材设备风险。

实验室废弃物的风险是由转基因生物试验产生的废弃物处理不当形成的，废弃物主要包括：①生物活性材料类，如转基因植物植株（花粉、果实、种子）、动物组织器官、细胞和微生物（细菌、真菌和病毒等）及其培养物（如含有筛选药物、抗生素、有毒代谢物、外源基因残留物等）；②生化试剂类，如溴化乙啶（EB）、抗生素、同位素等；③试验耗材类，如各种吸头、吸管等塑料用品，各种培养皿、试管等玻璃制品，注射针头及刀片等金属物品。

第三节　生物安全实验室的安全防护及分级

根据对所操作生物因子采取的防护措施，将实验室生物安全防护水平分为一级、二级、三级和四级，一级防护水平最低，四级防护水平最高，并依据不同的防护水平配备相应的生物安全防护设备及设施等。

一、生物安全防护主要的设备设施

实验室的生物安全防护是指为了避免实验室中有害的或潜在有害的生物因子对人、环境和社会造成危害和潜在危害而采取的防护措施和管理措施，生物安全防护装备是实验室生物安全防护中的物理防护方式，包括由生物安全柜和个人防护装备等组成的一级防护屏障（primary barrier），以及由实验室设施结构和通风系统等构成的二级防护屏障（secondary barrier）。下面介绍生物安全防护主要的设备设施。

（一）生物安全柜

生物安全柜（Biological Safety Cabinet，BSC）是一种箱形空气净化安全装置，通过设计的高效空气粒子过滤器（High Efficiency Particulate Air filter，HEPA）、柜内负压环境以及气体流动模式，防止操作者、实验室环境以及实验材料暴露于实验过程可能产生感染性气溶胶和溅出物的环境中。在 BSL-2 及以上级别生物安全实验室中，BSC 是操作感染性材料的中心平台，也是必不可少的设备，其中的 HEPA 是一种在额定风量和有效滤过面积及气流阻力小于 245 Pa 的条件下，对粒径大于等于 0.3 μm 的粒子的捕获效率为 99.97% 的空气过滤器，是 BSC 实现安全防护的重要组成。

1. 生物安全柜的工作原理及类型

生物安全柜的工作原理是通过风机转动从柜内向柜外排气，柜内形成负压，新鲜空气从操作口吸入，在操作口处形成一定流速的气幕。气幕和柜内的负压可以防止气溶胶外泄以保护操作者，柜内循环的空气经送风 HEPA 过滤后形成百级洁净度的环境以保护样本，流经样本后的污染空气经排风 HEPA 过滤后排出柜外以保护环境。根据结构设计、排风比例及对操作者、环境和受试样本的保护程度侧重的不同，国际上通常将生物安全柜分成三个不同的等级（Ⅰ级、Ⅱ级、Ⅲ级）。

（1）Ⅰ级生物安全柜（BSC-Ⅰ）。

BSC-Ⅰ主要用于低度危险性的微生物和病原体的实验操作，也可用于操作放射性核素和挥发性有毒化学品。BSC-Ⅰ是一种带有抽气装置的操作箱，室内空气从正面开口处进入安全柜，空气经过工作台表面，并通过排风管经 HEPA 过滤排出安全柜。此过程所形成的定向气流将工作台面上因操作可能产生的气溶胶迅速送入排风管，起到保护操作人员及环境的作用。因为未灭菌的房间空气通过生物安全柜正面的开口处直接吹到工作台面上，所以Ⅰ级生物安全柜对操作对象不能提供切实可靠的保护。BSC-Ⅰ生物安全柜的原理如图 5-1 所示。

（2）Ⅱ级生物安全柜（BSC-Ⅱ）。

BSC-Ⅱ是使用最多的生物安全柜，该安全柜具有一个共同的结构，即可防止内部污染气体流出，也可避免外部气体进入箱内污染样品的前吸风口，以及安装有 HEPA 的排气口。与Ⅰ级生物安全柜的不同之处在于，Ⅱ级生物安全柜只让经 HEPA 过滤的空气（无菌空气）流过工作台面，因而除了能保护操作人员及环境外，还能对操作对象提供切实可靠的保护。根据结构、气流速度、气流形式和排气系统的不同，BSC-Ⅱ分为 A1、A2、B1、B2 四种类型。

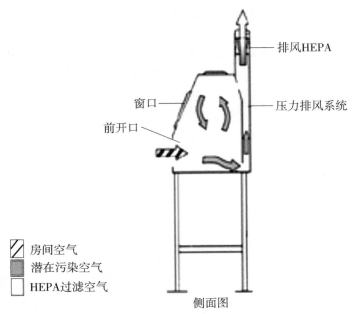

图 5-1　BSC-Ⅰ 生物安全柜原理

（引自 WHO《实验室生物安全手册（第三版）》第 46 页）

① Ⅱ 级 A 型（A1/A2）生物安全柜。

Ⅱ 级 A 型是 30％的空气排出柜体，70％的空气经 HEPA 过滤后重新回到柜内。A 型又分为 A1 型和 A2 型，A2 型与 A1 型的区别是其回风道为负压污染区，因而安全性高于 A1 型，成为目前世界上 Ⅱ 级生物安全柜中使用最广泛的一种。若经排风过滤器过滤的 30％空气通过建筑物的排风系统排到建筑物外面，则 A2 型生物安全柜可进行挥发性放射性核素以及挥发性有毒化学品的操作。

② Ⅱ 级 B 型（B1/B2）生物安全柜。

Ⅱ 级 B1 型和 B2 型生物安全柜均由 Ⅱ 级 A1 型生物安全柜变化而来，B1 型生物安全柜的气流形式为 70％的空气外排，30％的空气经 HEPA 过滤后重新回到柜内循环使用，而 B2 型生物安全柜所有流入和下沉的气体均经过 HEPA 过滤后直接排入外界环境，在安全柜内没有再循环的气体，属于全排式生物安全柜，被认为是 Ⅱ 级生物安全柜中最安全的一类。

B 型生物安全柜与 A 型的主要区别在于 B 型必须安装外接风机，气体通过导管与设施排风系统直接相连而排出室外，其安全水平相对于 A 型已大大提高。

Ⅱ 级生物安全柜可用于操作危险度 2 级和 3 级的感染性物质，在使用正压防护服的条件下，也可用于操作危险度 4 级的感染性物质。通常 A 型生物安全柜用于不涉及有害化学品的日常微生物实验，B1 型可用于操作少量的放射性核素和挥发性有毒化学品，B2 型可用于操作放射性核素和挥发性有毒化学品。

（3）Ⅲ 级生物安全柜（BSC-Ⅲ）。

BSC-Ⅲ 由一个外置的专门的排风系统控制气流，使安全柜内部始终处于负压状态

（大约 124.5 Pa），其送风经 HEPA 过滤，排风则经过两个 HEPA，只有通过连接在安全柜上结实的橡胶手套，手才能伸到工作台面，以防止操作者与危险材料的直接接触，是一种"密封的"生物安全柜，可为操作者提供最高水平的个人防护。BSC－Ⅲ配备有一个可灭菌且装有 HEPA 过滤排风装置的传递箱，应与一个双开门的高压灭菌器相连接，以便清除进出安全柜的所有污染物品。若将几个手套箱连在一起，即为组合式系列生物安全柜，这种组合式系列生物安全柜可由用户按使用要求自行组合，系列安全柜内可安装实验所需的设备，如冰箱、小型升降台、小动物笼架、显微镜、离心机、孵箱等，一般由用户自己安放。Ⅲ级生物安全柜用于操作危险度 4 级的微生物材料，适用于三级和四级生物安全水平的实验室。

2. 生物安全柜的选择、安装及使用

生物安全柜是生物安全实验室最重要且必备的设备，也是减少生物安全事故发生的重要保障，其功能的正常发挥须考虑生物安全柜的选择、安装及使用。

（1）生物安全柜的选择。选择生物安全柜的主要依据是实验的对象以及所需保护的类型，各种不同防护组合推荐使用的生物安全柜类型见表 5－4。原则上所有可能导致疾病的微生物及其毒素溅出或产生气溶胶的操作，均必须在生物安全柜内进行，不可用超净工作台替代。值得注意的是，当操作挥发性或有毒化学品时，最好不使用将空气重新循环排入房间的生物安全柜，即不与建筑物排风系统相连接的Ⅰ级生物安全柜，或Ⅱ级 A1 型与Ⅱ级 A2 型生物安全柜。Ⅱ级 B1 型安全柜可用于操作少量挥发性化学品和放射性核素。在需要操作大量放射性核素和挥发性化学品时，必须使用全排放型安全柜，即Ⅱ级 B2 型安全柜。

表 5－4　依据不同保护类型选择生物安全柜

保护类型	微生物危险度及操作所在实验室	适合的生物安全柜
个体防护	针对危险度 1～3 级微生物	Ⅰ级、Ⅱ级、Ⅲ级生物安全柜
个体防护	针对危险度 4 级微生物手套箱型实验室	Ⅲ级生物安全柜
个体防护	针对危险度 4 级微生物防护实验室	Ⅰ级、Ⅱ级生物安全柜
实验对象保护	—	Ⅱ级生物安全柜，柜内气流是层流的Ⅲ级生物安全柜
少量挥发性放射性核素/化学品的防护	—	Ⅱ级 B1 型生物安全柜 外排风式Ⅱ级 A2 型生物安全柜
挥发性放射性核素/化学品的防护	—	Ⅰ级、Ⅱ级 B2 型、Ⅲ级生物安全柜

不同级别生物安全实验室对所使用的生物安全柜的要求见表 5－5。

（2）生物安全柜的安装。安装生物安全柜的房间须洁净，以保证高效过滤器的使用寿命；通过前面开口进入生物安全柜的空气极易受到干扰，因而生物安全柜应放置在远离人员活动、物品流动以及一切可能会扰乱气流的地方。在有定向气流的房间里，生物安全柜应安装在出风口附近，且尽可能远离可产生空气运动的实验室设备（如离心机、真空泵）、送风口、可开启窗户的位置以及化学通风罩的位置；在安全柜的后面和两边应留出 30 cm 的清洁通道，并确保回流到实验室的空气不受阻碍。安全柜的上方应留有 30~35 cm 的空间，以便准确测量空气通过排风过滤器的速度，以及便于排风过滤器的更换。当生物安全柜采用硬管连接或套管连接时，为了使管道的结构不阻碍空气的流动，必须提供足够的空间。套管组件必须留有通路以进行排风 HEPA 的测试；生物安全柜须有专用的、稳定的供电电源，最大限度地避免因线路故障而导致的安全意外。

表 5—5　依据各级生物安全实验室选择生物安全柜

实验室安全级别	生物安全柜类型
一级	一般无须使用生物安全柜，或选用Ⅰ级生物安全柜
二级	当进行可能产生微生物气溶胶或易产生溅出的操作时，可使用Ⅰ级生物安全柜；当处理感染性材料时，应使用部分排风或全排风的Ⅱ级生物安全柜；若涉及处理化学致癌剂、放射性物质和挥发性溶剂，则只能使用Ⅱ级 B 型生物安全柜
三级	应使用Ⅱ级生物安全柜或Ⅲ级生物安全柜；所有涉及感染材料的操作应使用全排风型Ⅱ级 B 型生物安全柜或Ⅲ级生物安全柜
四级	应使用Ⅲ级生物安全柜；当操作人员穿着正压防护服时，可使用Ⅱ级 B 型生物安全柜

（3）生物安全柜的使用。如果生物安全柜使用不当，其防护效果将可能受到极大的影响，正确使用生物安全柜包括以下方面：

①确保生物安全柜操作口"气幕"的完整。操作者在移动双臂进出安全柜时，要垂直缓慢进出前面的开口，手和双臂伸入到生物安全柜中等待大约 1 min，使安全柜调整完毕，并让气流"清扫"手和臂表面的微生物污染，才能开始进行操作，且应尽可能减少双臂进出操作口的次数。在生物安全柜内操作时应避免使用明火，若需要进行接种环灭菌，可使用微型燃烧器，或使用一次性接种环。

②保证安全柜内气体的正常流动。安全柜内物品的放置应保证Ⅱ级生物安全柜前面的进气格栅不被纸、仪器设备或其他物品阻挡，且所有的物品应尽可能地放在工作台后部靠近工作台后缘的位置，并使其在操作中不阻挡后部格栅。可产生气溶胶的设备（如混匀器、离心机等）应靠近安全柜的后部放置。有生物危害性的废弃物袋、盛放废弃吸管的盘子以及吸滤瓶等体积较大的物品，应放在安全柜内的某一侧。安全柜内最好只放置本次工作直接需要的材料和设备。

③保持安全柜内的洁净。放入安全柜的物品应用 70% 酒精清除表面污染，所放物品也应有清洁区与污染区之分。在工作台面上的实验操作一般的工作流程应该是从"清洁区到污染区"。材料和备用品应以限制脏的东西穿过干净材料的方式放置。在生物安全柜内工作时，应采取一些措施减少交叉污染的机会。在开始工作以前以及完成工作以后，应至少让安全柜工作 3~5 min，以便使安全柜内的空气进行净化及将安全柜中被污染的空气排出。

④生物安全柜中不需要紫外灯。如使用紫外灯，应每周进行清洁，以除去可能影响

其杀菌效果的灰尘和污垢。在安全柜重新认证时，要检查紫外线的强度，以确保有适当的光发射量。房间中有人时一定要关闭紫外灯，避免因不慎暴露而造成伤害。在使用中，不能打开生物安全柜的玻璃观察挡板，所有操作均应在工作台面的中后部进行。

⑤清洁和消毒。由于剩余的培养基可能会使微生物生长繁殖，因此在实验结束时，应对包括仪器设备在内的生物安全柜里的所有物品清除表面污染后，方可移出安全柜；在每次使用前后，要清除生物安全柜内表面的污染，工作台面和内壁要用有效消毒剂进行擦拭。

⑥大多数生物安全柜的设计允许 24 h 工作。研究发现，连续工作有助于控制实验室中灰尘和颗粒的水平。向房间中排风或通过套管接口与专门的排风管相连接的Ⅱ级A1 型及Ⅱ级 A2 型生物安全柜，在不使用时是可以关闭的。其他如Ⅱ级 B1 型和Ⅱ级 B2 型生物安全柜，是通过硬管连接安装的，须始终保持空气流动以维持房间空气的平衡。

3. 生物安全柜的维护

生物安全柜的维护以确保此设备正常工作。维护须按要求进行，维护的人员应该是专业的人员。生物安全柜的维护包括以下两个方面：

（1）日常维护。使用安全柜后，应及时清除生物安全柜内表面的污染物，并对生物安全柜内所有物品进行表面污染清除工作（包括仪器设备在内）。应使用有效消毒剂擦拭工作台面和内壁，且在使用如漂白剂等腐蚀性消毒剂后，还必须用无菌水再次进行擦拭，以消除消毒剂对柜体的腐蚀作用。应在安全柜处于运行状态下进行清洁及消毒，若须关闭进行处理时，应使安全柜运行 5 min，以净化内部的气体后再关机进行清除与消毒。实验室应时常监测生物安全柜以确保其设计性能符合相关要求，并保存检查记录和任何功能性测试结果。在安全柜上应有作为检查证明的标记。

（2）维护检验。按规定对安全柜进行定期有效的性能检测，是确保其处于安全状态的必要措施。美国生物安全柜标准 NSF49 和中国食品药品监督管理局生物安全柜标准 YY0569 均要求"生物安全柜维护检验要求的检测项目至少每年检测一次"。若发生安全柜移位、更换过滤器和内部部件维修等情况，也应进行维护检验。生物安全柜在更换 HEPA 过滤器或进行内部维修之前，必须对已经用于涉及感染性材料工作的生物安全柜进行消毒。在生物安全柜重新安置之前，必须要考虑对生物安全柜内所操作的病原体进行危害评估，以决定是否需要消毒。最普通的气体消毒方法是使用甲醛蒸气，这种对环境危害性不大的蒸气可用于消毒离心机附件、隔离室以及 HEPA 过滤器。生物安全柜的所有维修工作必须由有资质的专业人员来进行。

（二）生物安全罩

1. 防护面罩

防护面罩主要用于保护生物安全实验室工作人员免遭脸部碰撞或切割伤，也为了防止血液、体液、分泌液、排泄物或其他感染性物质的飞溅或滴液接触脸部或污染眼睛、鼻和口。防护面罩一般用防碎塑料制成，形状与脸型相配，通过头罩或帽子佩戴，如图 5-2 所示。在使用防护面罩时，常常同时佩戴安全镜或护目镜或口罩。

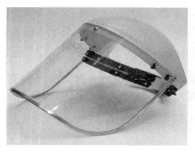

图 5-2　防护面罩

2. 口罩

口罩可保护部分面部免受生物危害物质如血液、体液、分泌液以及排泄物等喷溅物的污染。最常用的口罩是医用外科口罩（如图 5-3 所示）和 N95 系列口罩（如图 5-4 所示）。外科口罩是临床医务人员在有创操作过程中所佩戴的，主要是防止医务人员呼出气体中的微生物感染患者，或阻止血液、体液和飞溅物的传播，适用于在 BSL-1 和 BSL-2 实验室中使用，但单独使用不能对医务人员提供保护。N95 系列口罩是 NIOSH （美国职业安全卫生研究所）认证的 9 种防尘口罩中的一种，属于一种呼吸防护装备，其最大特点就是可以预防由患者体液或血液飞溅引起的飞沫传染，可认为是一次性防毒面具。

图 5-3　医用外科口罩　　　　　　　　图 5-4　N95 型口罩

3. 防护帽

在生物安全实验室中佩戴简易的用无纺布制作的防护帽，可保护工作人员避免化学和生物危害物质飞溅至头部（头发）所造成的污染。工作人员在实验操作时应佩戴防护帽。

若需要对整个脸部进行防护，则必须使用一种标准的防护面罩以罩住整个脸部，或使用口罩加护目镜（或口罩加安全眼镜）。在进行有可能产生样本喷溅或产生气溶胶危险的实验时，如果佩戴安全眼镜和护目镜，则必须戴口罩以保护部分面部或佩戴标准防护面罩。当进行有潜在爆炸的反应和使用或混合强腐蚀性溶液时，应佩戴面罩或同时佩戴面罩和护目镜或安全眼镜，以保护整个面部和喉部。从高压消毒锅内就热拿出玻璃瓶或从液氮中取出安瓿瓶时，应戴手套、安全眼镜和面罩来防护眼睛和手。

（三）消毒灭菌设备

高压灭菌锅又称高压蒸汽灭菌锅，是生物安全实验室中重要设备之一。现在生物安全型高压灭菌锅多采用下进汽，即在灭菌期间蒸汽由灭菌器腔体底部进入，同时对冷凝水进行灭活，在整个过程不排冷凝水。在腔体上部设排气口，出口采用电加热高温灭活或者采用两极过滤器过滤。

灭菌锅的使用注意事项：待灭菌的物品放置不宜过紧；必须将冷空气充分排除，否则锅内温度达不到规定温度，影响灭菌效果；灭菌完毕后，不可放气减压，否则瓶内液体会剧烈沸腾，冲掉瓶塞而外溢，甚至导致容器爆裂；须待灭菌器内压力降至与大气压相等后才可开盖。

（四）洗眼器及洗手装置

洗眼器是应对发生腐蚀性液体或生物危害液体喷溅至工作人员的眼睛时的一种应急装置，应安装在室内明显和易取的地方，并保持洗眼水管的通畅，便于工作人员在发生紧急情况时使用。

根据《实验室生物安全通用要求》（GB 19489—2008）的要求，每个生物安全实验室中应安装安全的洗手装置，该装置最好是脚控或红外控制的洗手池，或者配置一个酒精擦手器。洗手装置安装在合适的位置，便于操作人员洗手，如 BSL-3 实验室应在污染区和半污染区出口处设置洗手装置。洗手装置的供水管应安装防回流装置，实验室内不得安设地漏。洗手装置的下水道应与建筑物的下水管线完全隔离，应有明显标识，且下水道应直接通往独立的液体消毒系统集中收集，经有效消毒后处置。

（五）移液辅助器

在吸取操作时必须使用移液辅助器（如图 5-5 所示），严格禁止用口吸取液体。选择和使用移液辅助器时，应注意移液辅助器的设计是否合理，使用时是否产生其他感染危害，在操作微生物和细胞培养物时，应使用塞紧（防气溶胶）的吸头，同时移液辅助器还应易于灭菌和清洁。

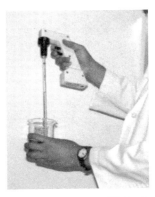

图 5-5　移液辅助器

（六）匀浆器、摇床、搅拌器和超声处理器

生物实验室应该只使用专为实验室设计的、结构上可以最大限度地减少或避免气溶

胶释放的仪器设备。当用匀浆器处理危害等级Ⅲ的微生物时，通常应该在生物安全柜中进行装样及重新开启。超声处理器可能释放气溶胶，应该在生物安全柜中进行操作，或者在使用期间用护罩盖住。在使用后应该清除护罩和超声处理器的外部污染。

（七）微型加热器及一次性接种环

为减少接种环灭菌时感染性物质产生飞溅和散布，导致感染的发生，可采用微型加热器及一次性接种环，如图5－6所示。无论是气体还是电加热的微型加热器，均配有硼硅酸玻璃或陶瓷保护罩，从而达到减少感染性物质的飞溅。但微型加热器会扰乱气流，因此，应将其置于生物安全柜中靠近工作表面后缘的地方进行操作。一次性接种环的优点是无须灭菌，可防止感染性物质的飞溅，适合在生物安全柜中使用。

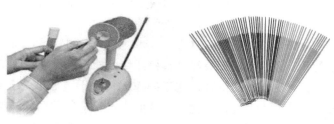

图5－6　微型加热器及一次性接种环

（八）废弃物收集容器

为避免生物危害废弃物产生气溶胶、溢出和泄漏，应有专门设计的、专用的和有标记的防漏容器，用于收集实验用一次性个人防护用品和实验器材、弃置的菌（毒）种、生物样本、培养物和被污染废弃物等。对于污染的锐利物，必须单独存放于硬质、防漏、防刺破的容器中，且不能将容器装得过满。废弃物收集容器如图5－7所示。

图5－7　废弃物收集容器

（九）运输容器

为了防止微生物泄漏，样本运输时均须专门的容器，此类容器应具有坚固、能盛放感染物质的防水性一级和二级容器、用于吸收溢出物的材料三个特征。各种运输容器如图5－8所示。

图 5-8　各种运输容器

（十）个人防护设备

1. 眼睛防护装备

眼睛防护装备主要包括安全眼镜、护目镜及洗眼装置。安全眼镜主要由制备屈光眼镜（prescription glasses）或平光眼镜配以防碎材料镜框制成，能够保护实验工作人员免受大部分实验室操作所带来的损害，但不能对喷溅提供充分的保护。安全眼镜种类较多，应根据所进行的操作选择适合的类型。当进行可能发生化学和生物污染物质溅出的实验时，应佩戴护目镜，护目镜应戴在常规视力矫正眼镜或角膜接触镜的外面，可对飞溅和撞击提供保护。

2. 听力防护装置

实验室中的噪音达 75 dB 时或在 8 h 内噪音大于平均值水平时（如超声波粉碎器处理细胞时产生的高分贝噪音），可能导致听力下降甚至丧失。常用的听力保护器为御寒式防噪音耳罩和一次性泡沫防噪音耳塞。耳塞结构简单，形状小，重量轻，携带使用方便，使用时直接插入耳道，在正确使用的前提下，可获得较好的声音衰减效果。

3. 呼吸防护装备

呼吸防护装备是用于防御缺氧环境或空气中有毒有害物质进入人体呼吸道的防护用品，根据作用原理的不同，呼吸防护装备可分为过滤式和隔离式两大类。过滤式防毒面具由面罩、滤毒药罐和连接两者的蛇形管三部分组成，按过滤物质的不同，可分为粉尘过滤器、微粒过滤器、气体过滤器和防烟防毒过滤器四种。隔离式防毒面具可使呼吸道与含有毒物质的空气环境完全隔离，由专门渠道供应新鲜空气或氧气，主要有输入空气式及供氧式两种。输入空气式防毒面具由面罩和可输入新鲜空气的蛇管连接组成，使用时，蛇管远端置于实验室无污染区域，依靠使用者自行吸入新鲜空气或用鼓风机送入新鲜空气；供氧式防毒面具由面罩、氧气罐和连接用蛇管组成，由氧气罐自行供应氧气。

在进行高度危险性的操作（如清理溢出的感染性物质或实验室操作不能安全有效地将气溶胶限定在一定的范围内）时，应采用呼吸防护装备进行防护，常用一种可更换过滤器的过滤式防毒面具，以保护佩戴者免受气体、蒸气、颗粒和微生物以及气溶胶的危害，也有设计用来保护实验人员避免生物因子暴露的一次性防护面具（空气纯化防护面具）以及正压防护服。

当实验室有人使用呼吸防护装备时，应进行工作场所的监控、医学评估和对呼吸器使用者的监督，以确保该类装备的正确使用。在使用过程中，若使用者感到有异味、刺激、恶心、呼吸困难等不适症状，应立即离开工作区域。

4. 手部防护装备

实验室工作人员在工作时，手部是最易受到各种有害因素影响的部位，成为造成大部分实验暴露危险的重要因素，如实验操作过程中可能接触传染源、毒物、酸碱及其他化学品、被上述物质污染的实验台面或设备等。手套是主要的手部防护装备，用于防止微生物侵害、化学品和辐射污染，以及烧伤、冻伤、烫伤、刺伤、擦伤和动物抓、咬伤等事故的发生，成为实验人员和危险物质之间的初级保护屏障。

根据制作材料的不同，手套可分为很多种，每种手套还有不同型号。

选择手套应首先依据操作的对象，选择手套的种类，再根据手的大小选择型号。要求所选择的手套能发挥防护的作用，同时符合舒适、灵活、握牢、耐磨、耐扎和耐撕的要求。如乳胶手套只能用于弱酸，不得接触强氧化剂如硝酸等，而氯丁磺化聚乙烯橡胶手套则能耐受高浓度的盐酸、硫酸、硝酸、王水等，通常在实验室玻璃器皿泡酸时使用。

5. 足部防护装备

若实验室存在物理、化学和生物等危险因子，适当的鞋、鞋套或靴套可防止实验人员足部免受损伤，对于血液和其他潜在感染性物质喷溅造成的污染以及化学品腐蚀特别重要。在生物安全实验室，尤其是 BSL-2 和 BSL-3 实验室要坚持穿鞋套或靴套；在实验室的特殊区域（如有防静电要求的区域）或 BSL-3、BSL-4 实验室，要求使用专用鞋（如橡胶靴子）。

6. 躯体防护装备

生物安全实验室应确保具备足够的有适当防护水平的清洁防护服，以供使用。防护服包括实验服、隔离衣、连体衣、围裙和正压防护服等。

（1）实验服是躯体防护装备中最普通的一种，其前面应能完全扣住。实验服可用于静脉血和动脉血的采集，血液、体液或组织的处理或加工，化学实验试剂的处理和配制，洗涤、触摸或在污染/潜在污染的实验台上工作，以及实验室仪器设备的维修保养等操作。一般实验服在进行一级和二级生物安全水平的操作时，以及在 BSL-1 实验室中使用。

（2）隔离衣包括连体衣和外科式隔离衣，如图 5-9 所示。隔离衣为长袖背开式，穿着时应保证颈部和腕部扎紧。应选择合适型号的隔离衣，若隔离衣太小或需要穿两件隔离衣，里面采用前系带穿法，外面采用后系带穿法；若隔离衣袖口太短，可加戴一次性袖套，以便使乳胶手套完全遮住袖口保护腕部皮肤。一般隔离衣适合在接触大量血液或操作其他潜在感染性材料时，以及在 BSL-2 和 BSL-3 实验室中使用。

图 5-9　连体衣与隔离衣

（3）正压防护服（如图 5-10 所示）是一种可提供超量清洁呼吸气体的正压供气装置，具有生命保障系统，防护服内气压相对周围环境为持续正压。正压防护服的生命保障系统有内置式和外置式两种，适用于涉及致死性生物危害物质的操作，如埃博拉病毒等，一般在 BSL-4 实验室中使用。

（4）围裙常为塑料或橡胶制品，穿着在实验服或隔离衣外，对实验室中需要使用大量腐蚀性液体洗涤物品，以及必须对血液或培养液等化学或生物物质的溢出提供进一步防护时使用。

图 5-10　正压防护服

在实验室中的工作人员应该一直或持续穿着具有恰当防护水平的防护服，清洁与污染的防护服应分别放置，每隔适当的时间应更换防护服以确保清洁；若防护服已被危险材料污染，应立即更换；离开实验室区域之前应脱去防护服，并置于有标识的防泄漏消毒袋中；实验服最好应能完全扣住，长袖、背面开口的隔离衣、连体衣的防护效果比实验服好，因此更适合于在微生物实验室以及生物安全柜中的工作。禁止在实验室中穿短袖衬衫、短裤或裙装。

实验室所用的任何个人防护装备均应符合国家有关标准的要求，在购买和使用前应仔细检查，不能使用标识不清、破损的防护用品。

个人防护装备的使用应在危害评估的基础上，按不同级别的防护要求选择适当的器材和用品，制定规范，严格执行。

各种个人防护装备均不得在经过消毒处理前带出实验区域。在穿戴个人防护装备前，应进行严格的检查，杜绝因装备泄露或破损导致意外的发生。例如，在使用手套前检查手套是否褪色、穿孔（漏损）或有裂缝，可以通过充气试验，将手套浸入水中观察是否有气泡来检查其质量。

实验操作人员应了解个人防护装备"污染"和"清洁"部位的概念。一般情况下，前侧和外部污染相对严重，后侧和内部相对清洁。应在恰当的位置脱去个人防护装备，如 BSL-1 和 BSL-2 实验室门口处或实验室前厅，或离开主实验室区域，在半污染区或缓冲间内卸下个人防护装备（BSL-3 实验室）；防毒面具（BSL-2 和 BSL-3 实验室）应在主实验室区域外并等门关好后再卸下。

穿戴个人防护装备应按照戴口罩、戴帽子、穿防护服、戴防护眼镜、穿鞋套或胶鞋、戴手套的顺序进行；卸下个人防护装备应按摘下防护镜、脱掉防护服、摘掉手套、摘下帽子、脱下鞋套或胶鞋、摘口罩的顺序进行。如果在卸下个人防护装备时发现个人防护装备受到潜在的污染或已经受到明显的污染，则必须先戴一副干净的手套后再卸去其余的装备。

在操作完感染性物质、结束在生物安全柜中的工作以及离开实验室之前，均应摘除手套并彻底洗手。用过的一次性手套应该与实验室的感染性废弃物一起丢弃。

二、生物安全实验室分级

根据对所操作生物因子采取的防护措施，将实验室生物安全防护水平分为一级、二级、三级和四级，一级防护水平最低，四级防护水平最高。依据国家相关规定：生物安全防护水平为一级的实验室适用于操作在通常情况下不会引起人类或者动物疾病的微生物；生物安全防护水平为二级的实验室适用于操作能够引起人类或者动物疾病，但一般情况下对人、动物或者环境不构成严重危害，传播风险有限，实验室感染后很少引起严重疾病，并且具备有效治疗和预防措施的微生物；生物安全防护水平为三级的实验室适用于操作能够引起人类或者动物严重疾病，比较容易直接或者间接在人与人、动物与人、动物与动物间传播的微生物；生物安全防护水平为四级的实验室适用于操作能够引起人类或者动物非常严重疾病的微生物，以及我国尚未发现或者已经宣布消灭的微生物。

以 BSL−1、BSL−2、BSL−3、BSL−4（bio-safety level，BSL）表示仅从事体外操作的实验室的相应生物安全防护水平。以 ABSL−1、ABSL−2、ABSL−3、ABSL−4（animal bio-safety level，ABSL）表示包括从事动物活体操作的实验室的相应生物安全防护水平。实验室应依据国家相关主管部门发布的病原微生物分类名录，在风险评估的基础上，确定生物安全防护水平。

实验室选址、设计和建造应按照国家和地方环境保护和建设主管部门等的规定和要求进行，同时考虑生物安全、化学、辐射和物理等危险源的防护的特殊要求。一、二级生物安全实验室可共用建筑物，三级生物安全实验室与其他实验室可共用但必须自成一区，四级生物安全实验室必须远离市区，有专门设计，以确保存储、转运、收集、处理和处置危险物料的安全。实验室内的温度、湿度、照度、噪声和洁净度等室内环境参数应符合工作要求和卫生等相关要求。生物安全实验室门上应标有国际通用的生物危害警告标志，如图 5−11 所示。

图 5−11　张贴于实验室门上的生物危害警告标志

动物实验室的生物安全防护设施还应考虑对动物呼吸、排泄、毛发、抓咬、挣扎、逃逸、动物实验（如染毒、医学检查、取样、解剖、检验等）、动物饲养、动物尸体及排泄物的处置等过程产生的潜在生物危险的防护。根据动物的种类、身体大小、生活习性、实验目的等，选择具有适当防护水平、适用于动物的饲养设施、实验设施、消毒灭菌设施和清洗设施等，不会循环使用动物实验室排出的空气。动物实验室的设计，如空间、进出通道、解剖室、笼具等，均应考虑动物实验及动物福利的要求。动物实验室应符合国家有关实验动物饲养设施标准。

（一）病原微生物生物安全实验室的设备及环境要求

生物安全实验室是进行生物科学相关实验的场所。通过在实验室设计建造、使用个体防护设置、严格遵从标准化的工作及操作程序和规程等方面采取综合措施，确保实验室工作人员不受实验对象感染，确保周围环境的生物安全。

（1）一级微生物生物安全防护实验室（BSL－1）。如图5－12所示，实验室的门设计有可视窗并可锁闭，门锁及门的开启方向不妨碍室内人员逃生。在实验室内设有洗手池，一般在靠近实验室的出口处。在实验室门口处设存衣或挂衣装置，将个人服装与实验室工作服分开放置。实验室的墙壁、天花板和地面易清洁、不渗水、耐化学品和消毒灭菌剂的腐蚀，地面平整、防滑，不应铺设地毯。实验室台柜和座椅等稳固，边角圆滑，实验室台柜等和其摆放便于清洁，实验台面选择防水、耐腐蚀、耐热和坚固的材料。实验室保持有足够的空间和台柜等摆放实验室设备和物品，根据工作性质和流程合理摆放实验室设备、台柜、物品等，避免相互干扰、交叉污染，不会妨碍逃生和急救。实验室可以利用自然通风，也可采用机械通风；如果有可开启的窗户，则安装有可防蚊虫的纱窗，避免不必要的反光和强光。若操作刺激或腐蚀性物质，在30 m内设有洗眼装置，必要时设有紧急喷淋装置。若操作有毒、刺激性、放射性挥发物质，在风险评估的基础上，配备有负压排风柜；若使用高毒性、放射性等物质，还配备有相应的安全设施、设备和个体防护装备。实验室配置有应急照明装置，有足够的固定电源插座，避免多台设备使用共同的电源插座，并有可靠的接地系统。供水和排水管道系统不渗漏，下水管道有防回流设计；配备适用的应急器材（如消防器材、意外事故处理器材、急救器材等），配备适用的通信设备和消毒灭菌设备。

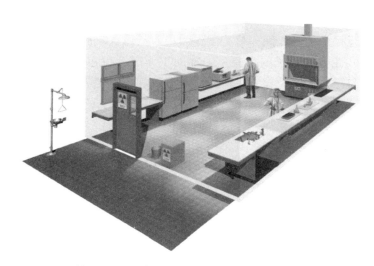

图5－12　一级微生物生物安全防护实验室

（图片来源：WHO. Laboratory Biosafety Manual. 3th Edition. 2004）

（2）二级微生物生物安全防护实验室（BSL－2）。如图 5－13 所示，在 BSL－1 实验室基础上，实验室主入口的门、放置生物安全柜实验间的门可以自动关闭；在实验室主入口设计有进入控制措施；实验室工作区域外有存放备用物品的条件；在实验室工作区内配备洗眼装置；在实验室或其所在的建筑内配备高压蒸汽灭菌器或其他适当的消毒灭菌设备，所配备的消毒灭菌设备是以风险评估为依据的。在操作病原微生物样本的实验间内配备有生物安全柜；如果生物安全柜的排风在室内循环，则室内具备通风换气的条件；如果使用需要管道排风的生物安全柜，则通过独立于建筑物其他公共通风系统的管道排出。实验室有可靠的电力供应，必要时对重要设备（如培养箱、生物安全柜、冰箱等）配置备用电源。

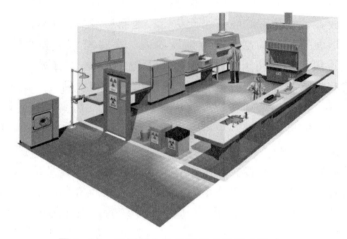

图 5－13　二级微生物生物安全防护实验室
（图片来源：WHO. Laboratory Biosafety Manual. 3th Edition. 2004）

（3）三级微生物生物安全防护实验室（BSL－3）。如图 5－14 所示，实验室明确区分辅助工作区和防护区，在建筑物中自成隔离区或为独立建筑物，有出入控制。防护区中直接从事高风险操作的工作间为核心工作间，人员通过缓冲间进入核心工作间。从事非经空气传播致病性生物因子的实验室，辅助工作区至少包括监控室和清洁衣物更换间，防护区至少包括缓冲间及核心工作间。可有效利用安全隔离装置操作常规量经空气传播致病性生物因子的实验室，辅助工作区至少包括监控室、清洁衣物更换间和淋浴间，防护区至少包括防护服更换间、缓冲间及核心工作间；实验室核心工作间不与其他公共区域相邻；如果安装传递窗，其结构承压力及密闭性均符合所在区域的要求，并具备对传递窗内物品进行消毒灭菌的条件，必要时设置具备送排风或自净化功能的传递窗，排风经高效空气粒子过滤器过滤后排出。

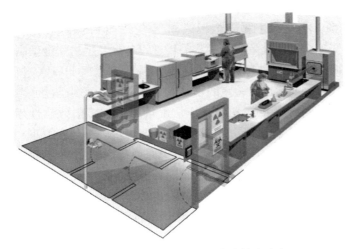

图 5-14　三级微生物生物安全防护实验室
(图片来源：WHO. Laboratory Biosafety Manual. 3th Edition. 2004)

实验室防护区内围护结构的所有缝隙和贯穿处的接缝都进行了可靠密封，内表面光滑、耐腐蚀、防水，以易于清洁和消毒灭菌，地面可防渗漏、完整、光洁、防滑、耐腐蚀、不起尘，所有的门均可自动关闭，需要时可设观察窗，门的开启方向不妨碍逃生，所有窗户为密闭窗。

实验室安装有独立的送排风系统，确保在实验室运行时气流由低风险区向高风险区流动，同时确保实验室空气只能通过 HEPA 过滤后经专用的排风管道排出；防护区房间内送风口和排风口的布置符合定向气流的原则，利于减少房间内的涡流和气流死角；送排风不影响其他设备（如Ⅱ级生物安全柜）的正常功能，不得循环使用实验室防护区排出的空气；不能在实验室防护区内安装分体空调。

在实验室防护区内的实验间的靠近出口处设置有非手动洗手设施；在实验室的给水与市政给水系统之间设有防回流装置；进出实验室的液体和气体管道系统牢固、不渗漏、防锈、耐压、耐温（冷或热）、耐腐蚀。

进入实验室的门有门禁系统，保证只有获得授权的人员才能进入实验室，需要时可立即解除实验室门的互锁；在实验室的关键部位设置有监视器，可实时监视并录制实验室活动情况和实验室周围情况。在实验室防护区内设置生物安全型高压蒸汽灭菌器，一般安装专用的双扉高压灭菌器；实验室防护区内应设置向外部传输资料和数据的传真机或其他电子设备。监控室和实验室内安装有语音通信系统。实验室防护区的静态洁净度应不低于 8 级（十万级）水平。

（4）四级微生物生物安全防护实验室（BSL-4）。在 BSL-3 实验室的基础上，BSL-4 实验室建造在独立的建筑物内或建筑物中独立的隔离区域内。实验室有严格限制进入实验室的门禁措施，记录进入人员的个人资料、进出时间、授权活动区域等信息；对与实验室运行相关的关键区域有严格和可靠的安保措施，避免非授权的进入；实验室的辅助工作区至少包括监控室和清洁衣物更换间。

可有效利用安全隔离装置操作常规量经空气传播致病性生物因子的实验室，防护区至少包括防护走廊、内防护服更换间、淋浴间、外防护服更换间和核心工作间，外防护服更换间应为气锁。在Ⅲ级生物安全柜或相当的安全隔离装置内操作致病性生物因子时，应同时具备与安全隔离装置配套的物品传递设备以及生物安全型高压蒸汽灭菌器。实验室的排风经过两级 HEPA 处理后排放，可以在原位对送风 HEPA 进行消毒灭菌和检漏。实验室防护区内所有需要运出实验室的物品或其包装的表面须经过可靠的消毒灭菌。

利用具有生命保障系统的正压服操作常规量经空气传播致病性生物因子的实验室，防护区包括防护走廊、内防护服更换间、淋浴间、外防护服更换间、化学淋浴间和核心工作间；化学淋浴间为气锁，具备对专用防护服或传递物品的表面进行清洁和消毒灭菌的条件，具备使用生命支持供气系统的条件。

BSL-4 实验室防护区的围护结构尽量远离建筑外墙，实验室的核心工作间尽可能设置在防护区的中部。在实验室的核心工作间内配备生物安全型高压灭菌器；如果配备双扉高压灭菌器，其主体所在房间的室内气压应为负压，并设在实验室防护区内易更换和维护的位置。实验室防护区内所有区域的室内气压为负压，实验室核心工作间的气压（负压）与室外大气压的压差值不小于 60 Pa，与相邻区域的压差（负压）不小于 25 Pa。

（二）动物生物安全实验室

动物生物安全实验室（animal bio-safety laboratory，ABSL）的生物安全防护设施一般参照 BSL 实验室的相关规定来实行，但 ABSL 有其不同的特点和要求，这是因为对动物呼吸、排泄、毛发、抓咬、挣扎、逃逸及动物实验（如感染试验、医学检验、取样、采血、接种等）都应有严格的管理规程和制度。

动物生物安全实验室主要根据所研究微生物的危险度评估结果和危险度等级命名为一级、二级、三级、四级动物设施生物安全水平。关于动物实验室中使用的微生物，需要考虑的因素包括正常传播途径、使用的容量和浓度、接种途径以及能否和以何种途径被排出。关于动物实验室中使用的动物，需要考虑的因素：①动物的自然特性，即动物的攻击性和抓咬倾向性；②自然存在的体内外寄生虫；③易感的动物疾病；④播散过敏源的可能性。

（1）一级动物生物安全防护实验室（ABSL-1）。动物饲养间与建筑物内的其他区域隔离，饲养间的门有可视窗并向里开，门能够自动关闭；饲养间的工作表面防水和易于消毒灭菌，如果安装窗户，则所有窗户是密闭的，需要时窗户外部装防护网；围护结构的强度与所饲养的动物种类相适应；地面液体收集系统设防液体回流装置，存水弯应有足够的深度；在出口处设置洗手池或手部清洁装置；动物饲养间的室内气压控制为负压；实验动物饲养的笼具或护栏除了考虑安全要求外，还考虑到对动物福利的要求。

（2）二级动物生物安全防护实验室（ABSL-2）。在 ABSL-1 实验室的基础上，动物饲养间在出入口处设置缓冲间；在出口处设置非手动洗手池或手部清洁装置；在动物饲养间的邻近区域配备高压蒸汽灭菌器；从事可能产生有害气溶胶的活动则在安全隔离装置内进行；饲养间排气经 HEPA 过滤后排出；动物饲养间的室内气压控制为负压，气体直接排放到其所在的建筑物外；根据风险评估的结果，确定是否需要使用 HEPA 过滤动物饲养间排出的气体。

（3）三级动物生物安全防护实验室（ABSL−3）。在 ABSL−2 实验室的基础上，在实验室防护区内设淋浴间，需要时设置强制淋浴装置；动物饲养间属于核心工作间，如果有入口和出口，均设置缓冲间。从事非经空气传播致病性生物因子的实验室，防护区至少包括淋浴间、防护服更换间、缓冲间及核心工作间。从事不能有效利用安全隔离装置操作常规量经空气传播致病性生物因子的实验室，动物饲养间的缓冲间为气锁，并具备对动物饲养间的防护服或传递物品的表面进行消毒灭菌的条件，有严格限制进入动物饲养间的门禁措施；动物饲养间内安装有监视设备和通信设备，配备便携式局部消毒灭菌装置（如消毒喷雾器等），并备有足够的适用消毒灭菌剂。从事非经空气传播致病性生物因子的实验室和可有效利用安全隔离装置操作常规量经空气传播致病性生物因子的实验室，动物饲养间的气压（负压）与室外大气压的压差值不小于 60 Pa，与相邻区域的压差（负压）不小于 15 Pa。从事不能有效利用安全隔离装置操作常规量经空气传播致病性生物因子的实验室，动物饲养间的气压（负压）与室外大气压的压差值不小于 80 Pa，与相邻区域的压差（负压）不小于 25 Pa；从事可传染人的病原微生物活动时，根据进一步的风险评估确定实验室的生物安全防护要求。

（4）四级动物生物安全防护实验室（ABSL−4）。在 ABSL−3 实验室的基础上，淋浴间设置有强制淋浴装置，动物饲养间的缓冲间为气锁，有严格限制进入动物饲养间的门禁措施。动物饲养间的气压（负压）与室外大气压的压差值不小于 100 Pa，与相邻区域的压差（负压）不小于 25 Pa。对所有物品或其包装的表面在运出动物饲养间前进行清洁和可靠的消毒灭菌。

第四节　生物安全实验室的管理要求

生物安全管理的三大要素分别是硬件、软件和人。硬件是指设施设备来防护，软件是指管理体系和规章制度来约束，人是指受严格训练的人员来操作。实验室生物安全管理的方针至少应该包括三个基本承诺：①承诺持续改进；②承诺遵守实验生物安全法律法规及其他要求；③承诺预防实验室事故，保护实验人员安全健康。实验室生物安全方针应该通过诸如向实验室全体人员传达，以文件化的方式予以发布，或者培训的方式为所有员工所获取，并接受监督。

一、生物安全实验室管理制度及安全标识

实验室安全管理制度及安全标识是为了实现实验室及其环境安全运行的方针目标，有效地开展各项安全管理活动，而建立的相应管理体系及安全标识。

（一）生物安全实验室管理制度

（1）成立学院（系）实验室安全管理机构。实验室安全管理机构主要包括安全工作领导小组、安全责任人、安全负责人等。实验室安全工作领导小组成员主要由主管的院

系领导、实验室主任、相关安全管理专家和实验室安全负责人等组成。根据相关规定，实验室主任为实验室第一安全责任人，承担该实验室所有安全事故的管理责任。实验室管理层指定一位安全负责人，负责本单位实验室安全方面的联系、检查和协调等工作，并负责该实验室的日常安全检查和管理工作。

（2）制订实验室安全制度。根据《实验室生物安全通用要求》（GB 19489—2004）、《微生物和生物医学实验室生物安全通用准则》（WS 233—2002）、《实验室生物安全手册》（WHO，2004 年第三版）以及学校和学院的法规文件，结合各单位的实际情况，制订本实验室的相关安全制度，并严格执行。

（3）实验室技术安全体系。实验室技术安全体系主要包括操作安全、网络安全、消防安全、环境安全、保密安全、防护设施等方面。各学院（系）结合本单位的实验室特点，制订适合于本单位的危险化学品、生物安全操作规则和大型精密贵重仪器设备（特种设备）操作规程等，以保证使用人安全操作，预防安全事故的发生。

（4）建立实验室安全事故应急预案。根据国务院《国家突发公共事件总体应急预案》的要求，参考危险化学品类应急预案和消防类应急预案等，各学院（系）根据本单位的具体情况，制订符合本单位的安全事故应急预案，并进行一定范围内的演练，以便在发生危险事故时能及时做到应急反应。

（二）生物安全实验室安全标识

实验室安全标识应清楚地告诉进入实验室的人员需要注意的安全问题以及实验操作的安全要求。安全标识需要在实验室相关区域张贴，常见的实验室生物安全标识如图5-15所示。

图 5-15　常见实验室安全标识

二、生物安全实验室人员管理要求

（一）实验室人员"准入"要求

实验室人员要实行"准入制度"，有条件的单位应实行门禁系统管理，明确实验人员的资格要求，避免不符合要求的人员进出实验室或承担相关工作造成生物安全事故。

（二）实验室人员培训制度

核实实验室人员的资质情况后，还需要对相关人员进行专业的安全培训。实验室应该每年组织全员（包括实验室管理人员、技术人员、研究人员、学生、保洁员等）进行生物安全培训、考核。培训内容包括生物安全相关法律、法规、办法、标准，本实验室生物安全手册，生物安全管理制度，应急预案，紧急事件的上报与处置程序，生物安全风险评估，生物安全操作规范，仪器设备的使用、保养、维护，个人防护用品的正确使用，菌（毒）株及样本的收集、运输、保藏、使用、销毁，实验室的消毒与灭菌，感染性废物的处置、急救等。

（三）实验室人员医疗监护制度

（1）实验室人员体检制度。对新从事实验室工作的技术人员必须进行上岗前体检，体检指标除了常规项目外，还应包括与准备从事的工作相关的特异性抗原、抗体检测。不符合岗位健康要求的人员不得从事相关工作。

实验室技术人员要在身体情况良好的情况下从事相关工作，当发生发热、呼吸道感染、开放性损伤、怀孕或因工作造成疲劳状态、免疫耐受及使用免疫抑制剂等情况时，须由实验室负责人同意从事相关工作，但不宜再从事高致病性病原微生物的相关工作。

（2）实验室免疫预防制度。实验室人员根据岗位需求进行免疫接种和预防性服药，免疫接种时，应考虑适应症、禁忌症、过敏反应等情况，并记入健康监护档案。实验室可根据工作开展情况对各类人员进行必要的临时免疫接种和预防性服药，并记入健康监护档案。

对体检结果异常的人员应随时进行必要的免疫接种或采取其他预防手段，并记入健康监护档案。发生实验室意外事件或生物安全事故后，应根据需要进行必要的应急免疫接种或预防性服药，并记入健康监护档案。

三、生物安全实验材料管理

生物学实验过程及实验材料直接影响人体健康与环境安全，现代生物学实验不可避免地要接触细菌、病毒及其产物、微生物及其培养基、动物尸体及器官、基因工程样本等生物类型材料。在生物实验中，对实验室和实验样本的不科学管理将可能导致病原微生物的传播，污染室内室外环境，给工作人员以及周围环境带来极大的安全隐患。因此，强化生物安全实验室的实验材料管理规定，制订详细的管理措施，对预防和控制实验室生物安全危害十分必要。

（一）感染性材料管理

感染性材料是指那些已知或有理由认为含有病原体的材料。实验室生物安全的重点任务之一就是对实验室感染性实验材料进行管理，应按 WHO《实验室生物安全手册》《病原微生物实验室生物安全管理条例》等法律法规文件的要求，不断完善实验室感染性相关实验材料的管理，维护正常的实验工作秩序，防止意外事故的发生，避免或减少实验室内感染或潜在感染性生物因子对实验室工作人员、环境和公众造成危害。

生物实验室的感染性材料包括病原微生物及其衍生物（核酸、蛋白质、毒素）、血清、细胞株等具感染性，且对环境与生物有危害的材料。依照相关法律法规，加强实验室感染性材料的采集、接收、运输、使用及相关废弃物的管理，保障人员健康和公众卫生。

1. 感染性材料的采集管理

实验室样品的采集不当，会带来使相关人员感染的危险，因此要求所有操作均要戴手套。必须选用专门的采集容器，如真空采血管、咽拭子保存管等来采集相应的感染性样本，不得使用不规范的容器。每份感染性样本至少必须标注采集时间、类型、ID 号等信息。必须在专门的采集地点，由专人负责采集样本。

2. 感染性样本的运输管理

应符合生物安全要求，并由具有资质的人员专程护送，且运送样品必须做好详细记录。特殊情况下经有关部门批准，可以用特快专递邮寄样品，但必须按三层包装，将样品管包扎好，严禁使用玻璃容器。容器或者包装材料上应当印有生物危险标识。

采用三层容器（如图 5－16 所示）对样品进行包装，随样品应附有与样品唯一性编码相对应的送检单。送检单应标明受检者姓名、样品种类等信息，并应放置在第二层和第三层容器之间。

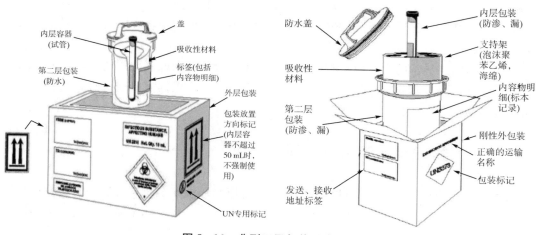

图 5－16 典型三层包装系统示意

第一层容器：直接装样品，应防渗漏。样品应置于带盖的试管内，试管上应有明显的标记，标明样品的唯一性编码或受检者姓名、样品种类和采集时间。在试管的周围应垫有缓冲吸水材料，以免碰碎。

第二层容器：容纳并保护第一层容器，可以装若干个第一层容器。要求不易破碎、带盖、防渗漏，容器的材料要易于消毒处理。

第三层容器：容纳并保护第二层容器的运输用外层包装箱，外面要贴上醒目的标签，注明数量、收样和发件人及联系方式，同时要注明"小心轻放、防止日晒、小心水浸、防止重压"等字样，还应易于消毒。

3. 感染性材料的接收管理

（1）在生物安全防护水平相应的设备和条件下的实验室内，由经过培训的工作人员进行感染性材料的接收工作。对高致病或可疑高致病原微生物的接收应在生物安全柜内进行。

（2）核对样品与送检单，检查样品管有无破损和溢漏。如果发现溢漏，应立即将尚存留的样品移出，对样品管和盛器消毒，同时报告实验室负责人和上一级实验室技术人员。对包装完好的感染性材料应核实数量、编号，对相关信息资料进行登记，并进行必要的标记，送检和接收双方人员签字确认。

（3）包装破损和泄漏的感染性材料，应视为感染性废弃物，按"实验废弃物管理规定和处置要求"进行处置，并对受污环境进行必要的消毒处理。建议使用次氯酸盐和高级别的消毒剂来清除污染。一般情况可使用新鲜配制的含有效氯 0.1% 的次氯酸盐溶液，处理溢出的血液时，有效氯浓度应达到 0.5%。戊二醛可以用于清除表面污染。

4. 感染性材料的使用管理

（1）使用感染性材料时须在相应生物安全级别的实验室中进行。

（2）在使用感染性材料时应按上岗证的项目范围进行实验活动，使用高致病性可疑感染性样本按其特殊规定进行。例如，血清的分离应当小心吸取，而不能倾倒，避免或尽量减少喷溅和气溶胶的产生。

（3）使用感染性材料时，如果发生意外事件或生物安全事故，应按"实验室感染应急预案"的相关规定进行处理。

（4）使用后，对于剩余的感染性材料需要归还的，应按要求归还，并由使用者和保藏者双方签名；对于不需要归还的，应视为感染性废弃物，按"实验废弃物管理规定和处置要求"进行处置。

5. 感染性材料的保存

实验室应指定专人负责感染性材料的保存，双人双锁，并建立所保存的感染性材料名录清单，确保感染性材料安全。保管人员变动时，必须严格办理交接手续。

感染性材料应有严格的登记，包括购进日期、使用、销毁情况、销毁人、方法、数量等。感染性材料保存的范围及向外单位转移时，应按相关卫生部门规定执行。

（二）生物样本管理

在动物实验中，实验动物的自身活动就能产生潜在的危害，比如动物抓伤或咬伤工作人员、工作人员不知不觉地吸入动物散发的气溶胶等。动物性气溶胶、人兽共患病和实验室获得性疾病感染是形成动物实验生物危害的三大重要因素，为避免实验动物对工作人员及环境的危害和实验动物本身的安全隐患，需要注意以下方面。

1. 实验动物准入管理制度

对外源实验动物进入实验室必须采取严格的准入管理制度，尽可能避免传染源进入实验室。

（1）实验室须委派专职人员分管外购实验动物的验收、检疫环节，并负责整个实验过程的动物质量控制。

（2）建立实验动物验收隔离制度。坚持不从疫区采购动物，要求供应商提供动物遗传背景与疫苗注射记录，针对不同动物建立不同检验标准，并根据免疫记录，使用相同疫苗继续完成动物的免疫接种。隔离期满的动物方可经缓冲间（淋浴、消毒处理）后进入饲养与实验室。整个实验期间，要求实验室工作人员和实验人员共同监管动物状况，建立实验动物健康状况日常登记表，发现异常及时报告，启动应急措施。

2. 动物实验的组织管理机构

生物安全动物实验室应设立实验动物生物安全管理委员会和实验动物福利伦理委员会。实验动物生物安全管理委员会负责对实验动物的使用规范化进行管理、监督和指导，拟订动物实验室准入制度、污染物的管理及处理计划、废弃物收集与存储及标识。对有关人员进行监督、培训和考核，要求全部实验人员（包括清洁人员、动物饲养人员、实验操作人员等）接受足够的操作训练和演练，并熟练掌握相关的实验动物和微生物操作规程和操作技术，动物饲养人员和实验操作人员要有实验动物饲养或操作上岗合格证书。

实验动物福利伦理委员会具体负责本单位有关实验动物的伦理审查和监督管理工作。对拟开展的大实验项目实施审批制度，主要审批该项目是否经伦理委员会批准；具体实验人员是否具有相关资质，是否过敏体质或有过传染病史，是否熟练掌握动物实验操作规范和生物安全防护知识；要求进行生物危害评估，审批是否涉及病原微生物感染、化学染毒、放（辐）射等需要在特殊实验室方可实施的项目等。

（三）病原微生物管理

按 WHO《实验室生物安全手册》《病原微生物实验室生物安全管理条例》等法律法规文件的要求，对高致病性病原微生物菌（毒）种和样本设专库或者专柜单独存储。具体要求：①实验室应指定专人负责高致病性病原微生物菌（毒）种的保存，双人双锁，并建立所保存的高致病性病原微生物菌（毒）种名录清单，确保高致病性病原微生物菌（毒）种的安全。②保管人员发生变动时，必须严格办理交接手续。高致病性病原微生物菌（毒）种应有严格的登记，包括购进日期、使用、销毁情况，销毁人、方法、数量等。③高致病性病原微生物菌（毒）种保存的范围及向外单位转移时，应按国家卫生部规定执行。④高致病性病原微生物的实验活动必须在防护级别较高的 BSL－3 和 BSL－4 实验室内才能进行。

四、生物安全实验室废弃物管理

（一）感染性材料的销毁

感染性实验废弃物包括培养基、标本和菌（毒）种保存液、血液、血清、临床标本，用过的一次性手套、口罩、帽子，用过的试管、吸管、移液器吸头，用过的一次性实验用品及实验器械等携带或可能携带病微生物的实验废弃物。废弃物处理的首要原则是所有感染性材料必须在实验室内清除污染，最有效和彻底的清除污染方法通常为高压灭菌。按照"无害化、减量化、资源化"的原则进行妥善处理。

（1）感染性实验废弃物应进行高压蒸汽灭菌或放入有效氯含量不低于 0.5％ 的消毒剂中浸泡 24 h；进行压力蒸汽灭菌处理的，应在包装外粘贴指示标记（以便分辨是否经过高压），标明压力蒸汽处理要求及实验废弃物处理责任人姓名（实验室内高压消毒者可以省去此步骤）。灭菌或消毒处理后再使用黄色垃圾袋包装，按要求贴上警示标识及中文标签，运送至暂存地点存储。

（2）应当及时收集实验室产生的感染性废物，并放置于防渗专用包装容器（袋）或者防锐器穿透密闭容器（可以是广口塑料瓶或耐重硬纸盒等）内。

（3）感染性实验废弃物放入包装容器后不得取出。

（4）严禁使用破损的包装容器，严禁包装容器超量盛装，达到容器的 3/4 时，应当使用有效的封口方式。

（5）操作、搬动或运送过程中发现容器有破损、渗漏等情况时，应立即采取重新封装等措施并进行相应消毒处理。包装容器的外表面被感染性废物污染时，应当进行消毒处理或者增加一层包装。

（6）实验废弃物的容器外表面应有警示标识和中文标签，标签内容包括实验废弃物产生机构名称、产生日期、类别及需要的物别说明等。

（7）严禁将实验废弃物与生活垃圾混放。

（二）生物安全实验室废气排放管理

动物实验室的废气以氨气为主，主要是动物粪尿排泄物经细菌分解所产生的。对动物实验室空气的排放必须严格要求，高度重视生物安全动物实验室的废气处理，保护内外环境。

（1）动物饲养间须安装独立空调或高效过滤设备，利用气压差控制废气排放。每个房间及每个过滤器、压力调节阀、温湿度调节阀的位置均须清楚标识，风机、通风管道、净化、恒温、恒湿等设备须立体排列，便于定期检漏和维修。

（2）对啮齿类动物，尽量降低饲料密度，增加换气次数，使用具有辅助换气功能的隔离饲料盒，如独立送排风笼具（Individual Ventitaled Cage，IVC）。IVC 系统的特点是每个笼盒均具有独立的送风和排风功能，因其笼盒相对独立，便于安置，能提高实验动物质量和人身健康保障，防止人与动物、动物与动物间的交叉感染，保护环境。

（三）生物安全实验室污水排放管理

清洗动物实验室的笼具、器械及地板时，会排放大量的废水、污水，若管理不科学，将直接导致实验室内外的环境污染。

符合排放标准的动物排泄物可以直接排入一般废水处理系统；含有致病微生物，威胁人体健康及环境卫生的废水必须经化学处理消毒（如次氯酸钠）或高温灭菌处理后才能排放。使用清洁消毒剂要按产品使用说明及储藏时间要求执行，避免过量使用后造成污染。

洗涤池排水管与主干道之间应直接连接，不宜太多弯曲。定期检查排水口是否因腐蚀破损而产生渗漏，使污水溢出。要注意废水中动物毛发、垫料、大量粪便等堵塞管道，禁止直接排入废水处理系统。

（四）生物安全实验室动物粪便处理管理

对实验动物粪便、尿液处理的有效管理是防止疫情的滋生和传播，维护实验室工作人员健康安全的重要保障。

实验动物粪尿多采用垫料来吸收，须严格按照评估标准来选择合适的垫料。垫料的清理、收集应在设有负压的装置中进行，避免在整理过程中产生气溶胶，随空气飘散，影响环境。废弃垫料要包装密封于塑胶袋中，避免臭气外泄，防止苍蝇、蟑螂、啮齿类动物等的侵入，存储时间不得超过一日。对感染性物质污染垫料，必须经灭菌后再以焚烧或掩埋方式处理。事先须以印有"生物危害标识"的塑料袋密封，存储于特定场所，当日经高压灭菌后送出。

（五）实验动物尸体及其他固体废弃物处理管理

对实验动物尸体及废弃物无害化处理是实验室生物安全管理中的重要环节。具体要求：①动物实验操作必须在专门的生物安全柜中进行，避免操作过程中产生气溶胶的污染。动物尸体必须进行回收前处理，无医疗锐器、敷料等其他实验废弃物。②实验动物尸体用塑料袋包装，不得有液体物质流出，先置入冷柜保存，冷藏防止腐败。③无毒害的动物尸体，可集中后统一按生物垃圾处理或焚化。④被药品、生物制剂、病原生物等污染的实验动物尸体与未污染的分开包装，并做好标记，用装载生物危害物质的塑胶袋妥善包装，经蒸汽高温高压灭菌后冷藏，再集中焚化。

五、生物安全实验室档案管理

实验室档案是在实验室工作和管理活动中自然形成的。每个实验室和管理工作都各有自己明确的目标、预先的计划、具体的实施、最后的总结，在各项工作中都自然地形成各种内容和形式，经过整理保存起来，形成实验室档案。根据《病原微生物实验室生物安全管理条例》，实验室应当建立实验室档案，记录实验室使用情况和安全监督情况。

生物安全实验室由于所从事工作的特殊性，其归档内容除了一般实验室资料外，为了便于总结、评估实验室安全运行情况，帮助分析、判断实验室工作人员身体异常的原因，还应收集整理以下内容进行归档：生物安全手册，生物安全管理制度，人员培训考核记录，健康监护档案，事故报告，分析处理记录，废物处置记录，麻醉药品使用记录，菌（毒）种和样本收集、运输、保存、领用、销毁等记录，生物安全柜记录，消毒、灭菌效果监测记录等。生物安全实验室资料档案原则上不外借，因工作需要复制档案资料者须经批准。超过保存期限的档案资料、记录，应通过生物安全管理委员会的讨论、鉴定，批准是否实施销毁，销毁应至少两人实施，做好销毁记录。生物安全实验室的记录、资料保存不得少于 20 年。

第五节　生物安全事故应急处理

危害实验室安全的因素主要包括生物因素、化学因素、物理因素、放射因素等。产生的原因主要为人为破坏和人员操作不当，设施故障以及火灾、水灾、冰冻、地震和爆炸等自然因素。以上各危险因素在本书的相应章节都有详细介绍，这里不再赘述，下面介绍防范生物安全实验室各种危害发生的措施。

一、生物安全事故应急预案

病原微生物实验室运行中，发生生物危害事故的影响因素较多，情况也复杂多变。尽管国内外病原微生物实验室在相关法律法规和指南的指导下，尽量规范人员操作和加强仪器维护，有效减少了生物危害事故的突发。但"百密一疏"，所有的措施不能保证仪器设备或设施完全不出现意外故障以及操作人员不出现疏忽和错误，生物医学实验室发生意外事件是不可避免的。

在这种情况下，各单位均应结合本单位实际，在实验室建立之初或从事某项危险实验之前，建立针对意外事件的应急指挥和处置体系，制订应对各种意外危险的应急预案和生物危害事故现场处理原则，并体现在实验室生物安全手册中，不断修订。有关应急预案应定期演练，使所有工作人员熟知。

（一）生物安全实验室的应急预案

WHO 要求每一个从事病原微生物工作的实验室都应当制订针对所操作微生物和动物危害的安全防护措施。在任何涉及处理或存储危险度 3 级和 4 级（即中国的危害程度第一类和第二类）微生物的实验室，都必须有一份关于处理实验室和动物设施意外事故的书面方案。国家和当地的卫生部门都要参与制订应急预案。我国《实验室－生物安全通用要求》（GB 19489—2008）对生物安全实验室应急体系的建立和应急预案的制订也有明确的规定。

（1）生物安全实验室应急程序的基本内容：应急预案适用范围，应急处理组织机构，指挥与协调机构，应急通信，应急事件的分类，应急事件处理步骤与工作流程（包括个人防护与应对程序、撤离计划与路线、污染源隔离和消毒、人员撤离和救治、现场隔离与控制），应急保障（装备）。

（2）生物安全实验室意外事故应急预案应提供的操作规范：防备生物性、化学性、物理性、放射性等紧急情况；防备火灾、水灾、冰冻、地震和爆炸等自然灾害；防备人为破坏和人员操作不当引起的意外事故；意外暴露的处理和污染清除；意外事故发生时的继续操作、人员紧急撤离和对动物的处理；人员暴露和受伤的紧急医疗处理，如医疗监护、临床处理和流行病学调查等。

（3）制订意外事故应急预案时应考虑的问题：高危险度等级微生物的检测和鉴定；高危险区域的地点，如实验室、储藏室和动物房；明确处于危险的个体和人群及这些人员的转移；列出能够接受暴露或感染人员进行治疗和隔离的单位；列出事故处理需要的免疫血清、疫苗、药品、特殊仪器和其他物资及其来源；应急装备和制剂，如防护服、消毒剂、化学和生物学的溢出处理盒、清除污染的器材的供应；处理事故中应明确责任人员及其责任，如生物安全管理人员、地方卫生部门、临床医生、微生物学家、兽医学家、流行病学家以及消防和警务部门的责任。应制订紧急撤离的行动计划。该计划应考虑生物性、化学性、失火和其他紧急情况，应包括使留下的建筑物处于尽可能安全状态的措施。

实验室应让所有人员（包括来访者、消防人员和其他服务人员）熟悉应急行动计划、撤离路线和紧急撤离的集合地点，事先告知他们哪些房间有潜在的感染性物质。要安排这些人员参观实验室，让他们熟悉实验室的布局和设备。发生灾害时，应就实验室建筑内和附近建筑物的潜在危险向当地或国家紧急救助人员提供资料。只有在受过训练的实验室工作人员的陪同下，做好个人防护才能进入这些区域。

当工作人员在工作中遭受意外伤害时，受伤人员应当脱下防护服，按照实验室的《应急事件紧急生物和医学处理措施》，使用适当的方式对伤口进行处理，必要时进行医学处理，并通知实验室安全责任人，安全责任人必须如实、完整地记录出现的生物安全事件和医疗处理，并及时将记录返回上级管理单位。实验室负责人应确保有用于急救和紧急程序的设备在实验室内可供使用。

（4）在设施内应在显著位置张贴的电话号码及地址：实验室；研究所所长；实验室负责人；生物安全员；消防队；医院、急救机构、医务人员（如果可能，提供各个诊所、科室和医务人员的名称）；警察；工程技术人员；水、气和电的维修部门。

（5）应急物资储备。必须配备以下紧急装备：急救箱，包括常用的和特殊的解毒剂；合适的灭火器和灭火毯。建议配备以下设备，但可根据具体情况有所不同：房间消毒设备，如喷雾器等；担架；工具，如锤子、斧子、扳手、螺丝刀、梯子和绳子；划分危险区域界限的器材和警告标识。

（二）事故报告制度

凡涉及病原微生物操作的单位均应建立实验室事故报告制度。实验室事故的报告制度一般应遵循以下程序和原则：

（1）发生突发事件或事故后，在妥善处理的同时向实验室负责人口头报告，负责人应立即向上级报告，必要时应及时进入现场进行处理。应如实填写事故和事故处理记录。处理后负责人应立即向单位生物安全委员会进行详细汇报。

（2）生物安全委员会和负责人应认真负责地对事故的经过以及事故的原因和责任进行实事求是的分析，对感染者的发病过程进行详细记录和检验。及时对事故做出危险程度评估，在 12 h 内向单位上级主管部门进行汇报。

（3）事故鉴定结果公布后，当事人、负责人应实事求是地找出事故的根源，总结教训，写出书面总结。单位领导要向上级主管部门写出书面报告，报告事情的经过、后果、原因和影响。

二、常见生物安全事故及应急处理

当发生自然灾害（如地震、水灾等）或设施出现故障时，有可能使保存菌（毒）种等感染性材料的容器发生破裂，而对操作者、环境和后续的抢险清理人员的健康造成威胁。生物安全柜等关键设备出现故障或实验室内压力、气流等发生逆转时，可造成感染因子的泄漏而对操作者造成威胁。下面介绍针对这些情况的处理原则。

（一）生物危险材料溢洒

由于操作不当，菌（毒）种或（潜在）感染性材料有可能溢洒在生物安全柜内以及台面、地面、防护服和其他表面。

对于（潜在）感染性材料溢洒在防护服的情况，应立即进行局部消毒，更换或全部用消毒液浸泡后进行高压灭菌处理。

对于生物安全柜内发生（潜在）感染性材料溢洒的情况，溢洒的量不同，处理方法也不同。当发生少量溢洒时，应用吸收纸巾或布立即处理，并用浸满消毒液的毛巾或纱布对生物安全柜及其内部的物品进行擦洗。工作面消毒后应更换手套，不论是摘下手套还是更换手套都要洗手。若发生大量溢洒，液体会通过生物安全柜前面或后面的格栅流到下面，生物安全柜内所有的物品都应该进行表面消毒并拿出生物安全柜，在确保生物安全柜的排水阀被关闭后，可将消毒液倒在工作台面上，使液体通过格栅流到排水盘上。所有接触溢出物品的材料都要进行消毒或高压灭菌处理。

对于（潜在）感染性材料溢洒在台面、地面和其他表面的情况，应立即用布或者纸巾覆盖（潜在）感染性物质或（潜在）感染性物质溢洒的破碎物品，然后在上面倒上消毒剂（如 5% 次氯酸钠溶液、乙醇等），从溢出区域的外围开始，向中心进行处理。作用约 30 min 后，将所处理物质按照感染性废弃物处理原则清理；如要含有玻璃碎片或其他锐器，则置于可防刺透的容器中以待处理。最后用消毒剂擦拭整个污染区域，整个过程中应戴手套操作。

上述处理过程中，处理人员应戴手套，穿防护服，必要时须进行脸和眼睛的防护。在成功消毒后，应通知主管部门溢出区域的清除污染工作已经完成。

（二）皮肤、黏膜被感染性材料污染

操作人员皮肤、黏膜被感染性材料污染后，危险很大，应立即停止工作，用消毒液或抗菌皂液冲洗，然后用流动的水冲洗 15~20 min。若眼、面部、口腔等黏膜部位被感染物污染，立即用洗眼器冲洗或用温水冲洗污染部位 15~20 min。上述情况处理后安全撤离，视情况隔离观察，并进行适当的预防治疗。

（三）皮肤刺伤、割伤

皮肤被针头、注射器、锐器、碎玻璃等刺伤、割伤后，感染的危险极大，应立即停止工作。

（1）清洗双手，冲洗伤口、挤出局部血液，用碘酒或 75％酒精消毒，必要时就医。

（2）立即通知实验室主任和生物安全员受伤的原因及可能污染的病原，根据所污染的病原情况采取相应的医学处理。如果被乙型肝炎病毒（HBV）等病原污染的锐器刺伤，应注射乙肝疫苗和高效免疫球蛋白及其他相关疫苗；如果被人类免疫缺陷病毒（HIV）病原污染生物锐器刺伤，应在两个小时内服用抗艾滋病毒药物，如 AZT 等。

（3）详细记录受伤原因、事故处理经过和相关的污染，并保留完整的就医记录。视情况隔离观察，期间根据条件进行适当的预防治疗。

（四）实验动物抓伤和昆虫咬伤

被实验动物、昆虫抓伤或咬伤，感染的危险性极大，应立即停止工作。

（1）立即脱下工作服，伤口经过清水冲洗、止血（无须包扎），用碘酒或 75％酒精消毒等处理后，立刻就近到医院急诊或外科门诊进行伤口处理。

（2）伤口处理后立刻到所在区的疾病预防控制中心进行登记，医生根据情况确定注射狂犬疫苗的免疫程序，并且决定是否应该注射抗狂犬病血清；立刻到指定地点注射狂犬病疫苗；一旦开始注射狂犬病疫苗后，必须按时、全程接种疫苗。

（3）实验室应记录事件的经过，并保留完整的医疗记录。

（五）离心管发生破裂

非密闭离心桶的离心机运行过程中离心管发生破裂或疑似破裂，都视为发生气溶胶暴露事故，应立即加强个人防护力度。

（1）关闭离心机电源开关，保持离心机盖子关闭至少 30 min，使气溶胶沉降。如果机器停止后发现破裂，应立即将盖子盖上，密闭至少 30 min。在这段时间内立即通知生物安全员。

（2）在生物安全员的指导下，戴上结实的厚橡胶手套（必要时可在外面再戴一双一次性手套）进行清理。如果有玻璃碎片，应使用镊子清理。

（3）所有的离心管、玻璃碎片、离心桶、十字轴和转子都应浸泡在无腐蚀性的已知对相关微生物有杀灭活性的消毒剂内（如 75％酒精、新洁尔灭等）。未破损的带盖离心管应放在另一个有消毒溶剂的容器中，然后回收。

（4）离心机腔内用适当浓度的同种消毒剂擦拭 2～3 遍，然后用清水擦洗干净，晾干后再用。

（5）清理时使用的材料应按感染性废弃物处理。

可封闭的离心桶（安全杯）内离心管发生破裂时，所有密封离心桶都应在生物安全柜内装卸。如果怀疑在安全杯内发生破损，应该松开安全杯盖子，并将离心桶高压灭菌。还可以采用化学方法对安全杯进行消毒。

（六）发生自然灾害

（1）地震。在地震区不应建设 BSL－3 以上实验室。万一发生地震，应根据实验室被破坏的程度进行处理。

①房屋倒塌：BSL－2 以上实验室首先是设立适当范围的封锁区，其次是进行适当范围的消毒，边消毒边清理，最后由专业人员在做好个人防护的前提下对实验室边消毒边清理，清理到菌（毒）种保存室。如果菌（毒）种的容器没有破坏，可安全转移到其他安全的实验室存放；如果菌（毒）种的容器已有破坏和外溢，应立即用可靠的方法进行彻底消毒灭菌。处理现场的人要进行适当的医学观察。

②实验室轻微损坏可由专业人员按照上述方法处理。

（2）水灾。在经常发生水灾或可能发生水灾的地区不应建设 BSL－3 以上实验室。万一发生水灾报警时应停止工作，转移菌（毒）种和相关材料，对实验室进行彻底消毒。对仪器设备消毒转移和进行有关防水处理。水灾后对实验室应进行消毒、清理、维修和试运转，安全参数检测验证合格后方可重新启用。

（3）火灾。实验室应加强防火。万一发生火灾，对于 BSL－3 以上实验室，首先要考虑实验人员安全撤离，其次是工作人员在判断火势不会迅速蔓延时，可力所能及地扑灭或控制火情，消防人员要在专业人员陪同下进入实验室，不得用水灭火。消防部门要控制火情，以防火灾殃及周围建筑。

（七）设备障碍

（1）停电。要迅速启动双路电源，或备用电源或自备发电机，电源转换期间应保护好呼吸道；如果时间较短，可屏住呼吸，待正常或佩戴好面具后恢复正常呼吸；如果时间较长，则应加强个人防护，如佩戴专用的头盔等。

（2）实验室正压安全柜出现负压。有潜在危险，应停止工作，继续保持生物安全柜的负压 10～20 min，人员对房间进行常规处理后撤离。

（3）生物安全柜出现正压。

若生物安全柜出现正压，则被视为房间有试验因子污染并对实验人员危害较大，应立即关闭安全柜电源，停止工作，缓慢撤出双手离开操作位置，避开从安全柜出来的气流。在保持房间负压和加强个人防护的条件下进行消毒处理，然后撤离实验室。

若生物安全柜和房间同时出现正压，则被视为房间有试验因子污染并对实验人员危害较大，同时对环境有污染的可能。

①应立即关闭安全柜电源，停止工作，启动备用排风机，加强个人防护，消毒和撤

离实验室．进入第二缓冲间，进行淋浴或其他消毒，换鞋洗手，喷雾消毒离开，开门进入半污染区，锁住或封住缓冲间的外门。

②对半污染区进行消毒，个人消毒后进入第一缓冲间，锁住或封住进入半污染区的门。

③在第一缓冲间进行消毒净化处理，用肥皂水洗澡，离开实验室，锁住或封住实验室进口，并标明实验室污染。

三、突发性公共卫生事件应急处理

当生物安全实验室出现突发性公共卫生事件，如感染性物质泄露事件时，操作人员是难于处理的，应立即停止工作。

（1）操作人员应屏住呼吸迅速离开房间，小心脱去个人防护用品。当脱去个人防护用品时必须确保个人防护用品暴露面朝里，用皂液和水仔细洗手，立即通知实验室主任和生物安全员。所有人员应立即撤离相关区域，在实验室入口处贴上"禁止进入"的标识，实验室排风至少 1 h。如果实验室没有中央通风系统，则应推迟进入实验室的时间（如 24 h）。实验室在生物安全员的指导下，做好相关防护清洁后才准许人员再次进入。大范围的污染必须通知生物安全办公室，安排相关人员清洁实验室，以便再进入。

（2）感染性气溶胶产生后，应针对产生的原因采取措施，如停止相关实验操作、隔离感染动物等。对装有中央空调和通风系统的实验大楼，应根据气溶胶污染程度和感染物的危险性，对大楼空间、空调和通风系统进行局部或全部消毒处理。

（3）如果操作者或其所在实验室的工作人员出现与被操作病原微生物导致的疾病类似的症状，则被视为可能发生实验室感染，应及时到指定医院就诊，并如实告知工作性质和发病情况。在就诊过程中，应采取必要的隔离防护措施，以免疾病传播。

四、事故案例分析

据《新闻纵横》报道，2010 年 12 月 19 号，东北某大学应用技术学院 0801 班的学生进行羊活体解剖学实验。一次实验改变了该大学 28 名师生的人生轨迹。这是一次羊活体动物实验，先解剖，再肢解，最后观察羊内脏。整堂解剖课从上午一直持续到下午，实验结果却是 28 人感染严重布鲁杆菌传染病，其中 14 个男生，13 个女生，还有 1 位老师。

感染原因如下：

（1）实验用羊未进行检疫，也无消毒等具体措施。

（2）没戴手套，细菌通过手上细小伤口侵入。

（3）没戴口罩，细菌通过吸入含布鲁氏杆菌的气溶胶感染眼结膜、鼻腔黏膜和口腔。

（4）没在生物安全实验室进行羊解剖实验。

思考题

1. 什么是生物安全？建设生物安全实验室的重要意义和基本原则是什么？为什么要进行生物安全教育？

2. 什么是病原微生物分级？我国将病原微生物分为几级？各有哪些主要的病原微生物？

3. 什么是生物安全实验室？生物安全实验室分为几级？应具备哪些生物安全防护设备？为什么要开展实验室生物安全管理？

4. 病原微生物危险度分级分类的依据是什么？并列出相关的危险度等级和对应的生物安全水平。

5. 若出现实验室生物安全事故，在保障实验人员生命安全的前提下，如何处理实验室生物安全事故，防治病原微生物扩散？

参考文献

[1] 中华人民共和国国务院令（第 424 号）. 病原微生物实验室安全管理条例. 2004.

[2] 中华人民共和国全国人大常委会. 中华人民共和国传染病防治法. 2004.

[3] 中华人民共和国标准. 实验室生物安全通用要求 GB 19489—2008.

[4] 中华人民共和国标准. 生物安全实验室建筑设计规范 GB 50346—2011.

[5] 中华人民共和国卫生行业标准. 微生物和生物医学实验室生物安全通用准则 WS 233—2002.

[6] 中华人民共和国卫生部. 人间传染的病原微生物名录. 2006.

[7] 马文丽，郑文岭. 实验室生物安全手册 [M]. 北京：科学出版社，2003.

[8] 陆兵，陈惠鹏，郑涛. 实验室生物安全手册 [M]. 2 版. 北京：人民卫生出版社，2004.

[9] WHO. Laboratory Biosafety Manual [M]. 3th Edition. 北京：人民卫生出版社，2004.

[10] 张永江. 动物生物安全实验室（ABSL）的建设 [J]. 畜牧兽医科技信息，2005（4）：35−36.

[11] 祈国明. 病原微生物实验室生物安全 [M]. 北京：人民卫生出版社，2005.

[12] 世界卫生组织. 实验室生物安全手册 [M]. 3 版. 北京：中国疾病预防控制中心，2005.

[13] 李勇. 实验室生物安全 [M]. 北京：军事医学科学出版社，2009.

[14] 叶冬青. 实验室生物安全 [M]. 北京：人民卫生出版社，2008.

[15] 李劲松. 生物安全柜应用指南 [M]. 北京：化学工业出版社，2005.

第六章　辐射安全与防护

【本章导读】

本章简要介绍了核辐射（又称放射性）、微波辐射、光辐射（日光、可见光等）以及红外、紫外等辐射的原理，危害机理和种类，防护法规、标准以及防护的要求、措施和方法。目的在于给大家一个明确的概念，即只要以科学的态度，掌握足够的辐射知识，了解相关的辐射防护规律，遵守辐射防护的有关法规，正确、安全地使用放射性物质、操作射线装置，就不必为所面对的辐射感到害怕和恐慌。

本章主要学习要点：

（1）了解核辐射的基本常识及危害，学习正确进行辐射防护的基本方法。

（2）熟悉微波辐射安全标准，学会正确采取预防措施。

（3）掌握光射辐射的特点及其危害，正确使用实验室激光设备。

辐射是能量在空间的传播。按照辐射的物质性，可分为两大类：一类是电磁辐射，其实质是电磁波；另一类是粒子辐射，它们是一些组成物质的粒子或者原子核。电磁辐射仅有能量而无静止质量，根据频率和波长的不同，又可将其分为无线电波、微波、红外线、可见光、紫外线、X 射线和 γ 射线等。粒子辐射既有能量，又有静止质量，是一些高速运动的粒子，其中包括电子、质子、α 粒子、中子和带电重离子等。在实践中也常将高能的 X 射线、γ 射线称为粒子辐射。按照辐射作用于物质时产生效应的不同，人们又将辐射分为电离辐射和非电离辐射。电离辐射包括宇宙射线、X 射线和来自放射性物质的辐射，非电离辐射包括紫外线、热辐射、无线电波和微波等。一般来说，非电离辐射的能量较低，不足以使被辐射物质的原子发生电离，而电离辐射有足够的能量使原子中的电子游离而产生带电离子。这个电离过程通常会引致生物组织产生化学变化，因而可能对生物构成伤害。电离辐射一般是由带电粒子、中子、X 射线、γ 射线引起的，非电离辐射一般是由无线电波、微波、红外线、可见光、紫外线引起的。由于电离辐射主要来源于原子核发出的射线，人们常常又将电离辐射称为核辐射，将紫外线、可见光、热辐射（红外线）、无线电波和微波等产生的辐射称为电磁辐射。

第一节 核辐射

一、核辐射的性质及危害

（一）原子核与放射性

（1）原子与原子核。原子核由质子和中子组成。质子数 Z 相同的原子具有相同的化学性质。但从核的性质来说，它是由质子数与中子数共同决定的。有相同的质子数和相同的中子数以及相同能量状态的一类原子核，称为一种核素。到目前为止，人类在实验中已经发现了超过 2000 种的核素。

核素用符号 $^A_Z X_N$ 来表示，其中 X 是元素符号，A 是质量数，Z 是质子数，N 是中子数。例如，$^4_2 He_2$ 是元素氦的一种核素，它的质量数是 4，质子数和中子数都是 2。质子数相同，中子数不同的某种元素的各种核素在周期表中占据相同的位置，称为同位素。例如，氢有三种同位素，^1H 称为氕（普通的氢，其原子核中只有一个质子），^2H 称为氘（原子核中有一个质子加一个中子），^3H 称为氚（原子核中有一个质子加两个中子）。

（2）放射性及其种类。研究表明，原子核自发地放射出的射线，在磁场中有三种偏转方向，人们分别以希腊字母 α，β，γ 命名它们，如图 6-1 所示。

①α 射线。在磁场或者电场中发生偏转，能量一般为 4～6 MeV，速度接近光速的 1/10，穿透能力很小，用一张普通的纸就能把它挡住，在空气中也只能穿行几厘米就被吸收掉了。但是它的电离能力很强，在穿过空气时就可以把空气电离。研究发现，α 射线是原子核放射出的高速运动的氦原子核 $^4_2 He$（也称为 α 粒子）。

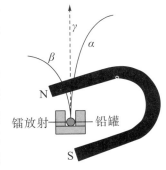

图 6-1 射线在磁场中的偏转

②β 射线。β 射线是高速运动的电子流，目前发现有两种：一种带负电荷，记为 β^-；另一种带正电荷，记为 β^+。无论是 β^- 还是 β^+，β 粒子的质量都是电子的质量，约为 α 粒子的 1/7300。β 射线的能量是连续分布的，从低能（接近 0）到其最高能量都有。β 射线的穿透能力比 α 射线强，可穿过几毫米厚的铝板，电离作用比 α 射线弱，但也能使空气电离。

③γ 射线。在电磁场中不发生偏转，说明它是一种不带电的中性粒子。研究表明，γ 射线是一种波长短、能量大的电磁波。它从原子核里面发射出来，不带电，以光速运动。γ 射线的能量一般在几十 keV 至几 MeV，穿透能力很强。MeV 的 γ 射线能穿过几十厘米厚的铝板。

④其他射线。除了上述的三种射线外，在辐射防护实践中还有 X 射线、中子以及 β

射线与物质作用时可能放出的韧致辐射（一种穿透力强的电磁辐射）等。

（3）放射性衰变规律。放射性衰变是一个随机的过程，我们无法预知在某个时刻某个原子核将发生衰变。大量的放射性原子核组成放射源，随着时间的流逝，组成放射源的放射性核素的数目将越来越少。

以 $^{222}_{86}$Rn 的衰变为例，把一定量的氡单独存放，实验发现，在大约 4 d 之后氡的数量减少了一半，经过 8 d 减少到原来的 $\frac{1}{4}$，经过 12 d 减到 $\frac{1}{8}$，一个月后就减少到不到原来的 1% 了。

实验表明，放射性核素数目随时间的变化关系为

$$N = N_0 e^{-\lambda t}$$

式中，N_0 为初始时刻放射源中放射性核素的数目，N 为时刻 t 时放射源中放射性核素的数目，λ 称为衰变常量，其量纲是时间的倒数。它的大小决定了衰变的快慢，只与放射性核素的种类有关。

半衰期 $T_{1/2}$ 是放射性原子核数衰减到原来数目的一半时所需的时间。当 $t = T_{1/2}$ 时，有

$$N = \frac{1}{2} N_0 = N_0 e^{-\lambda T_{1/2}}$$

所以

$$T_{1/2} = \frac{\ln 2}{\lambda} = \frac{0.693}{\lambda}$$

（4）放射性活度及其单位。放射源单位时间衰变的次数称为放射源的放射性活度。放射性活度与放射性核素数目具有相同的指数衰变规律。

放射性单位的国际单位制（SI）为"贝可勒尔"（Becquerel），即每秒一次衰变，符号为 Bq。即

$$1\ \text{Bq} = 1\ \text{次衰变/s} = 1\ \text{s}^{-1}$$

在实际工作中，还经常沿用旧活度单位——居里（Curie，简记为 Ci），它与 SI 单位之间的关系为

$$1\ \text{Ci} = 3.7 \times 10^{10}\ \text{Bq}$$

其分数单位是毫居里（$1\ \text{mCi} = 10^{-3}\ \text{Ci}$）和微居里（$1\ \mu\text{Ci} = 10^{-6}\ \text{Ci}$）。

（二）辐射剂量及其单位简介

辐射剂量用于对电离辐射与物质相互作用时产生的真实的或潜在的效应提供一个相关的量度，用来描述辐射在物质内沉积的能量及辐射在物质内所产生效应的量度。

（1）照射量（X）。照射量是辐射防护中沿用最久，用以度量 X 射线或 γ 射线在空气中产生电离本领的大小的一个物理量。其定义：一束 X 射线或 γ 射线穿过单位质量空气时，与空气发生相互作用而产生次级电子，当这些次级电子损失其全部能量后，所产生的同一种符号的带电粒子（电子或正离子）的总电荷量的绝对值。照射量是一个可以直接测量的物理量。

照射量的专用单位是伦琴（R），它与 SI 单位的关系为

$$1\text{ R(伦琴)} = 2.58 \times 10^{-4} \text{ C/kg}$$

（2）吸收剂量（D）。当电离辐射与物质相互作用时，单位质量的受照物质吸收电离辐射能量的大小，称为吸收剂量。吸收剂量的 SI 单位为焦耳每千克（J/kg），专用名称为戈瑞（Gy），旧单位（非法定计量单位）为拉德（rad），它们之间的关系为

$$1\text{ Gy} = 1\text{ J/kg} = 100\text{ rad}$$

（3）当量剂量（H）。在相同的吸收剂量下，不同的辐射可能产生不同的生物效应。为描述这一特性，引入了辐射权重因子和当量剂量。组织或器官中的当量剂量 H_T 为

$$H_T = w_R \cdot D$$

式中，D 为辐射在某组织或器官的吸收剂量；w_R 为辐射权重因子，表示不同种类、不同能量的射线对机体的相对危害，其值可查相关教材或手册。

当量剂量的专用名称为"希沃特"（Sv），SI 单位与吸收剂量的单位相同，即 J/kg。

（4）有效剂量（E）。由于不同的组织或者器官对辐射的敏感性不一样，相同的当量剂量作用在不同的组织或器官上，可能产生不同的生物效应。为了在计算辐射剂量时考虑这类因素的影响，引入了有效剂量，即

$$E = \sum_T w_T \cdot H_T = \sum_T w_T \cdot \sum_R w_R \cdot D_{T,R}$$

式中，H_T 是器官或组织的当量剂量；w_T 是相应受照器官或组织的组织权重因子，其值可查相关教材或手册。有效剂量的单位与当量剂量相同。

（三）核辐射来源

放射性有天然放射性和人工放射性之分。自从人类在地球上出现以来，就一直受到天然存在的辐射，这种辐射称为天然辐射。天然的放射性物质广泛地分布于整个环境中，例如所有生物体内都存在着^{14}C、^{40}K 以及^{210}Po 之类的放射性核素。天然辐射包括宇宙射线、来自地球本身的 γ 射线、空气中氡的衰变产物、包含在食物及饮料中的各种天然存在的放射性核素。用人工办法或人类活动产生的核素如果具有放射性，称为人工放射性核素。

各种辐射来源对公众剂量的贡献如图 6-2 所示。由图可见，所有公众接受的辐射剂量中来自天然辐射源的约占 82%，人工辐射所致人类受照剂量仅为 18%。两类来源的辐射所致人类受照剂量的比例如图 6-3 所示。

（四）辐射事故及其危害

在放射源、核辐射装置以及一些与核辐射有关的应用中，常常发生一些辐射事故，导致公众或者从业人员直接受到辐射的影响，甚至对环境造成长期的影响。

在实际应用中，辐射事故主要可能发生在以下几个方面。

1. 核设施事故

核设施包括核电厂、研究堆、生产堆、核供热站和其他核燃料循环设施（如铀矿山）、水冶厂、铀同位素分离厂、铀元件厂（包括元件中间试验厂以及核燃料后处理厂等）。

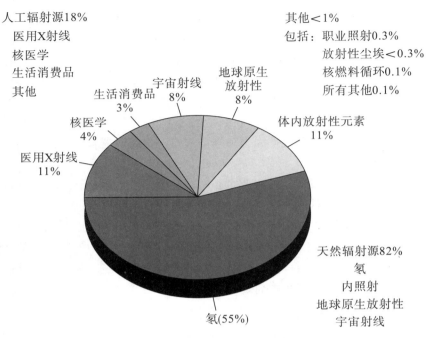

图 6-2　各种辐射来源的比例

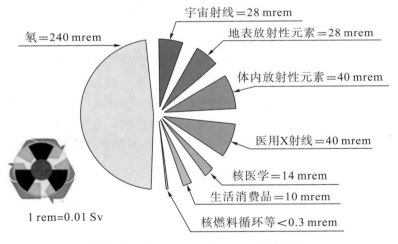

1 rem=0.01 Sv

图 6-3　人类受到的天然和人工辐射剂量

2. 核技术应用中发生的事故

核技术在工农业、医学、科学研究和教学中有着广泛的应用。较典型的应用有辐射成像技术（如 γ 探伤、β 探伤、中子探伤等）、核分析技术（如电子俘获、中子活化分析等）、测量技术（如 β、γ 散射仪，X 荧光散射仪，γ 水准仪等），涉及非密封放射性物质的技术（如同位素生产与运输、医疗应用、示踪技术及静电除尘、烟气探测等其他技术）。

通常，在核技术应用中可能发生的事故分为以下 3 类：

（1）辐射源的随意丢放、丢失或被盗。例如，放置 γ 源的容器丢失，密封 γ 源被打开或源丢失、被盗，致使人员受到辐射。

（2）例行操作中发生失误使得放射源处于未被屏蔽状态。例如，在使用 γ 探伤机后未将辐射源重新放入辐射源屏蔽容器中，或者发生故障使得不能用例行的方式将辐射源放入容器。

（3）放射性物质的泄漏释放。例如，装有放射性液体（包括废液）的容器在运输、存储期间可能发生放射性物质泄漏或释放事故。

3. 操作开放型放射性物质时发生的事故

此类事故的发生将使工作人员或公众受到不必要的辐射照射并可能污染工作环境。产生事故的主要原因如下：

（1）计划操作的放射性核素种类、操作量、操作方式以及防护设施和设备的要求超出工作场所原设计规范。

（2）没有严格按照操作程序和安全规程执行。

（3）没有考虑必要的个人防护措施。

（五）电离辐射的生物效应及主要影响因素

电离辐射作用于生物机体所产生的任何改变统称电离辐射的生物效应（biological effects of ionizing radiation）。电离辐射的生物效应是辐射防护的生物学基础。

1. 电离辐射的生物效应

电离辐射对人体能产生多种类型的生物效应，如组织反应、辐射致癌效应、辐射遗传效应、非癌症疾病、胎儿照射效应等。总的来说，目前将辐射产生的有害健康效应分为两种类型，即确定性效应（又称非随机效应）和随机性效应，见表 6-1。

表 6-1　辐射对人体健康的有害效应

	随机性效应	确定性效应
特点	发生率取决于剂量大小，严重程度与剂量无关，不存在剂量阈值	效应严重程度取决于剂量大小，存在剂量阈值
躯体效应	各种恶性病变，如癌、白血病等	白内障、眼晶体浑浊、皮肤良性损伤、造血障碍、生育力减退、寿命缩短以及心肌退化、肾炎、肺纤维化等
遗传效应	各种遗传危害（不能生育、畸形后代等）	—

辐射防护的目的就是要防止确定性效应的发生，并努力把随机性效应的危险控制在尽可能小的范围内。

2. 影响电离辐射生物效应的主要影响因素

（1）辐射源。

①射线种类。

不同射线产生的生物效应有所不同。射线的电离密度和穿透力是影响生物效应的重要因素。这两个影响因素的作用是反向的关系，即电力密度越大，生物效应越大；穿透力越大，生物效应越小。一般来说，对外照射：$\gamma > \beta > \alpha$；对内照射：$\alpha > \beta > \gamma$。

②辐射剂量与剂量率。

辐射剂量与生物效应之间存在一定的相关性。总的规律是剂量越大，剂量率越大，效应越显著，但并非都呈线性相关。当剂量率达到一定程度时，剂量率与生物效应之间失去这种相关性。

③照射次数和照射部位。

同一剂量的辐射，在分次给予时其辐射生物效应低于一次性给予；分次越多，各次间隔的时间越长，生物效应就越小。这与机体的修复过程有关。

机体不同部位受照产生的生物效应有较大的差别，这主要是由于不同组织对电离辐射的敏感性存在较大差异。实验证明，腹部受照引起的生物效应最大，依次为盆腔、头颈、胸部及四肢。

④照射方式和照射面积。

照射方式分为内照射和外照射。内照射是指放射源进入体内的照射；外照射是放射源在体外，它的射线从体外作用于机体的不同部位或全身。若兼有内、外两种照射，则称为混合照射。外照射可以单方向或多方向作用于机体，在其他条件相同时，通常多方向照射的生物效应比单方向照射的大。

内照射的生物效应受放射性核素的理化性质、侵入途径、分布、代谢特点、物理和生物半衰期等的多种因素的影响。

照射条件除了照射面积外，其他都相同时，照射面积越大，生物效应越显著。

（2）受照体。

当辐射的各种物理因素相同时，不同生物机体及不同组织对辐射反应强度和速度有较大的差异，即辐射敏感性不同。

个体发育的不同阶段其辐射敏感性也有很大差异。总的来说，辐射敏感性随个体的发育而降低。个体不同发育阶段的辐射敏感性顺序：胚胎期>器官形成期>幼年期>成年>老年。

其他个体特征差异，如性别、健康状态、饮食习惯等也与辐射敏感性有关。

二、核辐射的防护

（一）放射性同位素和射线装置的安全防护须知

1. 实验室常用放射源

一般来说，不同功能或研究目的的实验室所使用的放射性同位素不尽相同，常用辐射源见表6－2。

表6－2　实验室常用放射源的辐射特性

核素	半衰期	主要射线类型	主要射线能量（MeV）
H－3	12.35 a	低能 β	0.018
C－14	5730 a	低能 β	0.156

核素	半衰期	主要射线类型	主要射线能量（MeV）
Na－22	950 d	β^+ 和高能 γ	β：0.546；γ：1.275
P－32	14.29 d	高能 β	1.71
S－35	87.4 d	低能 β	0.167
Cl－36	300000 a	中能 β	0.710
Ca－45	163 d	低能 β	0.257
Cr－51	27.7 d	γ 和 X	γ：0.32；X：0.005
Fe－55	2.6 a	X	0.126
Fe－59	44.6 d	β 和 γ	β：0.466，0.273，0.131； γ：1.292，1.099，0.192
Co－60	10.467 min	β	0.732，1.550
I－125	60 d	γ 和 X	γ：0.035；X：0.027，0.031
I－131	8 d	γ，β 和 X	β：0.248~0.606； γ：0.364，0.637，0.284
Ni－63	100.1 a	β	0.0669
Zn－65	244.06 d	β^+	0.329
Sr－85	67.63 min	EC	γ 和 X：0.514
Sr－90	28.79 a	β	0.546
Zr－95	64.032 d	β	0.368，0.400，0.889，1.125
Nb－95	34.991 d	β	0.160，0.722，0.926
Nb－95m	86.6 h	β	0.121，0.340，0.374，0.956，1.160
Mo－99	2.7478 d	β	0.215，0.228，0.353，0.437，0.686，0.848， 1.214
Tc－99	211100 a	β	0.204，0.294
Tc－99m	6.008 h	β	0.114，0.347，0.436
Cs－137	30.018 a	β	0.524，0.892，1.176
La－140	1.6781 d	β	1.241，1.246，1.281，1.298，1.350，1.414， 1.679，2.166
Ce－141	32.508 d	β	0.435，0.581
Ce－144	284.893 d	β 和 γ	β：0.185，0.238，0.319；γ：0.133
Eu－152	13.537 a	β^+ 和 β^-	β^+：0.730；β^-：0.695，1.474
Eu－154	8.593 a	β 和 γ	β：0.249，0.571，0.841，0.972，1.845； γ：0.123，0.723，1.274
Ru－106	373.59 d	β	0.039

核素	半衰期	主要射线类型	主要射线能量（MeV）
U－238	4.468×10^9 a	α	4.151，4.198
Pu－239	24110 a	α	5.106，5.144，5.157
Am－241	432.2 a	α	5.443，5.486

2. 射线装置

射线装置分类原则：根据射线装置对人体健康和环境可能造成危害的程度，从高到低将射线装置分为Ⅰ类、Ⅱ类、Ⅲ类。按照用途，可分为医用射线装置和非医用射线装置。射线装置分类见表6－3。

（1）Ⅰ类为高危险射线装置，事故时可以使短时间受照射人员产生严重的放射损伤，甚至死亡，或对环境造成严重影响。

（2）Ⅱ类为中危险射线装置，事故时可以使受照射人员产生较严重的放射损伤，大剂量照射甚至导致死亡。

（3）Ⅲ类为低危险射线装置，事故时一般不会造成受照射人员的放射损伤。

表6－3 射线装置分类

装置类别	医用射线装置	非医用射线装置
Ⅰ类射线装置	能量大于100 MeV	生产放射性同位素的加速器（不含制备 PET 用放射性药物的加速器）
	医用加速器	能量大于100 MeV 的加速器
Ⅱ类射线装置	放射治疗用 X 射线、电子束加速器	工业探伤加速器
	重离子治疗加速器	安全检查用加速器
	质子治疗装置	辐照装置用加速器
	制备正电子发射计算机断层显像装置（PET）用放射性药物的加速器	其他非医用加速器
	其他医用加速器	中子发生器
	X 射线深部治疗机	工业用 X 射线 CT 机
	数字减影血管造影装置	X 射线探伤机
Ⅲ类射线装置	医用 X 射线 CT 机	X 射线行李包检查装置
	放射诊断用普通 X 射线机	X 射线衍射仪
	X 射线摄影装置	兽医用 X 射线机
	牙科 X 射线机	
	乳腺 X 射线机	
	放射治疗模拟定位机	
	其他高于豁免水平的 X 射线机	

3. 现行辐射安全理念及安全文化素养

（1）ALARA 原则。

"ALARA" 是英文 "as low as reasonably achievable"（合理可达的最低水平）的首字母缩写。其内涵可以理解为从事涉及放射性物质的实践活动的人员应采取所有"合理的"措施，将实际受照剂量控制在规定的剂量限值以下尽可能低的水平。

辐射防护理念中至高无上的原则是所有辐射相关实践产生的剂量应符合 ALARA 原则，即所有放射性实践产生的剂量和对人类的照射应控制在"合理的、可实现的、尽可能低的"水平。由此，即使操作人员在某次辐射实践中所受的"剂量"低于规定的剂量限值，但如果这个剂量可通过"合理的"方式进一步降低或限制，那么这个人所受的"剂量"应是不可接受的。

（2）安全文化素养。

安全文化素养是指存在于单位和人员中对放射性认识所具有的种种特性和态度的总和。所有操作人员在进行辐射实践时均应严格认真地遵照辐射防护的相关规定，培养良好的工作素养，防止不必要的辐照，并将污染减少到最低限度。同时，每个使用放射性物质的实验人员有责任尽一切可能避免自身和他人受到来自其工作的辐射危害。

（二）辐射防护标准简介

1. 辐射安全防护的标准及基本限值

（1）基本限值（basic limit）。

年剂量限制：人受到的核辐射照射的年剂量是按照 1 年内所受到的外照射和摄入的放射性核素（内照射）所产生剂量的总和来计算的。

我国基于国际放射防护委员会（ICRP）在 1999 年 60 号出版物提出的基本原则，结合我国的实际，颁布了辐射卫生防护基本标准的国家标准《电离辐射防护与辐射源安全基本标准》（GB 18871—2002）。该标准从 2003 年 4 月 1 日起正式实施，主要剂量限值见表 6—4。人类所受电离辐射剂量比较如图 6—4 所示。

表 6—4　电离辐射安全防护基本标准的年剂量限值

类别	放射工作人员	公众
确定性效应	眼晶体 150 mSv 四肢（手和足）或皮肤 500 mSv	眼晶体 15 mSv 皮肤 50 mSv
随机性效应	连续 5 年间的年平均有效剂量为 20 mSv，对任何一年，有效剂量：$\sum_T w_T H_T \leqslant 50$	$\sum_T w_T H_T \leqslant 1$

注：表中限值不包含天然辐射和医疗辐射所致剂量。

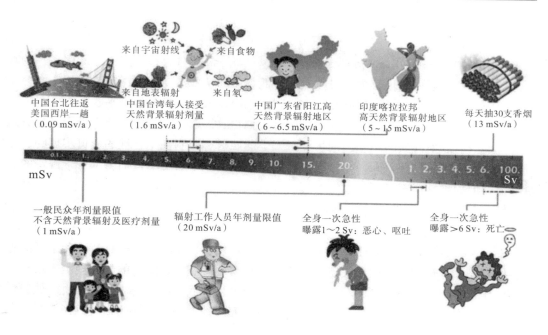

图 6-4　电离辐射剂量比较

（2）导出限值（derived limit）。

导出限值是为了辐射安全防护的需要，从基本限值推导出来的限值。主要有空气中放射性核素导出浓度限值和放射性核素表面污染导出限值（详见 GB 18871—2002）。例如，放射性核素表面污染导出限值是为了控制人体体表、衣物、器械及工作场所表面的放射性污染而规定的限值，由其导出的控制水平见表 6-5。

表 6-5　工作场所的放射性表面污染导出的控制水平

表面类型		α 放射性物质		β 放射性物质（Bq/cm²）
		极毒性（Bq/cm²）	其他（Bq/cm²）	
工作台、设备、墙壁、地面	控制区	4	40	40
	监督区	0.4	4	4
工作服、手套、工作鞋	控制区监督区	0.4	0.4	4
手、皮肤、内衣、工作袜		0.04	0.04	0.4

注：控制区内的高污染子区除外。

2. 电离辐射的标识和警告标识

国际通用的电离辐射标识物如图 6-5 所示，常用于放射性实验室、放射性试剂和放射性物质货运的标识。标识的绘制须符合 GB 18871—2002 的规定。

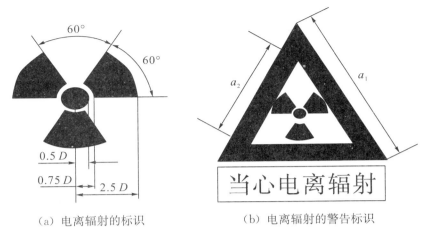

（a）电离辐射的标识　　　　　（b）电离辐射的警告标识

图 6—5　电离辐射的标识和警告标识

（三）放射性同位素和射线装置的安全使用原则

（1）放射性同位素与射线装置使用场所必须设置防护设施，其入口处必须设置放射性标识和必要的防护安全联锁、报警装置或者工作信号。

（2）放射性同位素与射线装置的使用人员必须严格按照安全操作规程进行操作，严格控制照射剂量，防止对人体造成伤害，避免放射事故的发生。

（3）放射源和仪器、设备发生故障时，必须及时向管理人员报告并由专人处理。

（4）放射性同位素不得与易燃、易爆、腐蚀性物品放在一起，并指定专人负责保管。存储、领取、借用、归还放射性同位素时必须进行登记、检查，做到账物相符。

（5）放射性同位素和射线装置使用场所必须设置防火、防水、防盗、防丢失、防破坏、防射线泄漏等安全防护措施。射线装置的生产调试和使用场所，应当具有防止误操作、防止工作人员和公众受到意外照射的安全措施。在室外、野外进行放射工作时，必须划出安全防护区域，并设置危险标志，必要时设专人警戒。

（6）放射性同位素和射线装置必须经必要的检测合格后方能使用，必须制订详细的技术操作规程和出现故障的应急措施等。使用者应严格按规程操作。

（7）所有放射工作人员必须接受常规个人剂量监测，进入放射工作场所必须按规定佩带个人剂量计。

（8）一旦发现放射源丢失、脱落、被盗或射线装置失控，应立即采取应急措施，并报告应急救援指挥部负责人。

（四）辐射防护的基本方法

通常讨论辐射安全防护时，将人员所受的辐射照射分为来自体外放射源的照射（简称外照射）和来自体内沉积放射源的照射（简称内照射）两类。

1. 外照射的控制

对接触贯穿性辐射的实验操作人员而言，时间、距离和屏蔽是确保个人安全必须控制的关键因素。可贯穿皮肤角质层达到活组织的主要电离辐射如下：

①γ 射线（来自 ^{60}Co，^{137}Cs，^{22}Na，^{51}Cr，^{125}I，^{131}I 等）。

②来自正电子湮灭的光子（如 ^{22}Na）。

③能量大于 100 keV 的 β 粒子（如 ^{32}P，^{90}Y）。

④韧致辐射（如 ^{32}P，^{90}Y）。

⑤X 射线（如 ^{125}I）。

放射化学实验室中一些常用放射性核素的辐射特性参见表 6－2。

（1）增加与源的距离。

增加操作人员与源的距离常常是减少来自贯穿辐射产生的辐射照射的最有效且经济的方法。当操作小实体源（活性区小的放射源）时，距离对防护的作用尤其显著，因来自小实体源的剂量率与测量点至源的距离成平方反比关系。常用方法如下：

①避免直接操作贯穿性辐射源。严禁直接操作未屏蔽的千万贝可勒尔级（毫居里级）放射源。

②使用镊子、钳子、长柄钳类夹具、专门设计的支架、隔离物或垫片等增加手至源的距离。

③设计简单的工具增加操作的安全性，如用带圆柱形孔的方形有机玻璃块放置活性样品存储小瓶。

④养成将暂时不用的放射源存放在工作台和通风橱后部远离自然通道的习惯。

（2）减少暴露时间。

减少受照时间可以成正比例地减少辐射剂量。减少操作人员暴露于贯穿辐射的时间可通过以下途径实现。

①拟订合理的实验方案。

a. 审查实验的安全细节。

b. 使用稳定核素或低水平放射性材料进行预实验，预实验也可以仅针对可能产生较大辐射照射的一个或几个关键操作步骤安排进行。

c. 将实验操作设计为一系列简单步骤，以便能快速、安全地完成实验。

d. 合理摆放实验设备，保证操作人员操作舒适、顺手、快捷。

②操作过程中的注意事项。

a. 在引入辐射源之前装配组合好所需的仪器设备。

b. 监测或预算实验中各实验步骤的剂量率，确保在辐射较强的步骤集中注意力，减少操作时间。

c. 当实验中不需要接触放射性物质，如记录或等待时，应远离辐射区域。

d. 若实验需要使用不止一个放射源，最好只取用当时要用的，不要因怕麻烦而将发射贯穿性辐射的强源放在面前完成整个实验过程。

e. 定时监测并迅速脱掉被污染的手套。

（3）屏蔽。

当最大距离和最短时间仍然不能确保操作人员所受照射降低至合理的、可以接受的水平时，有必要采取屏蔽措施。

合适的屏蔽材料能够为操作者阻挡放射源发出的大部分辐射能量。高原子序数的致密材料（如铅玻璃或铅罐）用来屏蔽小型贯穿性辐射源较为有效且紧凑。轻材料（如玻璃、水或有机玻璃）对纯 β 放射源可实现有效的屏蔽。

需要重视的是，当某些核素发出的高能 β 射线被吸收时，将产生穿透能力更强的轫致辐射或次级 X 射线。这些次级辐射的强度随屏蔽材料的原子序数增加而增加。因此，当操作大量（如大于 3.7 GBq，即 100 mCi）的纯 β 发射体（如 ^{32}P）时，次级辐射可能带来超剂量照射，此时必须考虑屏蔽。最佳屏蔽方案是将 1~1.5 cm 厚的有机玻璃屏或类似的材料放在靠近 ^{32}P 源的位置以吸收 β 射线，并使其产生的次级辐射最小化，再在此材料后（靠近实验者的一面）设置一层铅玻璃、铅片或铅箔，用来吸收穿透性更强的轫致辐射和 X 射线。

利用屏蔽材料减少曝露通常有以下方法：

①计划实验方案时须考虑所需要的屏蔽设计，可用半减弱厚度或测量剂量等方法。

②监测来自操作区域内所有方向，尤其是下方和后部的剂量率，确认达到了足够的屏蔽效果。

③将发射穿透性辐射的放射性物质存放在有铅盖的铅容器中。

④如果空间允许，可用混凝土砖围封放射性存放区域。

⑤使用普通镜子、潜望镜或透明屏蔽层（如铅玻璃窗）观察操作，避免从屏蔽死角直接窥视。

⑥使用坚固的支撑构架确保屏蔽层的稳定性。

⑦操作千万贝可勒尔级（毫居里级）放射性物质时，可为移液工具（如注射器针筒）专门设置防护屏蔽层。

⑧避免直接曝露于高能 β 放射源。因为当能量和强度相同时，β 射线对皮肤产生的剂量率是 γ 射线的 10~100 倍。

⑨无论什么时候使用发射高能 β 射线的放射性核素，都应尽可能使用稀溶液，因大量液体可有效地吸收更多的 β 射线。

辐射屏蔽设备和器材如图 6-6 所示。

2. 内照射的控制

控制内照射的关键是防止放射性物质进入体内造成体内放射性污染。放射性污染进入体内的主要途径如下：

①吸入（最常见的途径）。

②吸收（如通过完整的皮肤、黏膜、眼睛等进入）。

③摄取或食入（在实验室中留长指甲、使用化妆品、进食、饮水、吸烟等，或实验完毕离开实验室前没有洗手和监测）。

④伤口等破损皮肤（如锐器刺伤、擦伤等）。

防止体内污染，就必须阻截上述每个污染途径。基本措施是在操作过程的所有阶段通过合理使用相关设备和个人防护用品（如通风橱、手套箱、口罩和手套），围封放射性物质。当围封措施不便实施或只能作为辅助安全措施时，应采取其他办法。

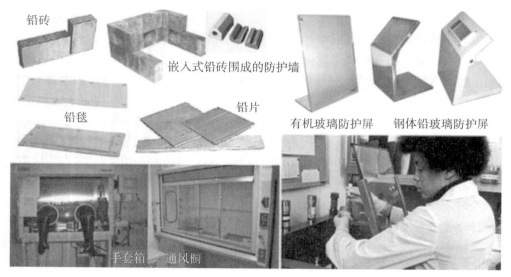

图 6—6　辐射屏蔽设备和器材

（1）防止吸入。

吸入危险主要来自于气载放射性物质，即以尘埃、烟、雾、微粒、水蒸气或气体形式分散在空气中的放射性物质。防止吸入可通过确保将放射性物质包容在密封器具中实现。如果不便实施密封或需要辅助预防措施，当操作可能产生空气污染的放射性物质时，应在抽气型围封装置（如通风橱）中进行。在这个过程中，操作时产生的少量气载放射性污染物被稀释到可以忽略的浓度。

（2）预防皮肤吸收和伤口进入。

使用工具操作，避免与有可能被污染的物体接触，预防皮肤污染，并防止皮肤曝露于污染空气中。此外，戴手套、穿实验服和穿戴其他个人防护用品能提供更可靠的防护。

使用吸管等尖锐工具时须加倍小心，防止发生意外扎破皮肤的事故。

应特别注意防止损伤皮肤。开放性创伤或皮疹应进行包裹覆盖处理，如有必要，应等皮肤痊愈了再做实验。

应定期监测以确保及时发现皮肤沾污。发现皮肤污染后应迅速对污染处进行去污处理，以便将皮肤的曝露面积和吸收减至最小。

（3）预防摄取。

严禁将任何可能被污染的物体（笔、药匙、吸管等）放进嘴里，可将此途径的摄入量降至最低。在进行非密封性放射性物质操作的区域，严禁进食、饮水、抽烟、使用护肤品和化妆品（如唇膏、口红）。

物理屏障如口罩、防护面具等可防止意外事故（如爆炸或喷洒等）造成的摄取。

3. 实验室操作行为规范

（1）严格遵守实验室的规章制度和仪器设备的操作规程，服从教师和实验技术人员的指导；不得把与实验无关的仪器、用品带入放射化学实验室。必要的讲义、资料等，宜用小纸片写成摘要带入，使用专用笔记录；不得把放射化学实验室物品带到非放射化学实验室内。

（2）牢记三个"尽可能"，即使用尽可能少量的所需放射性物质、尽可能短寿命的放射性核素、尽可能小的实验动物。

（3）为所有放射性物质存储容器贴上清楚的标识，在所有放射性工作场所和存储区张贴标准辐射警告标识，容器上的标签应有辐射警告标识，并注明核素或其化合物名称、放射性物质的量和测量日期；实验操作过程中涉及的所有物品均应严格按"沾污"和"清洁"区分，并及时"标记"的原则进行；实验结束后应及时清理玻璃器皿及其他用具，清除污染，未经处理及监测不得在他处使用；剩余放射性物质必须收回，不得任意转移、借让。

（4）根据不同性质的操作穿戴合适的个人防护用品（衣、帽、鞋和防护眼镜等），戴上完好无损的手套（应专门练习戴、取手套，以避免手和手套内表面污染），以及在某些特殊情况下按照防护要求使用鞋套、围裙、袖套和防护口罩等；不允许裸露小腿和穿露趾鞋或凉鞋；工作期间应在胸部或腰部位置（或腰与肩间躯体部位）佩戴配发的个人剂量计，大剂量操作时须佩戴报警式个人计量仪；除非经监测没有污染，严禁将防护用品带离工作区域。

（5）了解将要开启、分装或使用的任一放射性核素的性质，包括半衰期、发射粒子种类和能量、屏蔽要求、特殊危险、检测该放射性核素的手段以及应急处置方法。

（6）操作强放射性（大于 3.7 MBq，即 100 mCi）物质时，应使用符合要求的屏蔽装置。所有放射性物质的分装操作均应在安全的围封屏蔽设备（如手套箱）里进行。

（7）实验操作过程中应严防放射性物质的溅洒。所有涉及放射性物质的操作必须在铺有吸水纸的不锈钢或塑料托盘中进行，最好选用衬有无渗透性基底或塑料基底的吸水纸；在操作、运输和存储等环节，必须使用托盘存储和转移盛有放射性液体的容器，应采用"双保险"措施，在放射性试剂容器外再加一层不透水的保护容器，中间夹衬吸水材料，如果原容器意外破损，外层容器和托盘应能够容纳原容器中所有的放射性液体；给人、动物注射时，要小心、正确地排除注射器内的空气，防止放射性试剂溢出而产生污染。

（8）移取、转移液体时必须使用移液管、洗耳球、机械移液装置或借助玻棒引流等，严禁直接倾倒。

（9）屏蔽器材的布置对操作者个人及其同事的安全至关重要。需要屏蔽的工作站应设置在转角处和靠墙的位置，确保实验台对面没有操作人员活动。当操作发射贯穿性辐射的放射性物质时，特殊情况下，应考虑可能在实验台对面工作的同事的安全屏蔽。

（10）应在专门的放射性清洗水槽内洗涤被污染的器皿，严禁将放射性溶液或废物倒入该水槽，所有污染物和污染溶液均应存储在符合规定的放射性废物容器中等待处置。

（11）发生污染事故（如放射性物质翻倒、溢出或溅落等）时应保持镇静，立即报告指导教师，并按照事故污染处理程序处置。

（12）工作结束时，监测围封装置内、设备、实验服和工作台面等工作区及可能被污染的邻近区域，或按规定定期监测；离开工作区之前，应彻底地清洗双手，并监测手部、躯体和衣物。监测仪器须经过近期校正或刻度且能够检测实验使用的核素。

（13）保持个人卫生。实验结束必须洗手，离开实验室前，应进行玷污检查，达到合格，指甲应经常剪短；个人防护用品由使用人负责保管，并经常清洗，定期检查，放于指定地点，不得带出实验室。

（五）污染清除技术

清除污染应遵循最优化原则，即用尽量小的代价得到较好的清除效果。常见的表面污染清除方法见表 6-6。

表 6-6　几种表面污染的去污处理方法

表面性质	去污剂	使用方法	备注
橡胶制品	肥皂、合成洗涤剂、稀硝酸	一般清洗 刷洗、冲洗	不适用于 ^{14}C, ^{131}I
玻璃、瓷制品	肥皂、合成洗涤剂 铬酸混合液、盐酸、枸橼酸钠	刷洗、冲洗 3%盐酸和10%枸橼酸溶液浸泡1 h，水冲洗后重铬酸钾浓硫酸饱和液浸泡15 min，最后再用水冲洗	浓硫酸不适用于 ^{14}C, ^{131}I
金属制品	肥皂、洗涤剂、枸橼酸钠、EDTA 等 枸橼酸、稀硝酸	一般清洗 对不锈钢，先置于10%枸橼酸溶液浸泡1 h，水冲洗后用稀硝酸浸泡2 h，再用水冲净	
油漆类	温水、水蒸气、合成洗涤剂等 枸橼酸、草酸 磷酸钠 有机溶剂 NaOH、KOH	局部擦洗 3%溶液洗刷 1%溶液洗刷 二甲苯等有机溶剂擦洗	不用于铝制品
混凝土和砖	盐酸、枸橼酸	用两者混合液多次清洗，刮去或更换	适用于局部
瓷砖	枸橼酸胺 盐酸、EDTA、磷酸钠	3%溶液擦洗 10%溶液擦洗 更换	适用于局部
漆布	四氯化碳、枸橼酸胺 盐酸、EDTA	配制成溶液清洗	
塑料	枸橼酸胺 酸类、四氯化碳	用煤油等有机溶剂稀释后刷洗 稀释液清洗	
未涂漆木器具		刮去表层	

1. 通用去污程序

如果确定或怀疑发生事故的实验室的设施表面或设备受到放射性物质的污染，核素的操作人员必须启动并完成适当的去污程序。对大多数相对轻度的污染事故，可对已经发现的污染按以下步骤采取行动：

（1）标出污染区域的范围。

（2）在准备去污操作前，应穿戴或更换适当的个人防护用品。

（3）采用擦洗方法去污时，应从污染区域边界向中心进行，如果污染区域较大，可先将其划分为若干小区域，一次清洗一个小区域，溅撒出来的污染物被妥善处置后，方可用最小体积的肥皂水清洗污染表面。

（4）防止污染扩散的措施：对液体污染物使用纸巾或化学试剂（如 Ca 型膨润土、硅藻土）吸附；固体污染物使用水彻底润湿固体，如果水可能引起的化学反应会导致空气污染，则使用油类物质处理。

（5）去污过程中鼓励使用纸巾，纸巾使用后应置于有塑料内衬的放射性废物箱内，避免同一纸巾多次使用；禁止将这些纸巾放入准备用于清洗的水中，以免污染清洗水。

（6）使用适当的监测仪器或使用滤纸擦拭去污后的污染表面，并用液体闪烁计数器检查去污后的残留污染水平和去污效果，记录检查结果，如果仍有污染残留，重复上述去污程序。

（7）完成去污后，将所有在去污过程中使用过的去污、清洗物质（纸巾、抹布、手套和鞋套等）放于有塑料袋内衬的放射性废物箱中。

2. 工作人员事故性污染

工作人员事故性污染是指对人体表面有较大面积的放射性污染，应按照以下原则和方法来处理：

（1）存在于体表的放射性核素污染，原则上应尽快去除干净。但也不能过度实施去污程序，以免损伤体表，促进放射性核素吸收。

（2）迅速从事故情况判断出污染核素的种类，选择适当的仪器进行污染测量。体表污染测量要按顺序进行，不要遗漏。

（3）对污染人员分类处理时，体表污染 2 倍于天然本底以上者，应视为放射性核素污染人员，并进一步测量和进行去污处理。体表污染测量 10 倍于天然本底，或体表 γ 剂量率大于 0.5 μSv/h 者，为严重放射性核素污染人员，要给予快速去污处理。

（4）对放射性污染人员要尽可能现场就近处理，尽快脱去污染的衣物、鞋袜等，并装入污染物品袋。要尽早用流动水冲洗去污，这比晚些时候取到高效去污剂再开始去污效果要好得多。

（5）禁用可能促进放射性核素进入体内的有机制剂、浓度较大的酸碱溶液和对皮肤有较强刺激性的溶剂。

（6）对于 β 射线放射性核素（特别是软 β 核素，如 ^{3}H）和可转移性放射性核素的严重污染，更应尽早去污，以避免急性 β 射线皮肤烧伤和放射性核素内污染。

（7）对严重污染人员和疑似创伤体表污染人员，要尽早送医院由专业医务人员处置。

（8）对疑似放射性核素吸收入体，造成放射性核素内污染的人员，应进一步测量和进行生物样品放射性核素分析，估计放射性核素摄入量，以指导进一步的医学处理。

（六）实验室放射性废物的安全处置

由于放射性衰变的规律不能用任何物理、化学以及生物方法来改变，只能自然衰变，所以放射性废物与一般的工业废物有着本质的区别。

应根据废物的形态及其中的放射性核素种类、半衰期、活度水平和理化性质等，对放射性废物进行分类收集和分别处理。

1. 短半衰期的放射性废物

大多数半衰期不超过 120 d 的含放射性核素的废物通过集中衰变－存储方式（即 DIS 法，Decay-in-Storage）进行处理，最终可作为无放射性的废物处理。通常的做法是存储衰变 7~10 个半衰期（这个时间足以使绝大多数废物的放射性降低到本底水平）后进行测定，确定尚存放射性强度及有无长寿命的放射性核素混入。放射性废物经存储、检测并与国家相关标准比较后，交由国家放射性废物审管、处理部门视具体情况或当作非放射性废物（免管废物）或极低放废物等统一处置，同时应妥善保存有关的文件资料，以便追溯。

2. 中长半衰期的放射性废物

含有半衰期大于 120 d 的放射性核素的固体废物和所有的液态闪烁废物必须交由有资质的放射性废物监管部门统一处理。

为了尽可能减容以降低后期废物处置费用，原则上应先将中长半衰期的放射性废物经处理后变成比活度高、体积小的固体废物。

（1）液体废物。

可采用化学沉淀、离子交换、吸附、蒸发等方法，将放射性物质浓集，缩小体积，固化后以利于废物的进一步处置。

实验室中经常使用 $Fe(OH)_3$ 或 $Fe(OH)_3/MnO_2$ 对溶液中的放射性物质进行吸附共沉淀，使放射性物质与 $Fe(OH)_3$ 一起沉淀析出而成为固体废物。经 $Fe(OH)_3$ 处理过的残液经测定后，按国家标准进行排放，或反复进行上述沉淀过程，直到溶液中所包含的放射性物质量不大于国家规定的排放标准为止。分离后得到的放射性残渣按固体废物处理。

对于浓度小于或等于 1×10^4 Bq/L 的废弃闪烁液，或仅含浓度小于或等于 1×10^5 Bq/L 的 ^3H 和 ^{14}C 废弃闪烁液，理论上可以按非放射性废液处置。

（2）固体废物。

此类废物可按其比活度的大小分别处置。

①某些中、低比活度的固体废物，如滤纸、吸水纸、手套、实验服、实验室清扫工具等，通常可以采用以下方法减容。

a. 压缩：可以使废物体积减少至原来的 $\frac{1}{7} \sim \frac{1}{3}$。

b. 破碎：可以使废物体积减少至原来的 $\frac{1}{12}$。

c. 焚化：可燃性固体废物如纸、布、塑料、木制品等，经过焚烧，体积一般能缩

小到原来的 $\frac{1}{15} \sim \frac{1}{10}$，最高可达 $\frac{1}{40}$。但此法由于控制放射性污染面的要求很高，费用很大，实际应用受到一定限制，只能由有资质的专业机构或企业进行。

减容后的固体废物再根据核素半衰期、活度或比活度等分类处理。

②体积小、比活度高的放射性固体废物可用水泥、沥青、聚合物（热塑性塑料或热固性塑料等）等材料与之混合、凝结硬化成坚固、放射性核素包容性好、易于运输和最终处置的废物固化体。

经上述处理得到的所有固体废物，必须由本地废物监管部门收集集中后封装在密封的容器内，转移至国家放射性废物处置场或国家放射性废源集中存储库处置或存储。

（3）特殊废物。对于注射或服用过放射性药物的患者、实验动物排泄物等，按国家相应标准处置，或联系上级辐射安全管理部门统一安排进行。

（七）辐射事故及应急处置

一般来说，辐射事故及应急处置可根据辐射源分为两类：一类涉及非密封放射源（开放性放射性核素），另一类涉及密闭性放射源。

涉及开放性放射性核素的事故处理一般分为三类，即轻度污染、重度污染和人员伤害事故。

1. 轻度污染

涉及释放或溅撒少于 100 μCi 的非挥发性放射性核素的事故时，通常被认为是轻度污染，处理措施如下：

（1）立即通知在现场的所有其他人员。

（2）除了事故处理人员外，如有必要，撤离现场所有人员。

（3）立即采取措施限制污染扩大及清除污染。

（4）使用薄窗 G—M 计数器监测确认受污染区域（^{3}H 除外）和相关设备（注意防止辐射剂量仪被污染）。

（5）通知老师等实验室管理人员以及学校辐射安全主管部门，拨打电话通知学校辐射安全管理部门，如果没有应答，则拨打电话通知学校保卫处。

2. 重度污染

通风橱外发生的污染事故以及涉及释放或溅撒大于 100 μCi 的非挥发性放射性核素的事故，或涉及任何量的挥发性放射性核素，或现场监测辐射水平高于 200 mR/h 时，都定性为"重度污染"。处理措施如下：

（1）立即疏散现场人员，离开时关上门窗，疏散人员暂时不要离开现场，以备咨询或进行污染检测。

（2）通知学校辐射安全主管部门和上级辐射安全管理部门。

（3）在发生污染事故的实验室门口贴上"禁止入内"的标识。

（4）将从事故现场疏散出来的人员集合在实验室入口附近等待救援。

3. 涉及人员伤害的事故

在发生任何涉及人员伤害的事故时，首先应考虑迅速将伤员撤离事故现场，避免继续受到辐射照射；对可能和已经受到放射性污染的伤员进行放射性污染检测，或进行去污处理，避免伤员受到更多辐射剂量的照射，并防止污染扩散；同时应尽快将受伤人员转移至指定的专业医院进行健康检查或医学观察。此时可能涉及施行急救，如果需要，拨打120寻求应急医疗救助。

其他需要采取的措施如下：

（1）当事故涉及放射性物质的释放或溅撒时，污染控制和外照射控制也是重要的，但是不应因此延误或阻碍医疗救助。

（2）必须尽快通知学校辐射安全主管部门。在受伤人员受到合适的处理并离开事故现场后，可以按前面述及的程序处理。

（3）收集可供估算人员受照剂量的生物样品（唾液、血液、尿液等）和物品（衣物、鞋、手套、眼镜、口罩等），以备对可能受到超过年剂量限值照射的人员进行辐射剂量估算。

（4）放射源丢失。

①发生放射源泄漏、丢失、被盗等事故时，第一发现人应立即报告，报告程序：学校保卫处或附近公安部门→本实验室指导教师或负责人→学校设备处及辐射防护管理部门。

②学校辐射安全事故应急处理小组在接到报告后立即启动应急预案，小组成员应迅速到达事故现场，保护现场，配合公安机关和环保部门开展调查和侦破工作。

（5）放射性实验室火灾。

现场人员在确保自身能安全撤离的情况下，应迅速切断电源、气源，移走放射源、压力容器等，通知附近人员撤离，并视具体情况实施早期灭火。同时，立即向学校保卫处或公安消防部门报警，并报告所在单位消防值班室、辐射安全事故应急处理小组。

4. 事故案例分析

案例1　切尔诺贝利核电站核泄漏事故

1986年切尔诺贝利核电站的工作人员违反操作规程，连续切断反应堆的电源，使主要冷却系统停止工作，导致事故发生；1999年日本东海村发生核泄漏事故的原因是核工厂工人的错误操作，违反操作规程；2005年英国的塞拉菲尔德核电站发生的严重核泄漏事故，2010年在大亚湾核电站发生的运行事故，均是由于相关管理机构、操作人员人为疏忽导致的。这些事故都是由一系列违反操作规程的错误操作导致的泄漏事故，反映了作业人员的警惕性不够高，主要原因是培训不足，对技术没有充分理解，违反章程进行操作，且事故发生后没有采取正确的处理措施等。

案例2　放射源丢失事故

放射源管理不当有可能导致放射事故。我国在1988—1998年的11年间，发生各类放射事故332起，其中，丢失放射性物质事故258起，占事故总数的78%，发生率最高。1992年11月，山西省忻州市一位建筑工人在工地发现一节钴-60放射源，外观呈金属圆柱体，带回家后造成3人死亡，142人受到了不同程度的照射。

中国工程院院士、中国核工业集团公司研究员潘自强曾做过研究，核安全事故主要发生在民用领域，核军工和核电站未发生一例死亡、放射病例。与之对比鲜明的是，在核辐射技术应用当中，却有10人死亡、49人罹患放射病以及16人皮肤烧伤。到2007年，我国总共有10人因放射源和核技术应用导致死亡，占全世界因为这种原因死亡总数的17.2％。这些事故都是由于使用单位疏于管理、制度不健全、操作人员专业知识和专业技能不熟、操作不当以及责任心不强等原因造成的。

第二节　微波辐射

随着我国科学技术的发展，微波在国防、科研和工农业生产方面的应用已越来越广泛，这对推动整个社会的发展起着促进作用。但是，它也给人类社会带来了一种新的危险——微波辐射。

一、微波的性质

微波通常是指频率在 300 MHz～300 GHz 的电磁波，是无线电波中一个有限频带的简称，其波长为 1 mm～1 m，是分米波、厘米波、毫米波和亚毫米波的统称。可以产生微波的器件有很多种，但主要可以分为两大类，即半导体器件和电真空器件。

微波的主要特点是似光性、穿透性和非电离性。似光性是指微波与频率较低的无线电波相比，更能像光线一样地传播和集中；穿透性是指微波与红外线相比，照射介质时更易深入物质内部；非电离性是指微波的量子能量还不够大，与物质相互作用时虽能改变其运动状态，但还不足以改变物质分子的内部结构或分子间的键。微波的应用主要是利用它的这些特点。

二、微波辐射源

主要的微波辐射源如下：
（1）电脑、电视机、音响、微波炉、电磁炉、电冰箱、电吹风等家用电器。
（2）手机、传真机、通信站等通信设备。
（3）高压电线、变电站、电动机、电机设备等。
（4）飞机、电气铁路等。
（5）广播、电视信号发射台、手机发射基站、雷达系统等。
（6）电力产业的机房、卫星地面工作站、调度指挥中心等。
（7）应用微波和 X 射线电子仪器等医疗设备。
（8）太阳黑子等。
家庭常用电器电磁辐射检测数据见表6－7。

表 6-7　家庭常用电器电磁辐射检测数据

电器名	咖啡炉	电饭锅	电熨斗	吹风机	录像机	VCD	剃须刀	电冰箱	洗衣机
电磁辐射量	1 mG	40 mG	3 mG	70 mG	6 mG	10 mG	100 mG	20 mG	30 mG
电器名	电脑	音响	手机	传真机	复印机	空调	吸尘器	电视机	微波炉
电磁辐射量	100 mG	20 mG	100 mG	2 mG	70 mG	20 mG	200 mG	20 mG	200 mG

注：mG 是衡量电磁场强度的单位。目前科学家普遍认为，长期接触低于 2 mG 的电磁辐射是安全的。

三、微波辐射的危害及机理

微波辐射是一种物理性污染源，不易被人们察觉。微波辐射对人体的伤害主要是指低强度慢性辐射对人体的影响。

（一）危害机理

（1）热效应。人体有 70% 以上是水，水分子受到电磁波辐射后相互摩擦，从而产生热量，使人体体温升高，当超过体温调节能力时，人体温度平衡功能失调，体内器官的正常工作受到影响，产生生理功能紊乱与病理变化等热效应。

（2）非热效应。人体的器官和组织都存在微弱的电磁场，它们是稳定和有序的，一旦受到外界电磁场的干扰，处于平衡状态的微弱电磁场就会遭到破坏，人体也会遭受损伤。

（3）累积效应。热效应和非热效应作用于人体后，对人体的伤害尚未来得及自我修复之前（通常所说的人体承受力——内抗力），如果再次受到电磁波辐射，则伤害程度就会发生累积，久而久之会成为永久性病态，危及生命。对于长期接触电磁波辐射的群体，即使功率很小，频率很低，也可能会诱发意想不到的病变，应引起警惕。

（二）危害及案例

根据专家对电脑配件的测试结果表明，液晶显示屏的微波辐射很小，CRT 显示器略大一些，但都在安全范围之内；主机后面、侧面的微波辐射较大，建议用户不要为了散热方便，敞开机箱使用；低音炮音箱的微波辐射严重，使用时至少保持 0.5 m 距离；笔记本电脑的微波辐射集中在键盘上方，使用笔记本时应与电源适配器保持远一点的距离。另外，普通键盘、鼠标以及无线网关、打印机、数码相机和 MP4 电源的微波辐射都不大，可放心使用，但无线键盘、无线鼠标的微波辐射较大。

目前我国手机使用的频段为 800~2100 MHz，正好属于微波的频段。当人们使用手机时，手机会向发射基站传送无线电波，而任何一种无线电波或多或少地会被人体吸收，从而改变人体组织，有可能对人体的健康带来影响，这些电波就被称为手机辐射。

手机通话是通过高频电磁波将电讯号发射出去的，发射天线周围存在微波辐射。研究表明，高频微波除了对人的神经、血液、免疫系统及眼部等造成损害外，还对人体的生殖和胚胎发育有影响。

通信设备、高压电线、变电站、广播/电视信号发射台、手机发射基站、雷达系统以及家用微波炉、电磁炉等产生的微波强度通常较高。长期处于高强度电磁波的辐射中，会导致头疼、失眠、记忆衰退、血压升高或下降、心脏出现界限性异常等症状，严重的可能导致流产、患白内障等。

下面是微波辐射对人体各相关系统产生影响的典型案例。

案例 1

2005 年 2 月 21 日，天津市大港区装有心脏起搏器的万先生，因借用家人手机打电话引起心率突变，幸好及时送到医院才保住了性命。

案例 2

2001 年，德国科学家研究发现，经常使用手机的人群，眼癌发病率要比不常使用手机的人群高出 3 倍。研究人员主要考察了一种称为网膜色素病变的眼癌，这种眼癌主要形成于眼部虹膜和视网膜底层上。在研究中，为了避免先入为主的偏见，研究人员事先并未被告知他们将要检查的人是否患有癌症或者是否健康。据该研究的负责人介绍，在他所进行的检查中，共有 118 名网膜色素病变患者，其他 475 位无同种疾病。他将两种人群使用手机的详细资料进行了比较，分析出来的研究结果很明显：眼癌患者的手机使用率大大高出健康人群。

案例 3

据国内多家媒体统计，我国每年 2000 万新生儿就有 20～120 万为缺陷儿，其中 60％为智力缺陷，他们的父母大都长期工作在电磁辐射状态下。据《深圳特区报》2000 年 12 月 16 日报道：深圳市妇儿医院一个月中发现 40 多例严重畸形儿，经专家鉴定，原因为孕妇受电磁波辐射，此事在当地引起人们极大的震惊。

案例 4

从 1998 年开始至 2005 年 2 月，北京市丰台区玉林西里小区 46 号楼（首都医科大学家属楼），先后有 20 余人被确诊为癌症。46 号楼总共 20 层，每层 8 户人家，1991 年开始入住，1998 年起有人因患癌症而死亡。去世的人多数只有 60 多岁，年纪最轻的仅48 岁。据统计，癌症患者大多集中在 6 层至 18 层之间。每层西南－西北朝向的 5 号房间，成了发病率最高的屋子。5 号房住户中，一共有 10 人患癌（包括两对夫妻共同患病），其中 4 人已离世。几名住在该楼的首都医科大学教师联合调查后怀疑，架在 46 号楼楼顶的数个手机发射基站可能是致癌"元凶"。

四、微波辐射安全标准

我国在 1988 年制定了《电磁辐射防护规定》（GB 8702—1988），对移动通信频段规定的标准是照射到人体的电磁辐射功率密度不超过 $40~\mu\mathrm{W/cm^2}$。1996 年，我国出台了《辐射环境保护管理导则　电磁辐射环境影响评价方法与标准》，其中规定单个基站功率密度不得超过 GB 8702—1988 规定的 $\frac{1}{5}$，即不超过 $8~\mu\mathrm{W/cm^2}$，目的是给电视、广播以及其他通信公司留下使用空间。

五、微波辐射的防护

（一）主要安全防护措施

根据我国卫生标准和微波的物理特性及作业特点，微波辐射的安全防护技术措施如下：

（1）合理设计、安装、使用、维护大功率微波设备，严格控制设备本身的微波泄漏和辐射电平。

（2）建立规章制度，开展安全教育。对从事微波作业的教师及学生，必须事先告知微波辐射对人体的危害以及必要的防护措施和正确的操作规程，使他们正确认识微波对人体的影响，消除不必要的恐惧心理，养成良好的自我保护意识。

（3）评估和定期检查微波辐射设备。对各个实验室内微波辐射设备可能造成的环境影响进行评估，对于超过我国微波辐射安全标准的实验室进行警告，并配备防护用具。必须定期检查电磁辐射设备及其环境保护设施的性能，以便及时发现隐患并采取补救措施。

（4）正确使用个人防护用具。教师及学生在进入高强度微波辐射实验室时，必须穿戴好微波防护服、头盔、围裙和罩衫，使用防护眼镜和防护面罩。

（5）保持距离。远距离操作和降低操作地的辐射强度。

（6）加强锻炼与合理饮食。加强锻炼，增强体质，能提高自身免疫能力。平时多喝绿茶，多吃一些富含维生素 B 的食物，如胡萝卜、海带、油菜、卷心菜及动物肝脏等，有利于调节人体电磁场紊乱状态，增加机体抵抗电磁辐射污染的能力。

（7）加强卫生保健工作。对长期从事微波作业的人员应定期进行健康检查，并建立健康检查档案。

（8）改善环境。注意空气流通，温度、湿度应适中，家用电器最好不要摆放在卧室里。

（9）采用屏蔽物减少电磁波污染。对产生电磁污染的设施，可采用屏蔽、反射或吸收电磁波的屏蔽物，如铜、铝、钢板、高分子膜等。

（二）手机、电脑微波辐射的预防措施

生活中的微波辐射源如图 6－7 所示。

1. 手机辐射的预防措施

（1）不要把手机挂在脖子上或腰间，可能会影响生育机能。较为健康安全的方法是

把手机放在随身携带的包里，并尽量放在包的外层，以确保良好的信号覆盖。

（2）少用手机。手机接通瞬间释放的电磁辐射最大，接通几秒后再进行通话，最好使用分离耳机和话筒接听电话。

（3）电话未接通和信号变弱时不要紧贴耳朵。手机拨出电话而未接通时，辐射会明显增强，在信号较弱的情况下，手机会自动提高电磁波的发射功率，使得辐射强度明显增大。

图 6-7　生活中的微波辐射源

（4）勿用"一只耳"煲"电话粥"。研究表明，长时间的连续辐射可能会使脑部受到影响，应每隔一两分钟轮换左右耳接听。

（5）接听电话时不要频繁走动。频繁移动位置会造成信号接收的强弱起伏，从而引发不必要的短时间高功率发射。

（6）不要在行驶的车上打手机。手机有可能会为了避免过于频繁的区域切换，而指定覆盖范围更广的大功率基站提供服务，其发射功率则会因传输距离的增加而提高。

2．电脑辐射的防护措施

（1）对电脑保持一定距离。电脑使用者与显示屏保持的距离应不少于 50 cm，与电脑两侧和后部保持的距离应不少于 120 cm。

（2）减少与电脑接触的时间。因为辐射的积累剂量与辐射强度和受射时间成正比，减少上机时间是必要的。每天上机最好不要超过 8 h，每隔一两个小时最好到户外活动一下。

（3）室内不要放置闲杂金属物品，以免形成电磁波的再次发射。要通风透光，还可摆放如仙人头之类的植物，有净化空气、防辐射的作用。

（4）使用电脑时，要调整好屏幕的亮度，一般来说，屏幕亮度越大，电磁辐射越强，反之越小，但也不能调得太暗，以免因亮度太低而造成眼睛疲劳。

（5）上机时间较长时，最好穿防护服，以直接减少身体对辐射的吸收。

（6）正确摆放电脑，由于电脑辐射最强的是屏幕背面，其次为左右两侧，屏幕的正面微波辐射最弱。因此，尽量别让电脑屏幕的背面朝着有人的方向。

第三节　光射辐射

一、光与光射损伤

光是一种电磁波，电磁辐射可以按照频率分类，从低频率到高频率，包括无线电波、微波、红外线、可见光、紫外光、X 射线和 γ 射线等。

光通常指能刺激人的视觉及能用光学仪器观察到的电磁波，具波粒二象性。波长在

380～780 nm 之间可为人眼感受，称为可见光。波长在 100～400 nm 之间称为紫外线，在 760～1000 nm 之间称为红外线，两者都不能为人眼看到，称为不可见光。不论是可见光还是不可见光，都带有能量。适度的光照对人体有益，甚至是必需的。如紫外线照射皮肤可使麦角固醇转化为维生素 D，红外线带来热，可见光则是眼球这一感光器官赖以进化、发育和认识客观世界的要素。但是过强的光照射可造成光射损伤（light-induced injury），光射损伤多发生于皮肤和眼。

二、红外辐射

（一）红外辐射及分类

红外辐射（infrared radiation）即红外线，也称热射线，按其波长可分为近红外（0.7～3 μm）、中红外（3～20 μm）和远红外（20～3 μm）。自然界的所有物体都可看作红外辐射源，只是波长、强度和发射频率不同而已。

自然界的红外辐射源，以太阳最强（也是最强的可见光辐射源）。红外辐射的其他来源包括产热设备操作，如干燥机、烘干机等，加热金属部件，原料脱水以及其他使用火炉和烤箱的热设备。

在生产和实验中，常接触的辐射源有用电阻丝加热的球、柱、锥形腔体，也称黑体型辐射源，还有加热金属、熔融玻璃、碳弧汞气灯、钨灯、红外探照灯及红外激光器等。

（二）红外辐射对机体的影响

红外线是一种热辐射，当照射人体时可引起生物效应，主要是热效应。适量的红外线照射人体，对人体无损且有益于健康；过量的照射，会导致皮肤急性灼伤，特别是近红外（短波红外线）可透入皮下组织，使血液及深部组织加热。

（1）红外线对眼睛的危害。长年接受红外线的照射，可能引起晶状体损伤，发生白内障。主要的作用波段是 0.8～1.0 μm 和 1.4～1.6 μm。当晶状体及其周围组织吸收红外辐射后，可引起温度增高，导致晶状体混浊。

波长小于 1 μm 的近红外辐射，若强度大，可损伤黄斑，患者会有耀光感觉，眼前呈现不规则的云雾状混浊，约一天后，可转为中心暗点。

波长大于 1 μm 的近红外辐射（至 3 μm），若强度甚高（如近红外激光），或接触过久，可烧伤角膜，使基质转为不透明。若扩及瞳孔，则会影响视力。

（2）红外线对皮肤的危害。红外线照射皮肤时大部分被吸收，只有 1.4% 左右被反射，穿入人体组织较深，约 5～10 mm。较大强度短时间照射，皮肤局部温度升高，血管扩张，出现红斑反应，温度升至 45℃ 时即有灼痛感。停止接触后红斑消失。反复照射，局部可出现色素沉着。大剂量红外线照射可造成闪光灼伤，与皮肤烧伤相似，但受伤区的边界清晰，且皮肤深浅各层和皮下组织的伤度一致，这与边界不清、由浅入深的火焰烧伤有所不同。轻者呈苍白的凝固性坏死，镶以充血边缘；重者在苍白坏死区的中央发生炭化。

（三）防护措施

1. 眼睛的防护

由于眼睛对红外辐射不会感到灼热痛（可有温热感），又看不见，无反射性保护反应（瞬目、瞳孔收缩），即使已经受到损伤，在数月到十数年潜伏期内无明显症状，如果经常反复照射，原不足以发病的剂量可因累积效应而使眼伤加重，甚至失明。一般常见的均为慢性红外损伤。例如，实验室玻璃工如果防护不当，连续接触红外辐射 5 年以上，可引起白内障，发病率随工龄而增。因此，在操作强红外辐射源时，不得用裸眼直视辐射源，操作人员应佩戴红外防护眼镜。

（1）吸收式防护眼镜。

用亚铁盐等作为吸收剂应用较多，但能见度降低，辨色性差，防护效果不佳。据报道，磷酸盐玻璃有较好的吸收红外辐射性能，且能见度好。单一颜色的防护镜片可刺激神经系统，宜用混合式镜片（如灰色、墨绿色、暗蓝绿色等）。

（2）反射式防护眼镜。

当红外辐射源辐射的能量较强时，宜用反射式防护眼镜。此类防护眼镜用玻璃、有机玻璃或新型光学塑料（如聚碳酸酯等）为基片，真空蒸镀金、银、铬、铝或铜等金属镀膜作为反射膜。一般来说，金、铬对红外辐射的反射率可达 93% 以上，辨色能力与能见度较好。

实验室也可自制反射式防护眼镜。具体方法：将基片洗净、烘干，放于真空镀膜机蒸发舟的上方，保持 45℃ 左右。舟内放纯铜 55 mg。按常法进行真空镀膜，可得光亮如镜的半透明镜片，防红外辐射率达 95%。

防护眼镜的不同光的不同波段透过率有国际标准组织制订的标准。吸收式及反射式红外防护眼镜对不同波长辐射的透过率可查相关数据手册。

（3）反射—吸收式防护眼镜。

该眼镜是将上述两种防护眼镜的功能结合起来的防护眼镜，使用效果较好，能见度较大，但工艺制造难度大。

（4）其他型式的防护眼镜。

①光化式。在两透明基片间夹入光色可变物质（如液晶）或微晶光色玻璃，可随入射辐射强度不同而改变颜色深度，以吸收红外辐射。

②光电式。在内外两镜片之间夹入特种陶瓷材料，用光电二极管接受强光信号并使眼镜的透光率改变，待入射光回复至安全剂量时，眼镜的透光率又可回复至始态。此类防护眼镜的优点是平时能见度好，但反应速度不够迅速（$10^{-6} \sim 10^{-5}$ s），构造也较复杂。

需要注意的是，对于红外辐射防护，不宜戴一般太阳镜；否则由于可见光透过率减少，瞳孔放大，反而使更多的有害射线进入眼内。

不同工作条件可选用的防护眼镜遮光号以及焊接、切割用防护眼镜遮光号及其适用对象（包括对红外、可见与紫外辐射的防护）见表 6-8、表 6-9。遮光号根据可见光透过率计算,遮光号越大,要求辐射的透过率越小。

表6-8 不同工作条件可选用的防护眼镜

热源平均温度(℃)	遮光号	适用对象
1050	1.2	接触红外线的工作,加热炉,冶炼用炉(烧结炉等),接触强烈可见光的工作
1070	1.4	
1090	1.7	
1110	2.0	
1140	2.5	
1210	3	
1290	4	使用汞弧灯、弧光灯的工作,冶炼用炉与电炉接触含有紫外辐射、强烈可见光等辐射源的工作
1390	5	
1500	6	
1650	7	
1800	8	
2000	9	
2150	10	

表6-9 焊接、切割用防护眼镜

遮光号	电弧焊接与切割	气焊与切割
1.2	防侧面光与杂散光	
1.4		
1.7		
2		
3	辅助工作	
4		
5	30 A以下电弧	中辉度,厚度为3.2~12.7 μm
6		
7	30~75 A电弧	强辉度,厚度为12.7 μm以上
8		
9	75~200 A电弧	极强辉度
10		
11		
12	200~400 A电弧	等离子喷镀
13		
14	400 A以上电弧	等离子喷镀

除了防护眼镜外，还可使用防护面罩，通常当强光源面积较大时使用，以保护眼睛与脸部。红外辐射防护面罩应耐热，不影响视力和视野，长久使用不会产生不适。

2．皮肤的防护

从事强红外辐射工作的场所，应采用以下措施避免辐射损伤：

（1）加强通风，对辐射源采取隔热措施。

（2）尽可能实现机械化、自动化。

（3）工作中合理使用个人防护用具。

（4）注意选择工作场所墙壁等的颜色，以减小反射线对人的有害影响。

（5）工作人员应实行职业性健康管理制度。

最佳的红外辐射控制是管理控制和个人防护措施并举，应限制红外辐射接触，同时佩戴眼睛防护用品以减少红外辐射强度。

三、可见光

（一）可见光及其特点

可见光谱没有精确的范围，如图 6－8 所示，一般人的眼睛可以感知的电磁波的波长在 380～780 nm 之间。正常视力的人眼对波长约为 555 nm 的电磁波最为敏感，这种电磁波处于光学频谱的绿光区域。蓝色和紫色属于短波，红色属于长波，黄色和绿色处于可见波长范围的中间，也是人眼最敏感的区域。

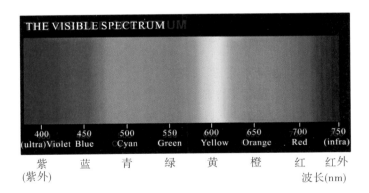

图 6－8　可见光谱

可见光分自然界的可见光与人工可见光。自然界的可见光主要是来自太阳可见光区，宇宙中其他恒星等发出的光也是自然光。最常用的人工可见光光源是白炽灯，如果加不同颜色的滤板后即获得各色的可见光线，如红光、蓝光、紫光；利用不同的荧光物质制成的荧光灯也可发出各色的可见光线；此外，电视机、电脑显示器、电弧焊、激光、核爆炸等发光时均含有大量可见光。

（二）可见光辐射及危害

高强度可见光的来源包括焊接、碳弧灯以及部分激光等。当非常强的光脉冲照射到视网膜上时，光照射的热效应能灼伤视网膜，而视网膜的灼伤是不可逆转的。例如，焊接电弧的可见光线的光度，比肉眼正常承受的光度约大一万倍。当受到照射时，眼睛疼痛，看不清东西，通常称为电焊"晃眼"。如果直视激光，会引起黄斑烧伤，造成不能恢复的视力减退，这种伤害是生理性的，或造成灼伤、红斑效应、白内障等伤害，往往不能修复。

高强度的可见光辐射的直接危害有两条途径：一是伤害眼睛。瞬间的强光照射会使人出现短暂的失明现象，普通的光污染也可能对人眼的角膜和虹膜造成损伤。二是扰乱生物钟。在睡觉的时候，如果路灯和安全灯照得黑夜亮如白昼，人们的生理节奏将会被打乱，造成各种疾病；长期在不协调的光辐射下生活或工作的人们，出现头晕目眩、失眠、心悸、神经衰弱等不良症状的比例较高。

（三）常见的可见光及其防护

一般来说，高强度可见光控制措施包括过滤光源、眼睛屏蔽以及围挡光源。

1. 太阳光的可见光

（1）太阳中的蓝光。

蓝光是可见光谱中最有能量的部分。研究证实，蓝光是可以照射到视网膜的最具危害性的可见光，蓝光对视网膜的损伤并不亚于紫外线。

值得注意的是，蓝光不仅存在于强日光中，生活中常见的闪光灯、浴霸、舞台灯光、电脑显示器等光线中也会有蓝光。

（2）蓝光防护措施。

蓝光对于人的损伤都是逐渐形成的，在产生损伤的时候人通常不会感到任何不适。日常生活中，最简单的防护方法就是在任何可能受到蓝光照射的情况下，佩戴一副合格的太阳眼镜，帮助阻挡大部分蓝光。

2. 电脑辐射中的可见光

（1）电脑辐射。

电脑在工作时产生和发出的电磁辐射会直接作用于人体的眼睛和皮肤。近年来研究人员发现，电脑显示器背景光，特别是其中的高能短波蓝光对眼睛的伤害更是超过了紫外线和电磁辐射。因而，显示器的"光污染"已成了医学界和国际光学会的重要研究课题。

研究机构测试过计算机的电磁场强度，结果发现，紧贴荧光屏处电磁场强度为0.9，但离开荧屏约 5 cm 处，强度不到 0.1，再远一点至 30 cm 处（这是计算机操作者的身体与荧屏之间的习惯距离），其强度几乎无法测出。

（2）电脑辐射的主要危害。

从医学角度来看，电脑引起视力损伤的原因有两种：①眼睛疲劳。无论我们长时间看电脑还是看书，眼睛都会疲劳，结果是睫状肌持续收缩，导致近视。②电脑蓝光对眼底视网膜细胞的刺激。这种刺激本身会引起视觉细胞的凋亡，导致视力下降，而且这种刺激使眼睛更容易感到疲劳。因此，要保护眼睛就必须从这两方面入手。

此外，电脑辐射对皮肤健康也有影响，但针对不同类型的皮肤，影响程度不同。例如，油性肤质会有出油增加的状况，或者是出油的同时面部开始发干，也就是缺乏水分，导致长痘、毛孔粗大等；干性肤质则表现为皮肤干燥，出现细纹，失去光泽，有黑斑。

电脑辐射所致危害的特点如下：

①对人体的神经系统功能、免疫系统功能、循环系统功能和生命发育功能等产生影响。

②伤害以低频电磁辐射的非热效应和刺激为主要作用。

③伤害作用对不同人群有差异，妇女、少年儿童、老年体弱者为敏感人群，特别对胎儿损害更大。

④受害程度与接受辐射的积累剂量有关。

⑤尚待对分子生物及过程、细胞生物学过程和生物化学过程深入研究，进一步探明和揭示其作用机理。

3. 电脑辐射防护方法

（1）保护眼睛的有效方法。

①过滤蓝光：佩戴可以过滤蓝光的电脑防护眼镜。过滤蓝光不但能够消除看电脑时眼睛酸涩、疼痛等症状，还能缓解眼睛疲劳，更重要的是能够阻止蓝光对视觉细胞的损伤。

普通的防辐射眼镜只能过滤紫外线，而不能过滤蓝光。黄色的专用防蓝光眼镜不但能够有效地隔离紫外线，而且能够过滤90％以上的蓝光，适合在户外和看电脑或电视时使用，可以大大减轻蓝光对眼睛的刺激，消除眼睛酸涩、发热或疼痛等不适症状，缓解眼睛疲劳。

②抗氧化剂及自由基清除剂：蓝光对眼底的照射会引起光氧化反应，产生过度的自由基损伤光敏感细胞，因此需要补充具有抗氧化作用的物质，能有效地保护蓝光视网膜损伤。例如，采用强效抗氧化剂，如丁羟基甲苯和维生素E，可在一定程度上减轻蓝光导致的视网膜氧化损伤。

③酶活性保护剂：研究表明，蔬菜和水果中含有的叶黄素、玉米黄质具有保护细胞色素氧化酶的功能，使视网膜免受蓝光损伤。

④视神经保护剂：神经保护药物对视神经能起到营养及支持作用。

（2）对皮肤的防护方法。

①搽防护乳液：长时间坐在电脑前时，应该涂上纯天然植物绿色草莓萃取的莓多酚防辐射乳液，因为这类乳液含抗氧化活性物质及维生素E群，能迅速渗透肌肤表面形成保护层，有效隔离99.7％的电磁辐射。

②及时用清水洗脸：在操作电脑后，脸上会吸附不少电磁辐射的颗粒，要及时用清水洗脸，这样可使所受辐射减轻70％以上。

③多吃防辐射食物：对于经常使用电脑所造成的皮肤干燥，可以通过在日常生活中

注意补充营养和使用防辐射霜来改善皮肤状况。多吃防辐射的食物脂肪酸，维生素 A、C、E 及 B 族维生素都是防辐射的好帮手，草莓、牛奶、蛋、肝、花菜、卷心菜、茄子、扁豆、胡萝卜、黄瓜、番茄、香蕉、苹果等含有以上成分，其中未成熟的草莓含量尤甚，多吃这些食物有防辐射损伤的功能。此外，经常用计算机的人应多喝茶水，如绿茶、枸杞、菊花、决明子等。常喝菊花茶能收到清心明目的效果，枸杞清肝明目，对保护视力也有很大好处。

4. 强光的危害和防护

强烈耀眼的可见光能够使人的眼睛暂时失明。根据这个原理，研究人员开发出了强光武器。当使用的时候，该武器会发出强烈闪光，即使人闭上眼睛，也需要一段时间才能恢复正常视力。这就为防暴警察提供了制止混乱、捉拿暴乱分子的机会，并且不会对周围群众产生生命危害。就像强光武器可以对人眼产生致盲作用一样，日常生活中高强度的光照射也会造成眼睛的损伤。下面列举两类由于强光照射导致眼睛损伤的机理以及相应的防护措施。

（1）角膜炎和结膜炎。

长时间高强度的可见光辐射能够损伤眼球最前部区域，从而引发光致角膜炎和光致结膜炎。受照后，角膜和结膜最外层细胞被破坏，人将感觉到剧烈的疼痛。这类损伤如果不严重，则可以通过人体自身的角膜和结膜的细胞代偿性再生来修复。因此，从事一些特别的工种，如高炉炼钢等工作时，需要佩戴特殊防护装置保护眼睛。在日常生活中，应该避免长时间注视强光源，并佩戴墨镜进行防护。

（2）视网膜损伤。

当非常强的光脉冲照射到视网膜上时，光照射的热效应能灼伤视网膜，而视网膜的灼伤是不可逆转的。因此，在日常生活中，应该尽量避免裸眼长时间地注视强光源（典型的强光源有太阳、照相机的闪光灯等）。

四、紫外辐射

（一）紫外光简介

1. 紫外光的来源

太阳是地球表面紫外线辐射的最主要来源。此外，众多的人工光源、电焊弧光、灭菌灯、黑光灯等均可发射出较高强度的紫外线。在生产环境中，凡是物体的温度达1200℃以上时，辐射光谱中即可出现紫外线。随着物体温度升高，紫外线的波长变短，其强度增大，对机体的损害程度增大。冶炼炉（高炉、平炉）的炉温在 1200℃ ～2000℃时，产生的紫外线强度不大，波长在 320 nm 左右。电焊、气焊、电炉炼钢的温度在 3000℃时，可产生短于 290 nm 的紫外线。乙炔气焊、电焊的温度在 3200℃时，紫外线波长可短于 230 nm。探照灯、水银石英灯发射的紫外线波长为 220～240 nm。氩弧焊接和等离子焊接的温度更高，产生的紫外线波长更短。生产中常见的紫外线波长为220～290 nm。除了上述生产及有关的作业、操作外，从事碳弧灯和水银灯制板或摄影工作以及紫外线灯消毒等工作，也会受到过量紫外线照射。

2. 紫外光的分类及特点

依据紫外线自身波长的不同，可将紫外线分为以下三个区域：

（1）长波紫外线，简称 UVA，波长为 320～400 nm。UVA 对衣物和人体皮肤的穿透性远比 UVB 要强，可达到真皮深处，并可对表皮部位的黑色素起作用，从而引起皮肤黑色素沉着，使皮肤变黑，起到了防御紫外线、保护皮肤的作用。因此，长波紫外线又称为晒黑段。

（2）中波紫外线，简称 UVB，波长为 280～320 nm。UVB 对人体皮肤有一定的生理作用，此类紫外线的极大部分被皮肤表皮所吸收，不能再渗入皮肤内部。中波紫外线又称为晒伤（红）段。

（3）短波紫外线，简称 UVC，波长为 200～280 nm，是能量最高、最危险的紫外线，又称为杀菌段。

上述三种紫外线的能量不同，对皮肤的影响也不同。

（二）紫外光的危害

自然界中的紫外线见于太阳辐射，对人体健康起着积极作用。但如果接触过强的紫外线，则可对机体产生危害，特别是对皮肤和眼睛造成损伤。

（1）UVA 射线的透射力可达人体真皮层，具有穿透力强、作用缓慢持久的特性。UVA 虽然不会引起皮肤急性炎症，但它对玻璃、衣物、水及人体表皮有很强的穿透力，可以先穿透表皮到达肌肤的底层并潜伏起来，日积月累就会严重扰乱肌肤的免疫系统，造成体内氧化自由基增多，损害弹性组织，由此而产生的后果是肌肤提前衰老、角质过厚、表皮粗糙、有皱纹和斑点、肌肉松弛、下垂，同时增加 UVB 对人体的损伤。

（2）UVB 射线的透射力可达人体表皮层，能晒伤皮肤。轻者可致皮肤红肿、疼痛；重者会产生水泡，脱皮。如果 UVA 和 UVB 射线照射过量，可能会引起细胞 DNA 突变，导致皮肤癌。

（3）UVC 射线的透射力只到皮肤的角质层，有杀菌作用的同时也对人体细胞有破坏作用。短波紫外线对人体的伤害很大，短时间照射即可灼伤皮肤，长期或高强度照射还可能造成皮肤癌。紫外线杀菌灯发出的是 UVC 短波紫外线。低压汞灯含此种光较丰富，固化用高压汞灯的能量集中在 280～400 nm 之间，此部分光较少。

此外，紫外线辐射还会促使各种有机材料和无机材料加速化学分解和老化；加速高分子聚合物质的老化过程（UV 固化技术），促使颜料和染料物褪色；海洋中的浮游生物也会因紫外线的照射，使生长受到影响，甚至死亡；紫外线辐射也是产生有害的光化学烟雾的重要因素。紫外线辐射对包括人在内的各种动、植物的生理和生长发育都会带来严重的危害和影响，应该引起人们的重视。

（三）紫外光的防护

1. 防护标准

1971 年前，主要是对 254 nm 灭菌汞灯制订了紫外防护标准。规定在 7 h（或更短时间）内的照射剂量阈限值为 $0.5~\mu W/cm^2$（相当于 $13~\mu J/cm^2$），对 24 h 照射则规定为 $0.1~\mu W/cm^2$（相当于 $8.6~\mu J/cm^2$）。

1972 年，国外有的组织（如美国 ACGIH）建议规定紫外辐射的每天容许照射极限值相当于累积值 $3~\mu J/cm^2$（设 24 h 内的照射效应具加合性）。

2. 防护措施

（1）场所防护与警告装置。

①如果用手开启紫外灯，则应将开关设在室外靠进门处。

②凡使用紫外灯的实验室，应在进门上方墙上设蓝色工作指示灯，在紫外灯工作时，指示灯保持发亮，以示警告。

③凡使用紫外灯的实验室，室外应设警告标识，字迹清晰、醒目。

④在紫外灯工作期间，未佩戴防护用具者切勿进入室内。

⑤凡紫外闭锁场所，附近应设警告危险标识，示明危险性质及范围，字体要大，字迹清晰、醒目。

（2）个人防护用具。

汞灯主要辐射 253.7 nm 紫外线，穿透力较弱，易为普通玻璃、橡胶和多数高分子聚合物塑料所吸收。实验服等衣物编织紧密者，也有防护效果，不使皮肤受到损害。

①眼睛的防护。

需要使用防护眼镜（吸收式或反射式）。吸收式防护眼镜以茶色为主，对紫外辐射的吸收率很高。中性防护眼镜常为灰色，不会改变客体的颜色，可吸收 360 nm 以下的紫外辐射。也可使用普通玻璃作防护眼镜，但应检验其吸收光谱特性，以确保良好的防护效果。

在光源辐射能量较高时，宜佩戴反射式防护眼镜。在反射式防护眼镜的镜片上镀有介质膜或金属膜。介质膜可对某一较窄波段范围的辐射提供很高的反射率（常在 99% 以上）。金属膜的反射波段范围较宽，反射率可达 95% 以上。

应当注意，防护眼镜应带遮边，以防紫外辐射由侧面侵入。如果无遮边，则有可能引起角膜结膜炎。

②皮肤的防护。

手部可用布手套或橡皮手套防护，眼、头部、颈部、面部可用塑料制全面罩型防护面具保护。必要时应戴帽子，以免伤及头顶。

如果需要使用防毒面罩，则应设法加以改装，使口、鼻、眼以外的其他部位也不受紫外照射。

（3）注意事项。

低压汞灯可辐射 253.7 nm 以上的长波长紫外线，且能透过塑料，虽所占强度比率不大，但当辐射强度高、接触时间长时，应在戴塑料防护面具之外，加戴防紫外眼镜。

有些塑料，如聚甲基丙烯酸，可以透过紫外辐射。因此对性能不明的塑料，应进行紫外辐射吸收性能检查，确定对 253.7 nm 辐射的透过率为零时，方可使用。

电光性眼炎可用鲜奶（人奶或牛奶）滴眼，或先滴 0.25%～0.5% 丁卡因眼药水止痛，再涂抗菌素或可的松眼膏，并戴眼罩以减少光线对眼的刺激。此外，可针刺合谷、睛明、太阴等穴位，有一定效果。

3. 生活中紫外线的防护

防止紫外线照射给人体造成的皮肤伤害，主要是防止 UVB 紫外线的照射；而防止 UVA 紫外线，则是为了避免皮肤晒黑。

生活中的紫外线强度分为 5 级：1 级最弱，通常表现为下雨天气；2 级较弱，通常表现为阴天；3 级中等，通常表现为多云天气，偶尔能从云中看见一点太阳；4 级较强，通常表现为晴天；5 级最强，通常表现为天气特别晴朗。一年中 4 月到 9 月是紫外线照射最强的季节，一天中上午 10 点至下午 2 点是紫外线照射最强的时段，正午是紫外线照射高峰期。下面介绍防紫外线过度照射的基本措施。

（1）远离强紫外线。

正午的时候，远离太阳的照射，每天上午 10 点到下午 2 点，太阳所发出的紫外线被大气层过滤掉的比率最小，所以紫外线的强度是一天当中最强的。因此，应该尽量避开在这一段时间外出。

（2）使用遮光用具。

外出时穿着可以防御紫外线的衣物，如浅色的棉、麻质地的服装，只要纱织细密，达到一定厚度，就可以遮挡紫外线。选择宽檐帽，除了可以保护脸部外，还可将耳朵和后面的脖子部位遮蔽。选择一款具有能防紫外线功能的墨镜，墨镜以中性玻璃、灰色镜片最佳，过深的墨镜反而容易让眼睛接受更多的紫外线。

（3）选择防晒产品及其 SPF 和 PA 值。

光靠遮阳帽、遮阳伞、太阳镜去抵挡紫外线是远远不够的，必须选用专业的防晒产品才能达到完美的防晒，如图 6-9 所示。

①防晒产品。

根据其成分，一般可分为两类：一类是紫外线反射剂（物理遮光剂），采用不透光粉体覆盖肌肤形成保护膜，使紫外线散射或反射，例如产品中加入二氧化钛、滑石粉、氧化锌、陶土粉等无机覆盖剂，达到防晒的目的。质地较为浓稠、温和，覆盖在皮肤表面形成防护罩，皮肤并没有吸收。敏感性肤质和儿童宜选用此类防晒产品。另一类是紫外线吸收剂（化学性防晒），利用其分子本身的特性来吸收紫外线，将其转变为热能或荧光释放出来，从而减少紫外线对人体的伤害，达到防晒的目的。这类防

图 6-9　遮光用具和防晒产品

晒产品较为清爽，所以油性肤质和喜欢上妆的人可以选用这类防晒产品。

②防晒产品标识的 SPF 和 PA。

SPF 是防晒系数（又称防晒指数，Sun Protection Factor）的英文缩写，表示防晒产品对 UVB 紫外线的防护能力，即防晒产品所能发挥的防晒效能的高低。它是根据皮肤的最低红斑剂量来确定的。皮肤在日晒后发红，医学上称为"红斑症"，这是皮肤对

日晒做出的最轻微的反应。最低红斑剂量是皮肤出现红斑的最短日晒时间。SPF值越高，防护时效越长。一般人没有任何防备地站在阳光下面曝晒，15 min后皮肤开始出现红斑，如果选择SPF20的防晒霜，那么在日晒下的安全时间就是15×20＝300 min。

PA值表示防晒产品对UVA紫外线的防护能力，分为三个级别：PA+可延缓肌肤晒黑时间2～4倍，PA++可延缓肌肤晒黑时间4～8倍，PA+++可延缓肌肤晒黑时间8倍以上。

（4）正确使用防晒产品。

一般夏天的早晚、阴雨天，SPF指数低于8的产品即可；中等强度阳光照射下，指数达8～15较好；在强烈阳光直射下，指数应大于15。除了SPF指数外，还要注重能阻挡肌肤晒黑的PA，一般选择PA++。具体来说，上班族一般只在上下班的路途中或室内间接地接触阳光，使用SPF15、PA+的防晒品就可以了；对光敏感的肤质，可选用SPF12～20、PA+的防晒品；进行户外活动，如旅游时，可使用SPF20左右、PA++的防晒品；在高原烈日下活动或者去海滩游泳，宜选用SPF30、PA+++的防晒品；游泳时最好选择防水的防晒品，但除了游泳外，少用为佳。

使用方法是出门前10 min涂抹防晒霜，涂抹量为2 mg/cm²，效果最好。使用防晒霜前先清洁皮肤，如果是干性皮肤，适当抹一点润肤液。涂防晒霜时，不要忽略了脖子、下巴、耳朵等部位。当阳光强烈、曝晒时间长时，每两个小时补擦一次防晒霜。即使做好了防晒措施，但如果阳光很强烈，夜里最好还要使用晒后护理品。

在欧美，人们认为皮肤黝黑是健美的象征，所以反而在化妆品中要添加晒黑剂，而不考虑对长波紫外线的防护。然而，近年来这种观点已有改变，由于认识到长波紫外线对人体可能产生的长期的严重损害，所以人们开始加强对长波紫外线的防护。

4. 仪器设备产生的紫外线的防护

采用自动焊接或半自动焊接时应增大与紫外辐射源的距离，做好安全卫生知识宣传教育，合理使用防护用品，电焊工与助手操作时密切配合。电焊工及其辅助工必须佩戴专用的防护面罩、防护眼镜以及适宜的防护手套，不得有皮肤裸露。焊工操作时应使用可移动屏障围住操作区，以免其他工种的工人受到紫外线照射。电焊时产生的有害气体和烟尘，宜采用局部排风等措施排除。

（1）不让紫外光泄露，无法遮挡住的紫外光应使其反射3次以上再释放出来，漏光方向不要对准操作者。为防止臭氧，可用具有合理吸风量的风机，将灯管附近的臭氧吹洗出去。

（2）UV光固化材料中的光敏剂、增感剂、稀释剂均为活性物质，对皮肤都有不同程度的刺激作用。使用时若碰到皮肤，立即用肥皂清洗，特别在夏季更应及时清洗。

五、激光安全

（一）激光及其特点

激光一词是"受激辐射光放大"的词头。激光可使用在各种场合，包括校准、焊接、修剪、光纤通信系统、外科应用以及其他用途。激光可以使用紫外线、红外线、可见光或微波，产生一个连贯的、单色的、高能量密度的集中光束。激光的特点如下：

（1）比太阳还要亮百亿倍。近年来研制出的最新激光要比太阳表面亮度高出一百亿倍以上。因为激光器发出的激光是集中在沿轴线方向的一个极小发射角内（仅十分之一度左右），所以激光的亮度就会比同功率的普通光源高出几亿倍。再加上激光器能利用特殊技术，在极短的时间内（如一万亿分之一秒）辐射出巨大的能量，当它会聚在一点时，可产生几百万度，甚至几千万度的高温。

（2）颜色最纯。太阳光分解成红、橙、黄、绿、青、蓝、紫七色光。不同颜色的光，它们的波长是各不相同的。以氦氖气体激光器为例，它射出的波长宽度不到一百亿分之一微米，完全可以视为单一而没有偏差的波长，是极纯的单色光。

（3）方向最集中。当我们按亮手电筒或打开探照灯时，看上去它们射出的光束在方向上是笔直的，似乎也很集中，但实际上，当光束射到一定距离后，就散得四分五裂了。唯有激光才是方向最一致、最集中的光。如果将激光束射向月球，它只须花 1 s 左右便能到达月球表面，而且仅在那里留下一个半径为 2000 m 的光斑区。

（4）相干性极好。当用手将池中的水激起水波，并使这些水波的波峰与波峰相叠时，水波的起伏就会加剧，这种现象称为干涉，能产生干涉现象的波称为干涉波。激光是一种相干光波，它的波长、方向等都一致。此外，因为激光的高方向性和高单色性，所以其相干性极好；激光还具有良好的偏振性和高磁场强度。

（二）激光及激光器的危害

激光是在物质的分子、原子体系内，通过受激辐射，使光放大而形成一种新型光。激光损伤是由于激光的热效应、压力效应和冲击波引起皮肤组织炭化、气化、变性，而造成的烧灼性损伤和凝固性损伤。组织损伤的程度取决于激光种类、能量密度（激光束的波长和强度）、持续暴露时间、身体暴露部分、暴露方式以及组织性质（范围、部位、厚度、色素等）。激光的主要危害组织是眼睛，其次是皮肤。如果辐射强度不会对眼睛产生危害，则对于其他身体组织而言，将不会产生危害。

激光的危害通常分为两大类，即光危害和非光危害。激光具有单色性、发散角小和高相干性的性质，在小范围内容易聚集大量的能量，因此不正确地使用激光设备会产生潜在的危险。另外，不同种类的激光器具有高压、有毒成分等，激光器本身也会因使用不当而具有潜在危险。

1. 光危害——激光束的危害

光危害主要是通过热效应产生的。生物组织吸收了激光能量后会引起温度的突然上升，这就是热效应。热效应损伤的程度是由曝光时间、激光波长、能量密度、曝光面积以及组织类型共同决定的。激光的主要危害是对眼睛的损伤，其次是皮肤以及其他身体器官。一般认为，激光对人体可产生下面的影响。

（1）激光对眼的伤害。

因为眼睛对激光比较敏感，所以眼是最易受激光伤害的部位，受损部位从浅层的角膜、结膜至深层的视网膜。

（2）激光对皮肤的伤害。

与激光对眼睛的损伤相比，激光对皮肤的损伤要轻得多。激光损伤皮肤的机理主要是激光的热作用。照射皮肤的激光功率密度（能量密度）与受伤害程度成正比。皮肤吸收超过安全阈值的激光能量后，受照部位的皮肤将随剂量的增大而出现热致红斑、水泡、凝固及热致碳化、沸腾、燃烧及热致汽化。激光对皮肤的损伤程度与激光的照射剂量、激光的波长、肤色的深浅、组织水分以及皮肤的角质层厚薄等因素有关。如皮肤对紫外激光和红外激光的吸收率很高，这两类激光就是损伤皮肤的主要波段激光。

（3）强烈的激光辐射通常会干扰人体的生物钟。

激光辐射会导致人体生态平衡紊乱和神经功能失调，出现头疼、乏力、困倦、激动、记忆力衰退、注意力不集中、皮肤发热、脱发、心悸、心律失常和血压失常等症状。激光辐射对脑和神经系统的影响表现为松果体素分泌减少，节律紊乱，产生一系列临床症状。

（4）激光的危害还会通过声效应、光化学效应产生。

声效应是由激光诱导的冲击波产生的，冲击波在组织中传播时会使局部组织汽化，最终导致组织产生一些不可逆转的伤害。激光的光化学效应可能诱发细胞内的化学物质发生改变，从而对组织产生伤害。

2. 非光危害——激光装置的危害

一台激光器，尤其是一套激光加工设备，是由许多不同元件和单元构成的，例如高压激励电源，各种折光或反光镜，运动的机械部件（如机器人或程控工件传动机构），以及光束传输系统和强激光与工件的相互作用等，这些都是不同类型的危险源。

激光装置可以通过空化气泡、毒性物质、电离辐射和电击对人体产生伤害。

（1）电气危害。

使用激光器时，可能会产生电击。安装激光仪器时，可能接触暴露的电源、电线等。激光器中的高压供电电源以及大的电容器也有可能造成电击危害。

（2）化学危害。

某些激光器（如染料激光器、化学激光器）使用的材料可能含有毒性物质，还有一些塑料光纤在切削时会产生苯和氰化物等污染物，石英光纤切削时会产生熔融石英，这些化学物质都会对人体产生危害。

（3）间接辐射危害。

高压电源、放电灯和等离子体管都能产生间接辐射，包括 X 射线、紫外线、可见光、红外线、微波和射频等。当靶物质聚焦很高的激光能量时，就会产生等离子体，这也是间接辐射的一个重要来源。

（4）其他危害。

低温冷却剂危害、重金属危害、应用激光器中压缩气体的危害、失火等。

（三）实验室激光安全防护

1. 激光的安全标准

根据激光产品对使用者的安全程度，把激光产品的安全等级划分为四类（参照 GB

7247—1—2001，激光器的分类规定）。

1 类：在合理可预见的工作条件下是安全的激光器。

2 类：发射波长为 400～700 nm 可见光的激光器，通常由包括眨眼反射在内的回避反应提供眼睛保护。

3 类：又分为 3A 类和 3B 类。

3A 类：用裸眼观察是安全的激光器。对发射波长为 400～700 nm 的激光，由包括眨眼反射在内的回避反应提供眼睛保护。对于其他波长，对裸眼的危害不大于 1 类激光器。用光学装置（如双目镜、望远镜、显微镜）直接进行 3A 类的光束内视观察可能是危险的。

3B 类：直接光束内视是危险的激光器。观察漫反射一般是安全的。尽可能使激光束在有用光路末端终止于漫反射材料，该材料的颜色和反射率应使得光束位置尽可能调准，且反射危害最小。

4 类：能产生危险的漫反射激光器。它们可能引起皮肤灼伤，也可能引起火灾。使用这类激光器要特别小心。

2. 激光的防护

使用激光器最安全的方法是把激光束和目标置于不透明的外壳内封装起来。在工业环境工作的激光材料加工设备，几乎都采用这一标准的安全防护措施，在这些系统中，采用联锁门、报警信号和报警灯、键锁电源开关、紧急断路器和类似的防护措施，以防止工作人员和过往人员受到电气伤害和激光辐射伤害。观察显微镜和观察部件要加以滤光和遮挡，以防止散射激光。激光打靶的靶标要用屏蔽物围起来，在日常维修和调整的入口处，警报信号要明显突出，而且当门或出入口打开时，由联锁装置防止激光器开机。

实验室内的激光设施在防护上，对于不同类的激光，防护要求也有不同。

（1）对于 1 类激光没有特殊要求，建议不要长时间直视。

（2）对于 2 类和 3A 类激光，要避免长时间地直视，受到瞬间（0.25 s 内）的照射可认为无损害，但是激光束不能指向人；3A 类激光产品不能使用光学观察仪器（如双目镜、望远镜、显微镜等）进行观看。

（3）对于 3B 类激光，为避免直视激光束和控制镜反射，需要采取防护措施：只能在受控区内操作激光产品；尽可能使激光束在有用光路末端终止于漫反射材料，该材料的颜色和反射率应使得光束位置尽可能调准，且反射危害最小。3B 类可见激光漫反射的安全条件：光屏到角膜的最短距离为 13 cm；要防止意外的镜反射；如果有可能直接观看激光束或其镜反射，或不满足前述条件的漫反射时，需要佩戴防护镜。

（4）对于 4 类激光，除了须全部满足 3B 类激光的防护要求外，还必须采取进一步的控制措施：光路宜封闭，并避开操作区，激光运行期间，只允许佩戴了合适的激光防护镜并穿有防护衣的人员进入激光操作区；建议采取遥控操作来尽量避免工作人员直接进入激光工作区；所安装的光路长管应做到热膨胀、振动和其他致动因素对形成光束的元件的调准无明显影响；在需要佩戴激光防护镜的区域，一定要有良好的室内照明，墙面建议做成浅色的漫反射墙面；为避免光学元件的热致畸变和固体靶标的熔化、蒸发引起火灾，应提供合适的光束终止器，最好选择充分冷却的金属或石墨靶标；对很高功率密度的辐射，须通过多次反射吸收加以控制，且每个反射面线对于入射辐射的倾斜角度应使激光功率分散在一个较大的区域；采取措施防止不必要的不可见远红外激光的反射，光束及标靶周围应由不透这种波长激光的材料环绕，尽可能采用局部屏蔽以减少反射辐射的程度；应对激光光路中光学元件的准直情况进行初始检查和周期检查。

另外，对于激光器仪器本身的使用，因部分激光器，如 He—Ne 气体激光器，在使用时需要加高压，所以需要保证用电安全；而对含有有毒气体、液体的激光器，必须按照相关化学安全保障执行；对于不同的激光器，必须严格按照其使用方法，在确保安全的情况下开机，如 CO_2 激光器，必须保证其冷却水能正常循环时才能开机。

3. 激光实验室的安全管理

激光机的电源一般都是高压电，通常为数千伏到数万伏，具有很大的危险性。同时，当电压超过 15 kV 时，靶上就可能产生 X 射线，这样对人体也有危害，故而应做到：

（1）激光机操作人员必须经专门的安全教育培训，熟悉各种类型激光机可能产生的危害及应急处理的方法，未经培训不得上岗。

（2）激光机安装在受控区内，禁止非本室人员进入。工作场所标有"激光危险"的明显标记，以提示人们注意和离开。

（3）激光机上安装联动装置，预警安装遥控，确保只有专门人员插入钥匙打开联锁，才能启动激光器的触发系统。

（4）室内要有总电闸，每台激光机各有分电闸及地线，地面应为木板或铺绝缘橡胶。建立严格的电器操作制度，防止触电事故的发生。

（5）室内应保持良好的通风、干燥、防湿、排气设备，保证及时排除有毒气体。

（6）建立健全严格的工作制度，工作前检查仪器的旋钮位置，操作完成后要切断电源，严格按操作程序办事。

（7）使用激光护目镜。

（8）建立激光机运转登记日志，其项目包括开机时间、运转状况、输出功率、能量密度、关机时间等。

（9）建立激光机维修检查登记本。

为保障实验室激光使用安全，必须在实验室的各条出入通道明显位置设置相应的安全警示标识，并制定安全守则，对出入实验室的人员进行安全教育。

4. 激光辐射警告标识

为了保障实验室安全，在激光器存放实验室区域必须设置激光辐射警告标识，并可根据需要，在激光辐射警告标识下方加矩形方框，用于加注文字说明，如图 6—10 所示。

激光辐射警告标识及说明标识图形尺寸、颜色按照 GB 18217—2000 执行。

对可能达到 3B 类激光辐射的场所，应设有文字说明

图 6—10　激光辐射警告标识

标识，如激光辐射避免激光束照射、激光工作进入时请戴好防护镜等。

对可能达到 4 类激光辐射的场所，应设有文字说明标识，如激光辐射避免眼睛或皮肤受到直射和散射激光的照射、激光工作未经允许不得入内等。标识及文字所用的颜色应符合 GB 2893 的规定。

另外，必须保证激光器件上面的激光产品辐射分类标识及说明文字完好，并清晰可见。

5. 实验室安全守则

（1）激光实验室要根据本实验室激光类别，制定并及时更新标准操作规程、应急措施和激光安全标志，并提供激光安全措施手册指南。

（2）任何使用激光器的人员，均须熟悉有关操作程序及安全措施。

（3）在激光实验室内最好不要放置具有镜面反射的物体，如果实验必需，则应该将其放置到合适的位置，而不能随意安放。

（4）应该在照明良好的情况下操作激光器，这样可以避免瞳孔放大，减少对眼睛的伤害。

（5）在激光器开启前，相关人员应先站到激光器背后。当激光器启动时，非直接操作者不应进入激光实验 1 m 范围之内。

（6）进入实验室不能佩戴珠宝首饰等能产生反射而对眼睛或皮肤造成伤害的物品。

（7）切勿直视激光束的光源，而身体任何部分的皮肤也不应受激光束的直接照射。

（8）绝对不可使用任何准直仪器（如望远镜或显微镜等）直接观看激光束。

（9）如果怀疑激光器存在潜在危险，一定要停止工作，然后立即让激光安全工作者进行检查。

（10）实验完毕后应立即关闭激光器。

（11）激光器不使用时应存放在上锁的柜子内，只可由获得实验室管理员授权的人员取用。

（12）每一种激光器和激光设备都应该为操作者提供最大的安全保护措施。一般只允许 1 级、2 级、3A 级激光用于实验演示。对于 3B 级和 4 级激光，必须佩戴防护眼罩。在特定的波长和辐射能量下，选用特定的防护眼罩。防护眼罩包括护目镜、面罩、眼镜、用特殊滤光物质或反射镀膜技术制成的专用眼罩。

6. 使用防护装备

（1）尽可能在激光器附近使用无反射或具有吸光作用的物料，以防产生镜面反射。

（2）不能避免反射时（如在透镜面上），应在反射面附近设置一些防护挡板，使操作者及相关人员避免受到反射的激光束所照射。

（3）防护挡板应用不易燃烧的物料制成，且要不透明及涂上暗灰色。

（4）凡接近或操作激光器并可能受到激光照射的人员，均应佩戴适当的防护眼罩。

7. 激光器的位置

（1）激光束应置于操作人员视平线之上或之下。

（2）应固定激光器的位置，以免一时不慎而改变光束的方向。

（3）当激光器未对准目标时，不要将其开启。切勿在激光器启动时才调准光束的方向。

8. 意外受激光照射

（1）倘若意外受到激光束的照射，应立即闭上眼睛，并把头转向别处。

（2）如果眼睛意外受到激光束照射或者怀疑会受照射，应立即向实验室管理员报告，并迅速送医院治疗。

思考题

1. 人类受到的天然辐射照射剂量主要由哪些天然辐射源产生的？请列举出来并讨论。

2. 放射性核素进入体内主要有几种途径？哪些类型的辐射造成的内照射伤害更大？

3. 实验操作过程中或转移放射性物质时，应该如何防止放射性物质翻倒、溢出或溅落？

4. 简述非密封源放射性同位素实验室工作台表面污染处理的基本原则和清除方法。

5. 如何正确处理实验室常见的放射性物质沾污事件？怎样操作才会减小或防止污染区域扩大？

6. 放射性核素废物的处理原则和方法是什么？如何正确处理放射性废物，尤其是生物或医学类放射性废物？

7. 现代人使用手机和电脑时间很长，你认为应该采取哪些措施来尽量减少微波辐射的危害？

8. 根据自己生活周边的环境，列举几项微波辐射源，并写出防范措施。

9. 适度的光照对人体有益，但是过强的光照射可造成光射损伤。在自然界和实验室中，主要的光射损伤来源是什么？光射损伤的分类有哪些？光射损伤最容易发生在人体的哪个部分？

10. 皮肤和眼睛受到红外照射后会出现哪些症状？一旦受到红外照射后，应该采取哪些急救措施？

11. 电脑和电视作为日常生活中最常用的科研工具和信息来源，它们辐射中对人体危害最大的是哪种光？可以采取哪些措施进行预防和减少这种光的辐射？

12. 紫外辐射的每天容许照射极限值为多少？经常在紫外场合工作的人员，平时应该采取哪些防护措施？在饮食中多吃哪些蔬菜对身体更有帮助？

参考文献

［1］潘自强，程建平. 电离辐射防护和辐射源安全［M］. 北京：原子能出版社，2007.

［2］国际原子能机构（IAEA）. 辐射、人与环境［M］. 王小峰，周启甫，译. 北京：原子能出版社，2006.

［3］ICRP. The 2007 Recommendations of the International Commission on Radiological Protection，ICRP Publication 103 Ann.［M］. Netherlands：Elsevier，2007.

［4］Environmental Health & Safety，Radiation Safety Training Guide for Radionuclide Users（revision4）［S/OL］. Ames，Iowa：Iowa State University，2007［2013－07－02］. http://www. ehs. iastate. edu/publications/manuals/radguide. pdf.

［5］UCI Environmental Health & Safety，Radiation Safety Manual［S/OL］. Irvine，CA：University Of California，Irvine，2009［2013－05－05］. http://www. ehs. uci. edu/programs/radiation/RadiationSafetyManual. pdf.

［6］U. S. Department of Energy，Radiological Contamination Control Training for Laboratory Research. DOE－HDBK－1106－97［M/OL］. Washington，D. C. ：DOE，2013［2013－07－06］. http://energy. gov/sites/prod/files/2013/07/f2/DOE－HDBK－1106－97 _ CH1 _ Part1. pdf.

［7］Environmental Health & Safety，Stanford Laboratory Standard & Design Guide，2.0 Additional Requirements for Laboratories Using Radioactive Materials，Radiation Producing Machines，or Lasers. Version 2.0/11－14［S/OL］. Stanford，Cal：Stanford University. ［2013－05－03］. http://web. stanford. edu/dept/EHS/prod/mainrencon/Labdesign. html.

［8］王秉杰. 科学认识电磁辐射［M］. 沈阳：辽宁大学出版社，2010.

［9］何丽玲. 助理美容指导师［M］. 北京：中国劳动社会保障出版社，2008.

［10］诸葛天翔，扬中海. 微波等离子灯可见光辐射的研究［J］. 照明工程学报，2010，21（3）：25－29.

［11］顾恒. 光皮肤病［M］. 北京：人民军医出版社，2009.

［12］卢昌义. 现代环境科学概论［M］. 厦门：厦门大学出版社，2005.

［13］张玲. 紫外线的危害及防护［J］. 技术物理教学，2005，13（1）：47－48.

［14］彭开良，杨磊. 物理因素危害与控制［M］. 北京：化学工业出版社，2005.

［15］王斌，陈集，饶小桐. 现代分析测试方法［M］. 北京：石油工业出版社，2008.

第七章　实验室计算机及信息安全

【本章导读】

什么是"计算机安全"？国际标准化委员会对计算机安全的定义提出建议，即"为数据处理系统建立和采取的技术的和管理的安全保护，保护计算机硬件、软件，数据不因偶然的或恶意的原因而遭破坏、更改、显露"。计算机安全包括实体安全、软件安全、数据安全和运行安全。从内容来看，包括计算机安全技术、计算机安全管理、计算机安全评价、计算机犯罪与侦查、计算机安全法律以及计算机安全理论与政策等。

另一方面，计算机网络是现代人类生活最重要的组成部分，而网络安全最根本的任务是计算机系统的安全，只有当计算机系统的安全得到了保证，才能有效地保证数据的安全和网络的安全。

本章主要学习要点：

（1）计算机系统的安全保护技术，包括计算机硬件安全技术、计算机软件安全技术。

（2）计算机网络和数据安全技术。

（3）废旧计算机的回收处理。

第一节　计算机软硬件安全

一、计算机软硬件基础

（一）计算机的基本组成

计算机系统分为硬件和软件两大部分，硬件相当于人的身体，软件相当于人的灵魂。

硬件一般分为主机和外部设备，主机是一台计算机的核心部件，主要有主板、CPU、内存、电源、显卡、声卡、网卡、硬盘、软驱、光驱等硬件。外部设备包括输入设备（如键盘、鼠标）和输出设备（如显示器、打印机）等。

软件一般分为系统软件和应用软件。

（二）评价计算机的技术指标

一台计算机的好坏是从多方面来衡量的，不能仅看其中某个或者几个性能指标。评价计算机的性能指标有以下几种：

（1）CPU 的类型和时钟频率。这是计算机最主要的性能指标，它决定了一台计算机的最基本性能。我们常说的赛扬双核、酷睿 i5、酷睿 i7 等就是按 CPU 的型号来命名的。时钟频率是一台计算机按固定的节拍来工作的一种衡量方法，又称为主频，时钟频率越高，时钟周期就越短，它执行指令所需要的时间便越短，运算速度就越快。

（2）内存的容量。目前内存的单位是 GB，如 1GB、2GB、4GB 等，一台计算机的内存容量越大，所能处理的任务越复杂，速度也越快。

（3）外部设备的配置情况。高档计算机一般都有性能良好的显示器、键盘、鼠标、音箱等。

（4）运行速度。一台计算机的运行速度主要是由 CPU 和内存的速度所决定的。

（5）总线类型。总线位数越多，机器性能越高。

（6）兼容性。计算机应具有广泛的兼容性，能运行各种应用软件和接受各类扩展卡。

二、计算机软硬件安全防范技术

（一）计算机硬件的安全防范技术

（1）硬盘维护。硬盘是微机系统中最常用、最重要的存储设备之一，也是故障概率较高的设备之一。来自硬盘本身的故障一般都很小，主要是人为因素或使用者未根据硬盘特点采取切实可行的维护措施所致。因此，硬盘在使用中必须加以正确维护，否则会出现故障或缩短使用寿命，甚至造成数据丢失，给工作和生活带来不可挽回的损失。

①防震。硬盘是十分精密的存储设备，工作时磁头在盘片表面的浮动高度只有几微米。不工作时，磁头与盘片是接触的；硬盘在进行读写操作时，一旦发生较大的震动，就可能造成磁头与数据区撞击，导致盘片数据区损坏或划盘，甚至丢失硬盘内的文件信息。因此在工作时或关机后，主轴电机尚未停机之前，严禁搬运计算机或移动硬盘，以免磁头与盘片产生撞击而擦伤盘片表面的磁层。在硬盘的安装、拆卸过程中更要加倍小心，严禁摇晃、磕碰。

②硬盘读写时切忌断电。硬盘进行读写时，硬盘处于高速旋转状态中，如 Quantum（昆腾）的 Fireball（火球）系列 3.5 英寸硬盘，转速达到 4500 r/min，而 GRANDPRIX 系列大容量硬盘则高达 7200 r/min，在硬盘如此高速旋转时，忽然关掉电源，将导致磁头与盘片猛烈摩擦，从而损坏硬盘。所以在关机时，一定要注意面板上的硬盘指示灯，确保硬盘完成读写之后才关机。

③防病毒。计算机病毒对硬盘中存储的信息是一个很大的威胁，所以应利用版本较新的抗病毒软件对硬盘进行定期的病毒检测，发现病毒时，应立即采取办法清除，尽量

避免对硬盘进行格式化，因为硬盘格式化会丢失全部数据并缩短硬盘的使用寿命。

④防高温、防潮、防磁场。硬盘的主轴电机、步进电机及其驱动电路工作时都要发热，在使用中要严格控制环境温度，微机操作室内最好配备空调，将温度调节在20℃～25℃。在炎热的夏季，要注意监测硬盘周围的环境温度不要超出产品许可的最高温度（一般为40℃）。

在潮湿的季节或地域使用计算机，要注意保持环境干燥，或经常给系统加电，靠自身发热将机内水汽蒸发掉。

磁场是损毁硬盘数据的隐形杀手，因此，要尽可能地使硬盘不靠近强磁场，如音箱、喇叭、电机、电台等，以免硬盘里所记录的数据因磁化而受到破坏。

⑤定期整理硬盘。硬盘的整理包括两方面的内容：一是根目录的整理，二是硬盘碎块的整理。一个清晰、整洁的目录结构会给用户的工作带来方便，同时也避免了软件的重复放置及"垃圾文件"过多浪费硬盘空间，影响运行速度。硬度在使用一段时间后，文件的反复存放、删除，往往会使许多文件，尤其是大文件在硬盘上占用的扇区不连续，看起来就像一个个碎块，硬盘上碎块过多会极大地影响硬盘的速度，甚至造成死机或程序不能正常运行。在日常使用过程中，不妨定期整理，使计算机系统性能达到最佳。

（2）显示器的维护。显示器在计算机中有着举足轻重的地位，同时它的更新周期比较慢，性能也比较稳定。在显示器的使用过程中要注意以下一些问题。

①避免磁场和强光直射。

如果显示器附近有磁性物质，则会造成显示器局部变色，应迅速排除，否则可能会给显示器造成永久的损害。

显示器中含有聚酯橡胶和塑料成分，这些成分在长时间受阳光或强光照射下容易老化、变黄。同时显像管荧光粉在强烈光照下也会加快老化，降低发光效率，影响显示器的亮度、对比度，导致显示器的寿命缩短。因此，必须把显示器摆放在日光照射较弱或者没有光照的地方。

②提供干燥通风的环境。

显示器长久处于潮湿环境会出现很多问题，例如，显示器内部的电源变压器和其他线圈受潮后易产生漏电，甚至有可能霉断连线；显示器的高压部位极易产生放电现象；机内元器件容易生锈、腐蚀，严重时会使电路板发生短路。液晶显示器在潮湿环境或液晶屏沾上水，显示屏中的数字就会变得非常模糊，甚至会损害液晶显示器内部的元器件。给受潮的LCD通电时，会导致液晶电极腐蚀，造成永久性的损害。应为显示器做好防潮防湿工作，特别在梅雨季节，要定期接通计算机的电源，让计算机运行一段时间，以便加热元器件驱散潮气。

让显示器处于通风的环境，可以确保显示器散热良好，从而能正常工作。

③要正确插拔显示器。

移动显示器时，应先关机，再将电源线和信号电缆线拔掉，以免损坏接口电路的元器件；插拔显示器时不要让线缆拉得过长，这样可能使显示器的亮度减小，且射线不能聚焦；插拔时动作一定要轻，如果将插头的某个引脚弄弯或者折断，可能会导致显示器不能显示内容、颜色或者偏向一种颜色，也可能导致屏幕上下翻滚。

显示器电源应插在单独的固定插口上，如墙上的插口，避免显示器受到瞬时高压冲击而造成元件损坏。多孔插座容易造成显示器供电不良，使屏幕抖动、线条忽暗忽亮，甚至黑屏，劣质插座还会烧毁显示器。

④不要随意拆卸显示器。

显示器在关机后依然可能带有高达 1000 V 的电压，因此非专业人员不要拆卸或打开显示器机壳，以免人员受到伤害或损坏显示器。

⑤合理设置刷新频率、显示分辨率。

字体太小、显示器刷新频率过低或者聚焦不良等都会造成眼睛疲劳。一般刷新频率设在 75 Hz/s 或更高可以有效地防止眼睛疲劳，在刷新频率达到 85 Hz/s 时，对人眼已经基本没有影响了。不同的显示器在相同的分辨率下能支持的最高分辨率是不同的。

显示分辨率的大小直接关系到显示画面的清晰程度，因此要让视觉感受良好，就必须设置调整好显示分辨率的大小。显示分辨率与显示屏幕的尺寸和型号有一定的关系，我们应根据显示器的尺寸和型号调整显示器的分辨率。不同型号和尺寸的显示器可能有不同的最佳显示分辨率。

（3）光驱。光驱的寿命主要由激光头决定。保护光驱的方法：保持光驱、光盘清洁，定期清洁、保养激光头；保持光驱水平放置；养成关机前及时取盘的习惯；减少光驱的工作时间，使用正版光盘；正确开、关盘盒，利用程序进行开、关盘盒；尽量少放影碟。

（4）鼠标。鼠标是常用的输入设备。当在屏幕上发现鼠标指针移动不灵时，就应当为鼠标除尘了。鼠标的清洁及维护可按照以下步骤进行：基本除尘，开盖除尘，按键失灵排障。

（5）键盘。键盘是最常用的输入设备之一。由于键盘底座和各按键之间有较大的间隙，灰尘容易侵入，应定期对键盘进行清洁维护。通常可以将键盘反过来轻轻拍打，让键盘内的灰尘落出；也可以用湿布擦拭键盘表面，注意湿布一定要拧干，以防水进入键盘内部。

使用时间较长的键盘需要拆开进行维护。拆卸维护键盘的方法：拔下键盘与主机连接的电缆插头，然后将键盘正面向下放到工作台上，拧下底板上的螺钉，即可取下键盘后盖板，将所有的按键、前面板、橡胶垫清洗干净，再进行安装还原。安装还原时要注意按键、前面板、橡胶垫应晾干后方能还原键盘，否则会导致键盘内触点生锈；注意三层薄膜准确对位，以免按键无法接通。

（二）计算机软件的安全防范技术

（1）杀（防）毒软件。计算机病毒给全球计算机系统造成了巨大损失，令人们谈"毒"色变。对于一般用户而言，首先要做的就是为计算机安装一套正版的以"防"为主的杀毒软件，定期升级所安装的杀毒软件（如果安装的是网络版，在安装时可先将其设定为自动升级），为操作系统打相应补丁、升级引擎和病毒定义码。由于新病毒层出不穷，各杀毒软件厂商的病毒库更新十分频繁，应当设置每天定时更新杀毒实时监控程序的病毒库，以保证其能够抵御最新的病毒攻击。

每周要对计算机进行一次全面的杀毒、扫描工作，以便发现并清除隐藏在系统中的病毒。当用户不慎感染病毒时，应该立即将杀毒软件升级到最新版本，然后对整个硬盘进行扫描操作，清除一切可以查杀的病毒。如果病毒无法清除，或者杀毒软件不能做到对病毒体进行清晰的辨认，那么应该将病毒提交给杀毒软件公司，杀毒软件公司一般会在短期内给予用户满意的答复。

（2）个人防火墙。防火墙是指一种将内部网和公众访问网（Internet）分开的方法，实际上是一种隔离技术。防火墙是在两个网络通信时执行的一种访问控制尺度，它允许用户"同意"的人和数据进入自己的网络，同时将用户"不同意"的人和数据拒之门外，最大限度地阻止网络中的黑客来访问自己的网络，防止他们更改、拷贝、毁坏重要信息。在理想情况下，一个好的防火墙应该能把各种安全问题在发生之前解决。合理设置防火墙可以防范大部分的蠕虫入侵，抵御黑客袭击。

（3）分类设置密码，并使密码设置尽可能复杂。在不同的场合使用不同的密码。网上需要设置密码的地方很多，如网上银行、上网账户、E-mail、聊天室以及一些网站的会员等。应尽可能使用不同的密码，以免因一个密码泄露导致所有资料外泄。对于重要的密码（如网上银行的密码），一定要单独设置，并且不要与其他密码相同。

设置密码时要尽量避免使用有意义的英文单词、姓名缩写以及生日、电话号码等容易泄露的字符，最好采用字符与数字混合的密码。

定期地修改自己的上网密码，至少一个月更改一次，这样可以将原密码泄露造成的损失减小到最少。

（4）不下载来路不明的软件及程序。选择信誉较好的下载网站下载软件，将下载的软件及程序集中放在非引导分区的某个目录，在使用前最好用杀毒软件查杀病毒。如果有条件，可以安装一个实时监控病毒的软件，随时监控网上传递的信息。

不要打开来历不明的电子邮件及其附件，以免遭受病毒邮件的侵害。在互联网上有些病毒就是通过电子邮件来传播的，这些病毒邮件通常都会以带有噱头的标题来吸引用户打开其附件，如果下载或运行了它的附件，就会受到感染。

（5）警惕"网络钓鱼"。目前，网上一些黑客利用"网络钓鱼"手法进行诈骗，如建立假冒网站或发送含有欺诈信息的电子邮件，盗取网上银行、网上证券或其他电子商务用户的账户密码，从而窃取用户的资金。目前"网络钓鱼"的主要手法有下面几种方式。

①发送电子邮件，以虚假信息引诱用户中圈套。

诈骗分子以垃圾邮件的形式大量发送欺诈性邮件，这些邮件多以中奖、顾问、对账等内容引诱用户在邮件中填入金融账号和密码，或是以各种紧迫的理由要求收件人登录某网页提交用户名、密码、身份证号、信用卡号等信息，继而盗窃用户资金。

②建立假冒网上银行、网上证券网站，骗取用户账号密码实施盗窃。

犯罪分子建立起域名和网页内容都与真正网上银行系统、网上证券交易平台极为相似的网站，引诱用户输入账号、密码等信息，进而通过假冒的网上银行、网上证券系统或者伪造银行储蓄卡、证券交易卡盗窃资金；还有的利用跨站脚本，即利用合法网站服务器程序上的漏洞，在站点的某些网页中插入恶意 HTML 代码，屏蔽一些可以用来辨别网站真假的重要信息，利用 cookies 窃取用户信息。

③利用虚假的电子商务进行诈骗。

此类犯罪活动往往是建立电子商务网站，或是在比较知名、大型的电子商务网站上发布虚假的商品销售信息，犯罪分子在收到受害人的购物汇款后就销声匿迹。

④利用木马和黑客技术等手段窃取用户信息后实施盗窃活动。

木马制作者通过发送邮件或在网站中隐藏木马等方式大肆传播木马程序，当感染木马的用户进行网上交易时，木马程序即以键盘记录的方式获取用户的账号和密码，并发送给指定邮箱，用户资金将受到严重威胁。

⑤利用用户弱口令等漏洞破解、猜测用户的账号和密码。

不法分子利用部分用户贪图方便设置弱口令的漏洞，对银行卡密码进行破解。

实际上，不法分子在实施网络诈骗的犯罪活动过程中，经常采取以上几种手法交织、配合进行，还有的通过手机短信、QQ、MSN 进行各种各样的"网络钓鱼"不法活动。反网络钓鱼组织 APWG（Anti-Phishing Working Group）最新统计指出，约有 70.8％的网络欺诈是针对金融机构的。从国内前几年的情况来看，大多 Phishing 只是被用来骗取 QQ 密码和游戏点卡与装备，但现在国内的众多银行已经多次被 Phishing 过了。可以下载一些工具来防范 Phishing 活动，如 Netcraft Toolbar，该软件是 IE 上的 Toolbar，当用户开启 IE 里的网址时，就会检查是否属于被拦截的危险或嫌疑网站，若属于此范围，就会停止连接到该网站并显示提示。

（6）防范间谍软件。最近公布的一份家用计算机调查结果显示，大约 80％的用户对间谍软件入侵他们的计算机毫无知晓。间谍软件（Spyware）是一种能够在用户不知情的情况下偷偷进行安装（安装后很难找到其踪影），并悄悄把截获的信息发送给第三者的软件。虽然它的历史不长，但到目前为止，间谍软件数量已有几万种。间谍软件的一个共同特点是能够附着在共享文件、可执行图像以及各种免费软件当中，并趁机潜入用户的系统，而用户对此毫不知情。间谍软件的主要用途是跟踪用户的上网习惯，有些间谍软件还可以记录用户的键盘操作，捕捉并传送屏幕图像。间谍软件总是与其他程序捆绑在一起的，用户很难发现它们是什么时候被安装的。一旦间谍软件进入计算机系统，要想彻底清除它们就会十分困难，而且间谍软件往往成为不法分子手中的危险工具。

从一般用户能做到的方法来说，要避免间谍软件的侵入，可以从以下三个途径入手：

①把浏览器调到较高的安全等级。Internet Explorer 预设为提供基本的安全防护，但用户可以自行调整其等级设定，将 Internet Explorer 的安全等级调到"高"或"中"，可有助于防止间谍软件下载。

②在计算机上安装防止间谍软件的应用程序，时常监察及清除计算机的间谍软件，以阻止软件对外进行未经许可的通信。

③对将要在计算机上安装的共享软件进行甄别选择，尤其是那些不熟悉的软件，可以登录其官方网站了解详情；在安装共享软件时，不要总是心不在焉地单击"OK"按

钮，而应仔细阅读各个步骤出现的协议条款，特别留意那些有关间谍软件行为的语句。

（7）只在必要时共享文件夹。不要以为在内部网上共享的文件是安全的，其实在共享文件的同时就会有软件漏洞呈现在互联网的不速之客面前，公众可以自由地访问你的文件，并很有可能被有恶意的人利用和攻击。因此，共享文件应该设置密码，一旦不需要共享时立即关闭。

一般情况下尽量不要共享文件及文件夹，如果确实需要共享，一定要将文件夹设为只读。通常共享设定"访问类型"时不要选择"完全"选项，因为"完全"选项将导致只要能访问这一共享文件夹的人员都可以将所有内容进行修改或者删除。

不要将整个硬盘设定为共享。例如，某一个访问者将系统文件删除，会导致计算机系统全面崩溃，无法启动。

（8）不要随意浏览黑客网站、色情网站。许多病毒、木马和间谍软件都来自于黑客网站和色情网站，如果浏览了这些网站，而计算机恰巧又没有缜密的防范措施，那么计算机就会被控制或者染上病毒。

（9）定期备份重要数据。无论计算机上有多么严密的防范措施，也要随时备份重要数据，做到有备无患。

（三）计算机安全设置

（1）物理安全。服务器应该安放在装有监视器的专用房间内，监视记录保留期限为15 d以上。为防止旁人进入房间使用计算机，机箱、键盘、计算机桌抽屉要上锁，钥匙要放在另外的安全的地方。

（2）停掉 guest 账号。在计算机管理的用户里面把 guest 账号停用，任何时候都不允许 guest 账号登录系统。

（3）限制不必要的用户数量。去掉所有的 duplicate user 账户、测试用账户、共享账号、普通部门账号等。用户组策略设置相应权限，并且经常检查系统的账户，删除没有使用的账户。这些账户可能成为黑客们入侵系统的突破口，系统的账户越多，黑客们得到合法用户的权限的可能性一般也就越大。

（4）修改共享文件的权限。"everyone"在 Windows 中意味着任何有权进入你的网络的用户都能够获得这些共享资料，任何时候都不要把共享文件的用户设置成"everyone"组，包括打印共享。

（5）使用安全密码。一个好的密码对于一个网络是非常重要的，但是它是最容易被忽略的。一些管理员创建账号的时候常使用公司名、计算机名，或者一些很容易猜到的名字作为用户名，账户密码设置也很简单，比如"welcome""iloveyou""letmein"或者与用户名相同等。对于这样的账户，用户在首次登录的时候要更改成复杂的密码，并且注意经常更改密码。

（6）设置屏幕保护密码。设置屏幕保护密码是防止内部人员破坏服务器的一个屏障，系统用户所使用的机器也最好加上屏幕保护密码。

（7）运行防毒软件。好的杀毒软件不仅能杀掉一些著名的病毒，还能查杀大量木马和后门程序。注意要经常升级病毒库。

（8）保障备份盘的安全。系统资料被破坏时，备份盘将是用户恢复资料的唯一途径。备份资料盘应放在安全的地方，不要把资料备份在同一台服务器上。

（9）察看本地共享资源。运行 CMD 输入 net share，如果看到有异常的共享，应该立即关闭。如果关闭的共享在下次开机的时候又出现了，则说明计算机可能已经被黑客所控制，或者感染了病毒。

（10）禁用服务。打开控制面板，进入管理工具—服务，关闭以下服务：

- Alerter［通知选定的用户和计算机管理警报］
- ClipBook［启用"剪贴簿查看器"存储信息并与远程计算机共享］
- Distributed File System［将分散的文件共享合并成一个逻辑名称，共享出去，关闭后远程计算机无法访问共享］
- Distributed Link Tracking Server［适用局域网分布式链接跟踪客户端服务］
- Human Interface Device Access［启用对人体学接口设备（HID）的通用输入访问］
- IMAPI CD-Burning COM Service［管理 CD 录制］
- Indexing Service［提供本地或远程计算机上文件的索引内容和属性，泄露信息］
- Kerberos Key Distribution Center［授权协议登录网络］
- License Logging［监视 IIS 和 SQL，如果没有安装 IIS 和 SQL，则停止］
- Messenger［警报］
- NetMeeting Remote Desktop Sharing［NetMeeting 公司留下的客户信息收集］
- Network DDE［为在同一台计算机或不同计算机上运行的程序提供动态数据交换］
- Network DDE DSDM［管理动态数据交换（DDE）网络共享］
- Print Spooler［打印机服务，没有打印机就禁止］
- Remote Desktop Help& nbsp；Session Manager［管理并控制远程协助］
- Remote Registry［使远程计算机用户修改本地注册表］
- Routing and Remote Access［在局域网和广域网提供路由服务，黑客由路由服务刺探注册信息］
- Server［支持此计算机通过网络的文件、打印和命名管道共享］
- Special Administration Console Helper［允许管理员使用紧急管理服务远程访问命令行提示符］
- TCP/IP NetBIOS Helper［提供 TCP/IP 服务上的 NetBIOS 和网络上客户端的 NetBIOS 名称解析的支持而使用户能够共享文件、打印和登录到网络］
- Telnet［允许远程用户登录到此计算机并运行程序］
- Terminal Services［允许用户以交互方式连接到远程计算机］
- Windows Image Acquisition（WIA）［照相服务、应用与数码摄像机］

如果发现机器开启了一些很奇怪的服务，如 r _ server 这样的服务，则必须马上停止该服务，这可能是黑客使用控制程序的服务端。

三、计算机软硬件安全案例

（一）窃听

（1）计算机向周围空间辐射的电磁波可以被截收，解译以后能将信息复现。国外有人在距离计算机 1000 m 以外演示过，我国公安部门和其他单位也做过类似的演示，所用设备是稍加改进的普通电视机。

（2）搭线窃听是另一种窃取计算机信息的手段，特别是跨国计算机网络，很难控制和检查国境外是否有搭线窃听。美欧银行均遇到过搭线窃听并改变电子汇兑目的地址的主动式窃听，经向国际刑警组织申请协查，在第三国查出了窃听设备。

（二）越权存取

战争期间，敌对的国家既担心本国计算机中机密数据被他人越权存取，又千方百计窃取别国计算机中的机密。在冷战结束后，各情报机关不仅继续收集他国政治、军事情报，而且还将重点转移到经济情报上。

在金融电子领域用计算机犯罪更加容易，更隐蔽。犯罪金额增加 10 倍，只需要在键盘上多敲一个"0"。

（三）黑客

采取非法手段躲过计算机网络的存取控制、得以进入计算机网络的人称为黑客。尽管对黑客的定义有许多种，态度"褒""贬"不一，但黑客的破坏性是客观存在的。黑客干扰计算机网络，并且破坏数据，有些黑客的"奋斗目标"甚至是渗入政府或军事计算机存取其信息。有的黑客公开宣称全世界没有一台联网的计算机是不能渗入的，美国五角大楼的计算机专家曾模仿黑客攻击了自己的计算机系统 1.2 万次，成功率达到 88%。

（四）计算机病毒

计算机病毒是指编制或者在计算机程序中插入的破坏计算机功能或者毁坏数据，影响计算机使用，并能自我复制的一组计算机指令或者程序代码。由于传染和爆发都可以编制成条件方式，像定时炸弹那样，所以计算机病毒有极强的隐蔽性和突发性。1995年以前的计算机病毒主要破坏 DOS 引导区、文件分配表、可执行文件，近年来又出现了专门针对 Windows、文本文件、数据库文件的病毒。而 CIH 病毒不仅破坏硬盘中的数据，而且损坏主板中的 BIOS 芯片。计算机的网络化又增加了病毒的危害性和清除的困难性。

（五）有害信息

这里所谓的有害信息，主要是指计算机信息系统及其存储介质中存在、出现的，以计算机程序、图像、文字、声音等多种形式表示的，含有恶意攻击党和政府，破坏民族团结等危害国家安全内容的信息；含有宣扬封建迷信、淫秽色情、凶杀、教唆犯罪等危害社会治安秩序内容的信息。目前，这类有害信息基本上都是来自境外，主要形式有两种：一是通过计算机国际互联网络（Internet）进入国内，二是以计算机游戏、教学、工具等各种软件以及多媒体产品（如 VCD）等形式流入国内。由于目前计算机软件市场盗版盛行，许多含有有害信息的软件就混杂在众多的盗版软件中。

（六）因特网（Internet）带来新的安全问题

今天的计算机网络不仅是局域网（LAN），而且还跨越城市、国家和地区，实现了网络扩充与异型网互联，形成了广域网（WAN），使计算机网络深入到科研、文化、经济与国防的各个领域，推动了社会的发展。但是，这种发展也带来了一些负面影响，网络的开放性增加了网络安全的脆弱性和复杂性，信息资源的共享和分布处理增加了网络受攻击的可能性。就网络结构因素而言，Internet 包含了星型、总线型和环型三种基本拓扑结构，而且众多子网异构纷呈，子网向下又连着子网。结构的开放性带来了复杂化，这给网络安全带来很多无法避免的问题，为了实现异构网络的开放性，不可避免要牺牲一些网络安全性。如 Internet 遍布世界各地，所链接的各种站点地理位置错综复杂，通信线路质量难以得到保证，可能对传输的信息数据造成失真或丢失，也给专门从事搭线窃听的间谍和黑客以大量的可乘之机。随着全球信息化的迅猛发展，国家的信息安全和信息主权已成为越来越突出的重大战略问题，关系到国家的稳定与发展。

（七）计算机硬件造成的安全问题

计算机硬件也会对系统安全构成威胁，如 CPU，是造成计算机性能安全的最大威胁。计算机 CPU 内部集成有运行系统的指令集，像 Intel、AMD 的 CPU 都具有内部指令集，如 MMX、SSE、3DNOW、SSE2、SSE3、AMD64、EM64T 等。这些指令代码都是保密的，我们并不知道它的安全性如何。据有关资料透露，国外针对中国所用的 CPU 可能集成有陷阱指令、病毒指令，并设有激活办法和无线接收指令机构。他们可以利用无线代码激活 CPU 内部指令，造成计算机内部信息外泄、计算机系统灾难性崩溃。

显示器、键盘、打印机等的电磁辐射会把计算机信号扩散到几百米甚至一千米以外的地方，针式打印机的辐射达到 GSM 手机的辐射量。情报人员可以利用专用接收设备接收这些电磁信号，然后还原，从而实时监视用户在计算机上的所有操作，并窃取相关信息。一些板卡，比如显卡，甚至声卡的指令集里，都可能集成有病毒程序，这些程序以一定的方式激活，同样会造成计算机系统被遥控或系统崩溃。

还有一些其他芯片也可能造成安全问题，比如在使用现代化武器的战争中，一个国家可能通过给敌对国提供武器制造商，将带有自毁程序的芯片植入敌国的武器装备系统内，也可以将装有木马或逻辑炸弹的程序预先置入敌方计算机系统中。需要时，只须激活预置的自毁程序或病毒，逻辑炸弹就可使敌方武器实效、自毁或失去攻击力，或使敌国计算机系统瘫痪。

硬件泄密甚至涉及了电源。电源泄密的原理是通过市话电线，把计算机产生的电磁信号沿电线传出去，特工人员利用特殊设备从电源线上就可以把信号截取下来并还原。

硬件泄密还涉及输入、输出设备，如扫描仪，将得到信息通过电源线泄露出去。

不要以为硬件设备没有生命、不可控，所以就是安全的。其实，计算机里的每一个部件都是可控的，所以称为可编程控制芯片，如果掌握了控制芯片的程序，就控制了计算机芯片。只要能被控制，那么它就是不安全的。因此，在使用计算机时，首先要注意做好计算机硬件的安全防护，把我们所能做到的全部做好。

案例 1：空调故障导致 12306 网站三天内两次瘫痪

事件回顾：继 2012 年 12 月 24 日之后，12 月 26 日铁道部 12306 官方订票网站再次"瘫痪"，原因仍是"机房空调系统故障"。由于目前正是务工人员申请预订 2013 年春运团体票的关键时期，网站三天内两度"瘫痪"，实在让人着急。而 2013 年春运将从 1 月 26 日拉开帷幕，引发了不少旅客的担忧情绪。

12 月 24 日下午，不少旅客反映无法登录铁道部 12306 网站订票。12306 网站发公告称，"因硬件设备故障，正组织抢修，暂停互联网售票服务"，维修后当天网站订票就重新恢复正常了。事后，12306 网站称故障原因是"空调设备故障"引发的。

仅隔了一天，12306 又出现故障。12306 网站又发布了《关于暂停互联网售票服务的公告》，公告称，"因机房空调系统故障，正在积极组织抢修。目前暂停互联网售票、退票、改签业务。您可通过电话预订 2013 年 1 月 6 日以内车票，也可在车站售票窗口或代售点购买 2013 年 1 月 4 日以内的车票。退票、改签业务，请您到车站窗口办理。给您带来的不便，敬请谅解！"故障至 26 日下午 4 时许排除，网站恢复正常。

分析启示：这是一起典型的"具有中国特色"信息系统发生的信息安全事件。如 12306 这样承载着一个十几亿人口国家的火车票查询、订票业务，影响社会各阶层基本生活方式的网站，除了中国找不出第二个。因此，解决好这些国计民生信息系统的安全问题，是国人的希望，也是国人的幸福。

要重视重大信息系统安全保障体系化建设。显然对于如此重大的信息系统进行安全保障，简单照搬国外的经验是不可取的。必须根据实际情况，不断总结、创新做法和思路。此类系统应当在建设时充分考虑系统投入运营后可能承受的运营压力，进行严格测试，提前预留潜力，还需要在系统运营阶段不断根据系统的运行情况适时进行优化调整，从而降低相关风险对系统稳定运行带来的影响，确保系统能够应对特定高峰时期的用户需求。

案例 2：因信号系统受干扰

事件回顾：2012 年 7 月以来，深圳地铁蛇口线和环中线列车陆续因信号系统受干扰发生暂停故障。11 月，由于发生次数频繁，引发了各界对地铁安全运行问题的普遍关注。调查的初步结论是乘客随身的 MIFI 干扰了地铁信号系统的车－地通信，造成指令异常，导致列车急停。

据悉，故障发生后，深圳地铁集团在当地无线电管理局的配合下进行了故障定位测试。在排除各种可能因素后，将原因锁定在乘客随身携带的无线路由器（MIFI），并开展了便携式无线路由器打开、关闭状态下的对比测试，测试表明：便携式无线路由器打开，信号系统指令异常，列车急停；便携式无线路由器关闭，信号系统正常。由此，地铁公司认为是便携式无线路由器干扰了信号系统。

技术资料显示，基于无线通信技术的 CBTC 系统车－地通信通常采用基于 IEEE 802.11 标准的无线局域网技术，基于无线通信技术的国际、国内 CBTC 系统（基于无线通信的列车自动控制系统）通常采用 IEEE 802.11 协议实现轨旁定向天线与车载天线之间的通信。目前大多使用 2.4 GHz 频段频率，最大发射功率为 200 mW（其他无线网络设备为 100 mW）。由于 CBTC 系统车－地通信使用的频率和普通无线网络设备相同，发射功率仅比普通设备大 1 倍。因此，如果乘客在地铁列车上使用无线路由器，有可能对其通信造成干扰。

分析启示：民用无线设备管理亟待加强。从现象上来看，这只是一次由于民用设备无线工作频率相近导致的信号干扰事件，但是通过这样的现象，再看日常使用的各种 2.4 GHz 频段的设备（Wi-Fi 设备、蓝牙设备等），我们不得不进一步重视这些无线设备在日常生活中应用的安全性问题，政府也应当进一步重视日益增多的无线设备对各类公用设施的干扰。

工控领域的潜在信息安全风险。此次安全事件提醒我们，随着信息化和工业化的进一步融合，越来越多的工业设备采用通用的通信协议和标准构建网络和系统，信息安全问题势必会在包括城市关键基础设施在内的工控领域产生，有关的信息安全风险必须引起有关部门和单位的高度重视。

第二节　计算机网络安全

网络安全是指网络系统的硬件、软件及其系统中的数据受到保护，不因偶然的或者恶意的原因而遭受到破坏、更改、泄露，系统连续、可靠、正常地运行，网络服务不中断。网络安全从其本质上来讲就是网络上的信息安全。从广义来说，凡是涉及网络上信息的保密性、完整性、可用性、真实性和可控性的相关技术和理论都是网络安全的研究领域。网络安全是一门涉及计算机科学、网络技术、通信技术、密码技术、信息安全技术、应用数学、数论、信息论等多种学科的综合性学科。

一、网络安全概述

以 Internet 为代表的全球性信息化浪潮日益深刻，信息网络技术的应用正日益普及和广泛，应用层次正在深入，应用领域从传统的小型业务系统逐渐向大型、关键业务系统扩展，如党政部门信息系统、金融业务系统、企业商务系统等。伴随网络的普及，安全日益成为影响网络效能的重要问题，而 Internet 所具有的开放性、国际性和自由性在增加应用自由度的同时，对安全提出了更高的要求，这主要表现在以下几方面：

（1）开放性的网络导致网络的技术是全开放的，任何人都可能获得，因此网络所面临的破坏和攻击是多方面的。例如,可能来自物理传输线路的攻击,也可以对网络通信协议和实现实施攻击;可以对软件实施攻击,也可以对硬件实施攻击。

(2)国际性的网络意味着网络的攻击不仅仅来自本地网络用户,也可能来自Internet上的任何一个机器,也就是说,网络安全所面临的是一个国际化的挑战。

(3)自由性的网络意味着网络最初对用户的使用并没有提供任何的技术约束,用户可以自由地访问网络,自由地使用和发布各种类型的信息,用户只对自己的行为负责,而没有任何的法律限制。

开放、自由、国际化的 Internet 的发展给政府机构、企事业单位带来了革命性的影响,使得他们能够利用 Internet 提高办事效率和市场反应能力,以便更具竞争力。通过Internet,他们可以从异地取回重要数据,但同时要面对 Internet 开放带来的数据安全的新挑战和新危险。如何保护企业的机密信息不受黑客和工业间谍的入侵,已成为政府机构、企事业单位信息化健康发展所要考虑的重要事情。

(一)安全的基本要素

安全包括五个基本要素,即机密性、完整性、可用性、可控性和可审查性。

(1)机密性:确保信息不暴露给未授权的实体或进程。

(2)完整性:只有得到允许的人才能修改数据,并且能够判别出数据是否已被篡改。

(3)可用性:得到授权的实体在需要时可访问数据,即攻击者不能占用所有的资源而阻碍授权者的工作。

(4)可控性:可以控制授权范围内的信息流向及行为方式。

(5)可审查性:对出现的网络安全问题提供调查的依据和手段。

(二)安全威胁

目前网络存在的威胁主要表现在以下几方面:

(1)非授权访问:没有预先经过同意就使用网络或计算机资源被看作非授权访问,如有意避开系统访问控制机制,对网络设备及资源进行非正常使用,或擅自扩大权限,越权访问信息。它主要包括假冒、身份攻击、非法用户进入网络系统进行违法操作、合法用户以未授权方式进行操作等。

(2)信息泄漏或丢失:指敏感数据在有意或无意中被泄漏出去或丢失,它通常包括信息在传输中丢失或泄漏(如"黑客"们利用电磁泄漏或搭线窃听等方式截获机密信息,或通过对信息流向、流量、通信频度和长度等参数的分析推出有用信息,如用户口令、账号等),信息在存储介质中丢失或泄漏,通过建立隐蔽隧道窃取敏感信息等。

(3)破坏数据完整性:以非法手段窃得对数据的使用权,删除、修改、插入或重发某些重要信息,以取得有益于攻击者的响应;恶意添加、修改数据,以干扰用户的正常使用。

(4)拒绝服务攻击:它不断对网络服务系统进行干扰,改变其正常的作业流程,执行无关程序,使系统响应减慢甚至瘫痪,影响正常用户的使用,甚至使合法用户被排斥而不能进入计算机网络系统或不能得到相应的服务。

（5）利用网络传播病毒：通过网络传播计算机病毒，其破坏性大大高于单机系统，而且用户很难防范。

（三）安全策略

安全策略是指在一个特定的环境里，为保证提供一定级别的安全保护所必须遵守的规则。该安全策略模型包括了建立安全环境的三个重要组成部分。

（1）威严的法律：安全的基石是社会法律、法规，是建立安全管理的标准和方法，使非法分子慑于法律，不敢轻举妄动。

（2）先进的技术：先进的安全技术是信息安全的根本保障，用户对自身面临的威胁进行风险评估，决定其需要的安全服务种类，选择相应的安全机制，然后集成先进的安全技术。

（3）严格的管理：网络使用机构、企业和单位应建立相应的信息安全管理办法，加强内部管理，建立审计和跟踪体系，提高整体信息安全意识。

（四）安全服务、机制与技术

（1）安全服务：包括服务控制服务、数据机密性服务、数据完整性服务、对象认证服务和防抵赖服务。

（2）安全机制：包括访问控制机制、加密机制、认证交换机制、数字签名机制、防业务流分析机制和路由控制机制。

（3）安全技术：包括防火墙技术、加密技术、鉴别技术、数字签名技术、审计监控技术和病毒防治技术。

在安全的开放环境中，用户可以使用各种安全应用。安全应用由一些安全服务来实现，而安全服务又是由各种安全机制或安全技术来实现的。应当指出，同一安全机制有时也可以用于实现不同的安全服务。

（五）安全工作目的

安全工作的目的是为了在安全法律、法规、政策的支持与指导下，通过采用合适的安全技术与安全管理措施，完成以下任务：

（1）使用访问控制机制阻止非授权用户进入网络，即"进不来"，从而保证网络系统的可用性。

（2）使用授权机制实现对用户的权限控制，即不该拿走的"拿不走"，同时结合内容审计机制，实现对网络资源及信息的可控性。

（3）使用加密机制确保信息不暴露给未授权的实体或进程，即"看不懂"，从而实现信息的保密性。

（4）使用数据完整性鉴别机制保证只有得到允许的人才能修改数据，而其他人"改不了"，从而确保信息的完整性。

（5）使用审计、监控、防抵赖等安全机制让攻击者、破坏者、抵赖者"走不脱"，并进一步对网络出现的安全问题提供调查依据和手段，实现信息安全的可审查性。

（六）主要安全隐患形式

（1）运行系统安全，即保证信息处理和传输系统的安全。它侧重于保证系统正常运行，避免因为系统的崩溃和损坏而对系统存储、处理和传输的信息造成破坏和损失，避免由于电磁泄漏产生信息泄露，干扰他人或受他人干扰。

（2）网络上系统信息的安全。它包括用户口令鉴别，用户存取权限控制，数据存取权限、方式控制，安全审计，安全问题跟踪，计算机病毒防治，数据加密。

（3）网络上信息传播安全，即信息传播后果的安全。它包括信息过滤等，侧重于防止和控制非法、有害的信息进行传播的后果，避免公用网络上大量自由传输的信息失控。

（4）网络上信息内容的安全。它侧重于保护信息的保密性、真实性和完整性，避免攻击者利用系统的安全漏洞进行窃听、冒充、诈骗等有损于合法用户的行为，本质上是保护用户的利益和隐私。

二、典型的网络安全案例

网络安全问题的产生主要有四种方式，即中断、截获、修改和伪造。

（1）中断是以可用性作为攻击目标，它毁坏系统资源，使网络不可用。

（2）截获是以保密性作为攻击目标，非授权用户通过某种手段获得对系统资源的访问。

（3）修改是以完整性作为攻击目标，非授权用户不仅获得访问，而且对数据进行修改。

（4）伪造是以完整性作为攻击目标，非授权用户将伪造的数据插入到正常传输的数据中。

案例 1：警方破获特大网银盗窃案　近百人被盗千万

事件回顾：2012 年 3 月 22 日晚上，王先生 QQ 对话框里跳出一个对话窗口，一位自称知道网购内幕的陌生网友发来加"好友"的聊天邀请，常与网购网友交流的王先生没多想就同意了。根据网友的说法，王先生用自己的工行网银向支付宝账户打钱，一开始打了 2000 元，可突然电脑显示屏上跳出"巨人账户充值成功"，王先生被这一幕惊呆了。紧接着王先生又分两次从网银向支付宝充值 1 元、2 元金额，但每次屏幕都会跳出"巨人账户充值成功"。第二天早上，感觉情况不对的王先生查看了自己的银行账户，发现银行账户里的 3 万多现金全被人转移到"巨人网络"里，变成了游戏币。

接到报案后，警方进行了调查，通过分析发现，犯罪嫌疑人是以发"拍拍新规则"为名，向受害人发送了一种称为"浮云"的新型木马病毒。从木马犯罪路径来看，"浮云"这种病毒是通过后台，在受害人使用网银转账过程中，秘密截取了网银转账信息，在受害人不知情的情况下篡改转账金额，将网银资金秘密转入到指定的游戏账户。"浮云"自身更具隐蔽性，可以躲过 360、瑞星等市面上绝大多数杀毒软件的扫描，甚至根据受害人银行卡内的资金情况，灵活更改盗窃资金的额度。通过对"浮云"木马进行原理分析发现，"浮云"木马的独有设计可以对目前国内 20 多家银行的网上交易系统实施盗窃，危害巨大。该案上报后，引起公安部的极大重视，被列为挂牌督办大案。

专案组经过一个多月的数据分析和侦查，把该团伙中 58 名犯罪嫌疑人的活动地址一一锁定。4 月 21 日，公安系统调用 110 多名民警分为 32 个抓捕组，赶赴全国 14 个省、市，对涉案的犯罪嫌疑人展开集中抓捕，成功抓获了包括木马作者等在内的犯罪嫌疑人 58 名。目前，41 名犯罪嫌疑人已被依法逮捕。

分析启示：网民信息安全意识仍须提升。近期互联网欺诈案件的不断涌现，暴露出了网民信息安全意识的薄弱，信息安全基本知识以及自我保护意识的匮乏。据中国互联网络信息中心 2012 年发布的调查报告显示，有 84.8% 的网民遇到过信息安全事件，但在遇到信息安全事件的网民中，高达 47.5% 的网民不做任何处理，网民对信息安全事件的危害并不了解或不在意。为此，政府部门、社会组织和互联网企业有必要通过各种形式进一步加强信息安全基础知识的普及，对普通网民开展信息安全教育宣传，切实提高全社会的信息安全意识。

电子商务安全需要多方面合作。在此次事件中，网民的个人意识固然是一方面，但是另一方面，对企业而言，当用户出现异常操作特别是涉及大额资金使用时，应当主动要求用户确认相关行为。对于日益增多的计算机犯罪行为（包括入侵、控制他人计算机、制作及传播恶意代码等），政府部门也应当进一步加大对此类行为的打击力度。

案例 2：黑客伪造 Wi-Fi 热点盗取个人信息

事件回顾：广州多个公共场合均有免费的无线网络，很多手机用户都会不假思索就连接上网，以为蹭了免费、占了便宜，殊不知却可能掉入"陷阱"。2012 年 2 月，有黑客自曝在星巴克、麦当劳这些提供免费无线网络的公共场合，用一台笔记本电脑、一套无线网络及一个网络包分析软件，可以搭建一个免费的伪造无线网络，名称为 KFC1、GMCC2 等，用户很难察觉真假，15 分钟就可以窃取手机上网用户的个人信息和密码，包括网银密码、炒股账号密码等。

公开资料显示，广州市共有免费无线上网的热点区域 985 个，无线接入点达 6242 个，分布区域包括白云机场、火车站、北京路、白云山等。免费无线上网热点方便市民上网的同时，也增加了个人信息安全的隐忧。

分析启示：重视无线网络背后隐藏的安全风险。此类攻击在很多年前就已经存在了。近年来以免费 Wi-Fi 为特征的"无线城市"正在成为很多城市的基础设施，支持 Wi-Fi 的笔记本、平板、智能手机大量普及，同时网上交易日益活跃。而社会公众普遍缺乏信息安全意识，使得利用 Wi-Fi 进行安全攻击"有利可图"。通过提供免费无线网络来诱使用户接入进而截获用户数据，甚至借机入侵用户计算机，正在成为一种新型的计算机犯罪行为，此类行为需要引起广大公众的重视。

加强 Wi-Fi 安全标准应用。国内的 WAPI 标准诞生已经有几年了，政府机关及行业主管部门应以此次事件为契机，针对现有无线通信设备的安全开展进一步的贯标工作。

案例3：亚马逊中国账户大规模被盗　涉及用户或超千人

事件回顾： 2012 年 8 月 31 日，又见电商用户密码泄露，这一次轮到了亚马逊中国。近 1 个月，亚马逊中国爆发大规模账户被盗事件，涉及用户可能超过千人。亚马逊中国回应此事正在调查，如果查实用户因账户被盗而受到损失，将对用户予以补偿。

相对于其他领域的客户资料，电商掌握的用户资料相对完整，涵盖了地址、电话、银行账户和消费记录等敏感信息。不过目前仍有大量用户在微博上反映损失还未得到赔偿。

有网友日前在微博上披露：其亚马逊账户在当日夜间被盗，随即投诉，但亚马逊中国客服多次推诿，五天过去仍未冻结其账户，导致盗号者顺利连下五单，其中包括一部手机。无独有偶，也有其他网友在微博上表示，其亚马逊账户莫名被盗，收到一条发货短信后发现邮箱已被更改，一千元礼品券被盗用。网友随即评论表示自己的亚马逊账户被盗。更有网友很气愤地直斥亚马逊客服，"我两天已经打了好几个电话，但客服一直推诿，把责任推给技术部。"

有亚马逊客服专员表示，一周之内，他就处理了四五起账户被盗事件，该客服中心有 300 名员工。亚马逊中国官方回应称，亚马逊中国确实在过去几天收到过关于"用户账户被盗用"的问询，客服团队和技术团队在接到问询之后立即着手进行了调查，协助用户恢复账号的正常使用。

分析启示： 电子商务在广大公众的日常生活中正在占据着越来越重要的地位，电子商务安全问题也在不断凸显。广大电子商务网站的安全性正在成为公众关注的焦点，究竟是黑客利用漏洞进行了攻击，还是内部人员有意为之，此次客户账户被盗的具体原因暂时不得而知。

加强个人信息保护工作刻不容缓。据中国互联网络信息中心 2012 年发布的报告显示，有 79.8％的网民泄露过个人联系方式，其次是个人属性信息，如姓名、年龄、性别等。而 88.2％的网民表示对于个人信息泄露没有任何办法处理。在有手机的网民中，16.3％的网民发布过当前位置信息并造成了个人信息的泄露，7.3％的网民后悔这一行为。随着 2013 年 2 月《信息安全技术公共及商用服务信息系统个人信息保护指南》的正式实施，包括电子商务企业在内的公共信息系统运营者应当根据标准，进一步加大对于客户信息的保护力度，避免此类事件的再度发生。此外，建立有效的审计和追溯机制也是十分重要的，今后涉网违法犯罪行为以及纠纷事件将日益增多，对相关事件的侦破、调查、取证工作需要依赖有效的审计和追溯机制。

案例4：超 10 万个假冒、钓鱼网站被处理

事件回顾： 2012 年 12 月 5 日，中国互联网络信息中心（CNNIC）发布的《2012 年中国反钓鱼网站联盟工作报告》显示，中国反钓鱼网站联盟认定并处理的钓鱼网站超过 10 万个，在全球范围内，中国被恶意软件感染电脑的平均比率达到 54％，成为全球比率唯一超过一半的国家。其中，涉及淘宝网、工商银行、央视、腾讯的钓鱼网站的举报总量超过了 80％。受到网络电商促销的影响，2012 年 11 月，联盟认定并处理的钓鱼网站达到 2910 个，较上月增长了 47％。而纵观全年，热点事件和热点网站也成为重灾区。

从钓鱼网站的模仿对象来看，电子商务网站和银行依然是最集中的行业。淘宝网以60.4%的比例位居第一位，其次是工商银行、央视、建设银行、腾讯、中国银行、新浪网、浙江卫视、湖南卫视、携程网、招商银行。

而从钓鱼手段来看，近年来，由于微博影响力的扩大和使用率的增加，以微博抽奖、中奖为名进行网络钓鱼的案例大大增加。仿冒小米等公司的钓鱼网站数量的增加则说明钓鱼网站正从传统的电子商务、旅游领域向在线营销、游戏等领域扩展。以小米科技为例，2012 年 5 月和 6 月，联盟就处理了 56 个仿冒小米手机的钓鱼网站。

分析启示：网络钓鱼行为已成为网络安全重大威胁。从网络安全厂商金山网络发布的《2011—2012 年中国互联网安全研究报告》显示，随着网购规模的不断扩大，钓鱼网站已经取代病毒、木马成为网络安全最大的威胁。而中国互联网络信息中心的报告显示，随着社会化媒体如微博、微信的快速发展，假冒钓鱼网站也随之发生了一定的变化，并逐渐向微博、微信方面转移。因此，安全厂商应针对移动互联网等信息安全发展的新趋势，针对打击钓鱼、假冒网站研究部署相应的措施。

三、网络安全防范技术

（一）常见的网络安全流程

常见的网络安全流程如图 7-1～图 7-6 所示。

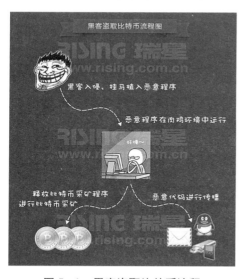

图 7-1　黑客盗取比特币流程

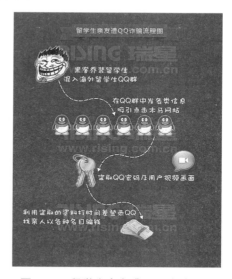

图 7-2　留学生亲友遭 QQ 诈骗流程

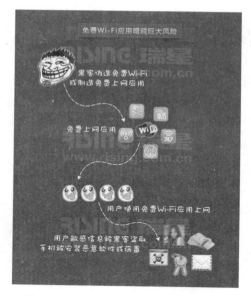

图 7-3　免费 Wi-Fi 应用暗藏巨大风险

图 7-4　APP 应用设置不当严重威胁人身安全

图 7-5　移动社交分享成网络"跟踪"数据源

图 7-6　无线路由器成网络安全新盲区

（二）常见的网络安全技术手段

（1）物理措施。保护网络关键设备（如交换机、大型计算机等），制订严格的网络安全规章制度，采取防辐射、防火以及安装不间断电源（UPS）等措施。

（2）访问控制。对用户访问网络资源的权限进行严格的认证和控制。例如，进行用户身份认证，对口令加密、更新和鉴别，设置用户访问目录和文件的权限，控制网络设备配置的权限等。

（3）数据加密。加密是保护数据安全的重要手段。数据加密是对网络中传输的数据进行加密，到达目的地后再解密还原为原始数据，目的是防止非法用户截获后盗用信息。

（4）网络隔离。网络隔离有两种方式：一是采用隔离卡来实现，二是采用网络安全隔离网闸来实现。隔离卡主要用于对单台机器的隔离，网闸主要用于对整个网络的隔离，二者的区别可参见相关资料。

（5）其他措施。包括信息过滤、容错、数据镜像、数据备份和审计等。

（三）安全防范意识

拥有网络安全意识是保证网络安全的重要前提。

（1）主机安全检查。要保证网络安全，进行网络安全建设，首先要全面了解系统，评估系统安全性，认识到风险所在，从而迅速、准确地解决内网安全问题。

（2）主机物理安全。服务器运行的物理安全环境主要是指服务器托管机房的设施状况，包括通风系统、电源系统、防雷防火系统以及机房的温度、湿度条件等。这些因素会影响服务器的寿命和所有数据的安全。

要着重强调的是，有些机房提供专门的机柜存放服务器，而有些机房只提供机架。所谓机柜，就是类似于家里的橱柜那样的铁柜子，前后有门，里面有放服务器的托架和电源、风扇等，服务器放进去后即把门锁上，只有机房的管理人员才有钥匙打开。而机架就是一个个开放式的铁架子，服务器上架时只要把它放到托架上即可。这两种环境对服务器的物理安全来说有着很大差别，相对来说，放在机柜里的服务器要安全得多。

服务器放在开放式机架的机房，应注意以下事项：

（1）将电源用胶带绑定在插槽上，避免别人无意碰动电源。

（2）系统安装完成后，重启服务器，在重启的过程中把键盘和鼠标拔掉，系统启动后，普通的键盘和鼠标接上去以后不会起作用（USB 鼠标键盘除外）。

（四）网络安全的解决方案

（1）入侵检测系统部署。入侵检测能力是衡量一个防御体系是否完整有效的重要因素，可以弥补防火墙相对静态防御的不足。入侵检测系统集入侵检测、网络管理和网络监视功能于一身，能实时捕获内外网之间传输的所有数据，利用内置的攻击特征库，使用模式匹配和智能分析的方法，检测网络上发生的入侵行为和异常现象，并在数据库中记录有关事件，作为网络管理员事后分析的依据；如果情况严重，系统可以发出实时报警，使得管理员能够及时采取应对措施。

（2）漏洞扫描系统。采用漏洞扫描系统定期对工作站、服务器、交换机等进行安全检查，并根据检查结果向系统管理员提供详细可靠的安全性分析报告，为提高网络安全整体水平提供重要依据。

（3）网络版杀毒产品部署。网络防病毒方案的目的是使整个局域网内杜绝病毒的感染、传播和发作，为了实现这一点，应该在整个网络内可能感染和传播病毒的地方采取相应的防病毒手段。同时，为了有效、快捷地实施和管理整个网络的防病毒体系，应能实现远程安装、智能升级、远程报警、集中管理、分布查杀等多种功能。

（五）计算机网络安全措施

计算机网络安全措施主要包括保护网络安全、保护应用安全和保护系统安全三个方面，各个方面都要结合考虑安全防护的物理安全、防火墙、信息安全、Web 安全、媒体安全等。

1. 保护网络安全

网络安全是为保护商务各方网络端系统之间通信过程的安全性。保证机密性、完整性、认证性和访问控制性是网络安全的重要因素。保护网络安全的主要措施如下：

（1）全面规划网络平台的安全策略。

（2）制订网络安全的管理措施。

（3）使用防火墙。

（4）尽可能记录网络上的一切活动。

（5）注意对网络设备的物理保护。

（6）检验网络平台系统的脆弱性。

（7）建立可靠的识别和鉴别机制。

2. 保护应用安全

保护应用安全主要是针对特定应用（如 Web 服务器、网络支付专用软件系统）所建立的安全防护措施，它独立于网络的任何其他安全防护措施。虽然有些防护措施可能是网络安全业务的一种替代或重叠，如 Web 浏览器和 Web 服务器在应用层上对网络支付结算信息包的加密都通过 IP 层加密，但是许多应用还有自己的特定安全要求。

由于电子商务中的应用层对安全的要求最严格、最复杂，因此更倾向于在应用层而不是在网络层采取各种安全措施。

虽然网络层上的安全仍有其特定地位，但是人们不能完全依靠它来解决电子商务应用的安全性。应用层上的安全业务可以涉及认证、访问控制、机密性、数据完整性、不可否认性、Web 安全性、EDI 和网络支付等应用的安全性。

3. 保护系统安全

保护系统安全是指从整体电子商务系统或网络支付系统的角度进行安全防护，它与网络系统硬件平台、操作系统、各种应用软件等互相关联。涉及网络支付结算的系统安全包括以下措施：

（1）在安装的软件中，如浏览器软件、电子钱包软件、支付网关软件等，检查和确认未知的安全漏洞。

（2）技术与管理相结合，使系统具有最小穿透风险性。例如，通过诸多认证才允许连通，对所有接入数据必须进行审计，对系统用户进行严格安全管理等。

（3）建立详细的安全审计日志，以便检测并跟踪入侵攻击等。

网络安全性问题关系到未来网络应用的深入发展，它涉及安全策略、移动代码、指令保护、密码学、操作系统、软件工程和网络安全管理等内容。一般专用的内部网与公用的互联网的隔离主要使用"防火墙"技术。

"防火墙"是一种形象的说法，其实它是一种计算机硬件和软件的组合，使互联网与内部网之间建立起一个安全网关，从而保护内部网免受非法用户的侵入。

能够完成"防火墙"工作的可以是简单的隐蔽路由器，这种"防火墙"如果是一台普通的路由器，则仅能起到一种隔离作用。隐蔽路由器也可以在互联网协议端口级上阻止网间或主机间通信，起到一定的过滤作用。由于隐蔽路由器仅仅是对路由器的参数做些修改，因而也有人不把它归入"防火墙"一级的措施。

真正意义的"防火墙"有两类：一类称为标准"防火墙"，另一类称为双家网关。标准"防火墙"系统包括一个 Unix 工作站，该工作站的两端各有一个路由器进行缓冲。其中一个路由器的接口是外部世界，即公用网；另一个则连接内部网。标准"防火墙"使用专门的软件，并要求较高的管理水平，而且在信息传输上有一定的延迟。而双家网关则是对标准"防火墙"的扩充。双家网关又称堡垒主机或应用层网关，它是一个单个的系统，但却能同时完成标准"防火墙"的所有功能。其优点是能运行更复杂的应用，同时防止在互联网和内部系统之间建立的任何直接的连接，可以确保数据包不能直接从外部网络到达内部网络，反之亦然。

随着"防火墙"技术的进步，在双家网关的基础上又演化出两种"防火墙"配置：一种是隐蔽主机网关，另一种是隐蔽智能网关（隐蔽子网）。隐蔽主机网关当前也许是一种常见的"防火墙"配置。顾名思义，这种配置一方面将路由器进行隐藏，另一方面在互联网和内部网之间安装堡垒主机。堡垒主机装在内部网上，通过路由器的配置，使该堡垒主机成为内部网与互联网进行通信的唯一系统。目前技术最为复杂而且安全级别最高的"防火墙"当属隐蔽智能网关。所谓隐蔽智能网关，是将网关隐藏在公共系统之后，是互联网用户唯一能见到的系统。所有互联网功能则是经过这个隐藏在公共系统之后的保护软件来进行的。一般来说，这种"防火墙"是最不容易被破坏的。

与"防火墙"配合使用的安全技术还有数据加密技术。数据加密技术是为提高信息系统及数据的安全性和保密性，防止秘密数据被外部破解而采用的主要技术手段之一。随着信息技术的发展，网络安全与信息保密日益引起人们的关注。目前，各国除了从法律上、管理上加强数据的安全保护外，从技术上分别在软件和硬件两方面采取措施，推动着数据加密技术和物理防范技术的不断发展。按作用的不同，数据加密技术主要分为数据传输、数据存储、数据完整性的鉴别和密钥管理技术。

与数据加密技术紧密相关的另一项技术则是智能卡技术。所谓智能卡，就是密钥的一种媒体，一般就像信用卡一样，由授权用户所持有，并由该用户赋予它一个口令或密码字。该密码字与内部网络服务器上注册的密码一致。当口令与身份特征共同使用时，智能卡的保密性能还是相当有效的。

这些网络安全和数据保护的防范措施都有一定的限度，并不是越安全就越可靠。因此，看一个内部网是否安全，不仅要考虑其手段，更重要的是对该网络所采取的各种措施，包括物理防范、人员素质等其他"软"因素，进行综合评估，这样，才能得出内部网是否安全的结论。

四、网络健康与网络文明

在当今社会生活中，互联网的出现使得无形的虚拟空间成为人们生活的重要组成部分，网络信息互动的快捷、个性化的使用方式和文化特质等，都是对现实世界的有益补充。但网络又被称为争夺眼球的战争，谁能吸引网民的注意力，谁就会在竞争中获胜。随着网络竞争的日益加剧，少数网站为了吸引网民的关注，唯利是图、见利忘义，传播暴力、色情、金钱、赌博等不健康信息，使得网络给社会伦理道德带来了前所未有的影响和挑战，这就提醒人们在虚拟的网络空间需要自律并进行有效引导。

人们在享用网络带来的便利的同时，也常为"网德缺失"所困。毋庸置疑，网络的影响利大于弊，但它是一把双刃剑。尽管网络虚拟空间的匿名性为网民逃脱道德约束提供了一定的可能性，但这并不意味着社会道德舆论机制不能发挥作用，关键在于寻求一种与网络特征相适应的方式。这种方式应该是所有与网络有关的组织、个人共建互享文明网络生活。文明网络最重要的内容应当还是网络道德、网上惯例以及最低层次的网络法律、行业规范。没有道德、法律，或者缺少了其中一部分，网络就很难说是文明的。但是真正检验网络是否文明，还要看网络道德、网络法律、行业规范所起到的实际效果如何。而效果好不好，要看网络运营者与网民双方是否双赢。如果网络经营者、管理者获益了，网民却成为网络的受害者，就不是双赢结局，这时候的网络就是非文明的。

现在，很多人都提倡健康上网，我们把健康上网的定义归纳为以下几点：

（1）遵守国家法律法规。这是最基本的一个条件，是每个公民最基本的义务。具体来说，我们应该做到不浏览或散播有关色情、暴力、恐怖、分裂、颠覆国家、煽动民族分裂等信息，不制作或散布计算机病毒，不利用网络做出危害国家、群众、他人的行为。

（2）增强自我保护意识。安全上网是健康上网最重要的一环，例如，慎重结交网友，不随便与网友见面，即使约会也要有他人的陪同；对于网友或网上的传言要加以分析，不要盲目相信；在受到网友的骚扰、威胁、恐吓时，要及时与其断交，必要时可以通过法律途径解决。

（3）诚实友好，尊重他人。这是道德上的要求。诚实友好是中华民族所鼓励的传统美德，在网络虚拟世界中也不例外。在网上与他人交流时，应当使用友好的语言，不使用粗言秽语。但对于诚实这一方面则要有所区分，诚实不代表把自己所有的真实资料向他人透露，当他人询问时，应当拒绝回答，在必要的情况下，还可使用虚假的资料。上网者要学会负责任地使用信息，任何转载或转贴都应注明真实作者和真实出处，做到不在网上发表反动、色情和其他违反国家法律、法规的言论、信息，不发表恶意攻击他人的言论，不制作、传播利用不良的信息，不攻击其他网站等。

（4）合理分配时间，善用网络资源。这是健康上网最高层次的要求。在网络上虽然有用不完的资源，但也要合理分配好上网、学习、生活的时间，不要只顾在网上流连，应当把上网作为一种学习方式和娱乐方式而不是消磨时间的方法。总之，我们要文明、安全、健康地上网，使网络真正成为我们学习、创新、娱乐的健康阵地。

第三节　实验室数据安全

一、数据安全概述

国际标准化组织（ISO）对计算机系统安全的定义是为数据处理系统建立和采用的技术和管理的安全保护，保护计算机硬件、软件和数据不因偶然和恶意的原因遭到破坏、更改和泄露。由此可以将计算机网络的安全理解为通过采用各种技术和管理措施，使网络系统正常运行，从而确保网络数据的可用性、完整性和保密性。所以，建立网络安全保护措施的目的是确保经过网络传输和交换的数据不会发生增加、修改、丢失和泄露等。

信息安全或数据安全有对立的两方面的含义：一是数据本身的安全，主要是指采用现代密码算法对数据进行主动保护，如数据保密、数据完整性、双向强身份认证等；二是数据防护的安全，主要是采用现代信息存储手段对数据进行主动防护，如通过磁盘阵列、数据备份、异地容灾等手段保证数据的安全。数据安全是一种主动的包含措施，数据本身的安全必须基于可靠的加密算法与安全体系，主要有对称算法和公开密钥密码体系两种。

数据处理的安全是指如何有效地防止数据在录入、处理、统计或打印中由于硬件故障、断电、死机、人为的误操作、程序缺陷、病毒或黑客等造成的数据库损坏或数据丢失现象，防止某些敏感或保密的数据被可能不具备资格的人员或操作员阅读，而造成数据泄密等后果。

数据存储的安全是指数据库在系统运行之外的可读性，一个标准的 Access 数据库，稍微懂得一些基本方法的计算机人员，都可以打开阅读或修改。一旦数据库被盗，即使没有原来的系统程序，照样可以另外编写程序对盗取的数据库进行查看或修改。从这个角度说，不加密的数据库是不安全的，容易造成商业泄密。这就涉及了计算机网络通信的保密、安全及软件保护等问题。

二、数据安全防范技术

（一）影响数据安全的主要因素

影响数据安全的因素有很多，常见因素如下：

（1）硬盘驱动器损坏。一个硬盘驱动器的物理损坏意味着数据丢失。设备的运行损耗、存储介质失效、运行环境以及人为的破坏等，都能对硬盘驱动器设备造成影响。

（2）人为错误。由于操作失误，使用者可能会误删除系统的重要文件，或者修改影响系统运行的参数，以及没有按照规定要求、操作不当而导致系统宕机。

（3）黑客。入侵者通过网络远程入侵系统，侵入方式有系统漏洞、管理不力等。

（4）病毒。计算机病毒的复制能力强，感染性强，特别是在网络环境下，传播性更快，易破坏计算机系统。

（5）信息窃取。从计算机上复制、删除信息或干脆把计算机偷走。

（6）自然灾害。

（7）电源故障。电源供给系统故障，一个瞬间过载电功率会损坏在硬盘或存储设备上的数据。

（8）磁干扰。磁干扰是指重要的数据接触到有磁性的物质，会造成计算机数据被破坏。

（二）数据安全制度

不同的单位和组织都有自己的网络信息中心，为确保信息中心、网络中心机房重要数据的安全（保密），一般要根据国家法律和有关规定，制订适合本单位的数据安全制度。

（1）对应用系统使用、产生的介质或数据按其重要性进行分类，对存放有重要数据的介质，应备份必要份数，并分别存放在不同的安全的地方（防火、防高温、防震、防磁、防静电及防盗）；建立严格的保密保管制度。

（2）保留在机房内的重要数据（介质），应为系统有效运行所必需的最少数量，除此之外不应保留在机房内。

（3）根据数据的保密规定和用途，确定使用人员的存取权限、存取方式和审批手续。

（4）重要数据（介质）库，应设专人负责登记保管，未经批准，不得随意挪用重要数据（介质）。

（5）在使用重要数据（介质）期间，应严格按国家保密规定控制转借或复制，需要使用或复制的须经批准。

（6）对所有重要数据（介质）应定期检查，要考虑介质的安全保存期限，及时更新复制。损坏、废弃或过时的重要数据（介质）应由专人负责消磁处理，秘密级以上的重要数据（介质）在超过保密期或废弃不用时，要及时销毁。

（7）机密数据处理作业结束时，应及时清除存储器、联机磁带、磁盘及其他介质上有关作业的程序和数据。

（8）机密级及以上秘密信息存储设备不得并入互联网。重要数据不得外泄，重要数据的输入及修改应由专人来完成。重要数据的打印输出及外存介质应存放在安全的地方，打印出的废纸应及时销毁。

（三）数据安全防护技术

计算机存储的信息越来越多，也越来越重要，为防止计算机中的数据意外丢失，一般都会采用许多安全防护技术来确保数据的安全，下面简单地介绍常用和流行的数据安全防护技术。

（1）磁盘阵列。磁盘阵列是指把多个类型、容量、接口甚至品牌一致的专用磁盘或普通硬盘连成一个阵列，使其以更快的速度和准确、安全的方式读写磁盘数据，从而实现数据读取速度和安全性的一种手段。

（2）数据备份。备份管理包括备份的可计划性、自动化操作、历史记录的保存或日志记录。

（3）双机容错。双机容错的目的在于保证系统数据和服务的在线性，即当某一系统发生故障时，仍然能够正常地向网络系统提供数据和服务，使得系统不至于停机。

（4）NAS。NAS 解决方案通常配置成作为文件服务的设备，由工作站或服务器通过网络协议和应用程序来进行文件访问，大多数 NAS 链接在工作站客户机和 NAS 文件共享设备之间进行，这些链接依赖于企业的网络基础设施来正常运行。

（5）数据迁移。由在线存储设备和离线存储设备共同构成一个协调工作的存储系统，该系统在在线存储和离线存储设备间动态地管理数据，使得访问频率高的数据存放于性能较高的在线存储设备中，而访问频率低的数据存放于较为廉价的离线存储设备中。

（6）异地容灾。以异地实时备份为基础的高效、可靠的远程数据存储，在各单位的IT 系统中，必然有核心部分，通常称之为生产中心。生产中心配备一个可远程修改的备份中心，并且在生产中心的内部实施各种各样的数据保护，当火灾、地震这种灾难发生时，一旦生产中心瘫痪了，备份中心会接管生产，继续提供服务。

（7）SAN。SAN 允许服务器在共享存储装置的同时仍能高速传送数据。这一方案具有带宽高、可用性高、容错能力强的优点，而且它可以轻松升级，容易管理，有助于改善整个系统的总体成本状况。

三、典型的数据安全案例

案例 1：雅虎日本系统出故障　近 5700 家企业数据丢失

事件回顾：2012 年 6 月 26 日，据国外媒体 Economic Times 网站报道，雅虎日本声称，由位于大阪的旗下一家子公司 Firstserver 运营的一个出租服务器发生系统故障，导致 5698 家企业数据丢失。

Firstserver 在其网站发布信息称，"非常抱歉，我们已确信这些数据无法恢复"。Firstserver 还称，目前其无法重装系统，公司计划将对客户进行补偿。

服务器故障发生在 6 月 20 日下午 5 点左右，在 Firstserver 计划升级安全软件时。Firstserver 将此次故障归咎于电脑程序错误及操作不当。据悉，Firstserver 同时丢失了备份数据。日本内务省称其"正在对该事件展开详细调查，包括调查丢失的数据是否包含个人隐私"。

分析启示：灾难备份工作不容忽视。如果这仅仅是一起数据丢失事件，或许还不足以引起广大公众的重视，引起广泛重视的是相关机构后续发布的公告中指出该公司对灾难备份工作的忽视。灾难备份和恢复对于每一个信息系统而言都具有极其重要的意义，制定完善的备份策略和实施周期，开展恢复测试都是必要的信息安全举措。

不能过分信赖第三方。案例中该公司仅仅依靠第三方提供的一台出租服务器进行数据存储，将数据安全交由其托管的安全策略显然也是不可取的。在选择外部信息技术服务时，不能将自身的信息完全寄托于外部服务上，需要从业务连续性的角度出发，多考虑一些可能的风险，才能避免此类事件发生后带来的重大影响和损失。

案例 2：黑客攻破中国电信网络盗取 900 个内部管理账户

事件回顾：2012 年 6 月 3 日，据 PCWorld 报道，黑客团体 SwaggSec 声称，已攻破了华纳兄弟和中国电信的网络，并发布了相关文件和登录证书。

SwaggSec 在文件共享网站 Pastebin 上宣布这次攻击事件，并在海盗湾（Pirate Bay）上提供了这些文件的链接。SwaggSec 称，其获取的中国电信数据为该公司 900 个网络管理员的用户名和密码。SwaggSec 表示，这些数据是通过一台不安全的 SQL 服务器获得的，并在中国电信的网络上植入一条消息，通知了中国电信。这台 SQL 服务器没有修复，而是被直接移除。

分析启示：信息资源已经成为企业的核心资产。在线信息系统的安全防护，以及核心数据的保护是信息安全迫切需要解决的安全问题。这起事件中相关单位安全意识不强，忽视了自身系统的安全防护，对第三方服务人员监管不力，导致企业核心敏感信息外泄，造成了较为严重的影响。这再次警示我们，在信息系统规划、建设、运行、维护的任一环节，都不能忽视安全问题，企业更要对信息系统和数据库建立资产管理制度，分类分级对其实施安全防护，并在发生事件时及时进行应急处置。

案例 3：黑客攻击导致数百名英国官员信息泄露

事件回顾：据外电 2012 年 1 月 8 日报道，数百名英国政府要员的邮箱和密码遭到黑客组织的曝光，这些人员包括国防部、情报部门的官员，还有一些政客和北约顾问等。

据悉，这些信息可能是黑客组织在圣诞节前夕从美国防卫情报预测公司"Stratfor"窃取的，该公司的数据库将用户 ID 制成电子表格，记录 85 万个注册用户的加密密码。此次事件中，还有 7.5 万名付费订阅用户的信用卡账号和地址被曝光，包括 462 个英国账户。

分析启示：该事件发生的原因可以归结为政府要员的资料管理不善，以及缺乏针对客户数据的有效保护措施。针对该类事件，应从以下方面加强防护。

加强隐私数据保护。对于政府要员的资料，应该有更高的安全级别，如与普通用户分开管理，采取更严密的访问控制机制，数据用全加密的方式进行存储等；针对普通客户的重要资料，如信用卡账号等重要数据，也应该加密存储，确保信息安全。

重视第三方合作风险。此次信息泄露事件属于典型的第三方合作机构泄露客户信息的事件。政府、企事业单位在业务开展过程中不可避免地需要与各类外部第三方开展合作，能接触到的敏感信息也不在少数。第三方有可能成为政府、企事业单位信息安全防护链上最薄弱的一环，谨慎选择、细致管理此类服务机构对于政府、企事业单位有着重要意义。

第四节　废旧计算机处理

一、废旧计算机类电子设备存在的危害

电子产品的寿命是有限的，大量的电子产品在达到使用寿命后报废成了电子废弃物。按照最新的定义，电子废弃物主要包括家用电器、IT 设备、通信设备、电视及音响设备、照明设备、监控设备、电子玩具和电动工具等。根据来源，电子废弃物可分为电子电器产品生产过程中产生的废弃物和达到使用寿命后废弃的电子电器设备。电子废弃物会给我们的生活环境带来严重的危害，寻找处理电子废弃物的有效方法是当务之急。新技术在带来便利的同时也给我们的生活带来了威害，电子废弃物带来的危害正在逐渐增加。

（一）环境污染

电子废弃物的成分复杂，不少电子产品含有有毒化学物质，其中半数以上的材料对人体有害，有一些甚至是剧毒的。例如，一台计算机有 700 多个元件，其中有一半元件含有汞、砷、铬等各种有毒化学物质；一台 15 英寸的 CRT 计算机显示器就含有镉、汞、六价铬、聚氯乙烯塑料和溴化阻燃剂等有害物质；计算机的电池和开关含有铬化物和水银，计算机元器件中还含有砷、汞和其他多种有害物质；激光打印机和复印机中含有碳粉等。

电子废弃物被填埋或者焚烧时，其中的重金属渗入土壤，进入河流和地下水，将会造成当地土壤和地下水的污染，直接或间接地对当地居民及其他生物造成损伤；有机物经过焚烧，释放出大量的有害气体，如剧毒的二噁英、呋喃、多氯联苯类等致癌物质，对自然环境和人体造成危害。铅会破坏人的神经、血液系统以及肾脏，影响幼儿大脑的发育。铬化物会破坏人体的 DNA，引致哮喘等疾病。在微生物的作用下，无机汞会转变为甲基汞，进入人的大脑后破坏神经系统，重者会引起死亡。遗弃后的空调和制冷设备中的氟利昂排放到大气中后将会破坏臭氧层，引起温室效应，增加人类皮肤癌的发生概率。溴系阻燃剂和含氯塑料低水平的填埋或不适当的燃烧和再生将会排放有毒有害物质。

（二）危害信息安全

计算机类电子废弃物的隐患还包括个人信息泄露。美国的一项研究表面，废旧计算机和硬盘中存在大量未经删除的个人信息。这些信息包括银行账户、个人或公司文件等，一旦被一些别有用心的人利用，会造成难以估量的损失。用户操作系统用简单的删除命令删除的数据能够轻易地被反删除进行恢复，即使格式化命令也无法确保硬盘的数据被完全清除。

（三）资源浪费

电子产品生产步骤复杂，资源耗损率高，同时也具有巨大的回收价值。废弃物中含有大量的工业需求原料。据统计，电子废弃物中含有约 40％的金属、30％的塑料以及 30％的氧化物。而这些废弃物往往只经过简单的处理，大量有利用价值的剩余物质因为各种原因被丢弃，造成极大的资源浪费。

二、废旧计算机类电子设备再利用

电子废弃物类型复杂，种类繁多，各种构件的成分和含量相差很大，这使得它们的回收利用具有一定的难度。电子废弃物的回收处理技术可以概括地分为机械处理、化学处理和微生物处理。

（一）机械处理

机械处理是根据废电路板中各成分物理特性的不同而实现回收的一种手段，主要包括拆卸、破碎、分选等方法。破碎是将废电路板中的金属尽可能单体分离，以提高分选效率。分选是利用电子废弃物中材料的磁性、密度等物理特性的不同实现不同成分的分离。密度分选和磁电分选是常用的两种分选方式。

（二）化学处理

化学处理技术的基本原理是利用电子废弃物中各种化学成分不同的稳定性提取不同的物质。化学处理技术是一种广泛地应用于电子废弃物处理的成熟方法，可分为火法冶金、湿法冶金等工艺。火法冶金主要包括焚化法、真空裂解法、微波法等。通常的电子废弃物主体部分都是由热固性和环氧树脂玻璃纤维复合材料制成的，这种材料不但具有不溶和不熔的特点，而且含有高浓度的溴化阻燃剂、重金属等多种成分，给再生利用带来很大困难。湿法冶金是目前应用较为广泛的处理电子废弃物的方法，它是利用金属能溶解在硝酸、硫酸和王水等酸液中的特点，将金属从电子废物中脱除并从液相中予以回收。湿法冶金与火法冶金相比，具有排放废气少、残留物易处理、经济效益显著、工艺流程简单等特点。

（三）微生物处理

利用微生物浸取金等贵金属是在 20 世纪 80 年代开始研究的提取低含量物料中贵金属的新技术。利用微生物的活动使得金等贵金属合金中其他非贵金属氧化成为可溶物而进入溶液，使贵金属裸露出来以便于回收。生物技术提取金等贵金属具有工艺简单、费用低、操作简单的优点，但浸取时间较长。

三、完善废旧计算机与数据回收机制

在更换旧计算机时，一定要格外小心，原因有两个：第一，计算机（以及大多数电子设备）包含化学品，如果处置不当，可能会严重危害环境。它们可能会污染地下水，使人中毒。第二，大多数计算机都包含用户不想泄露的个人信息，因此，一定要尝试删除尽可能多的个人信息。

在扔掉旧计算机之前，须执行以下操作：

（1）复制旧计算机中的文件和设置。如果要从 Windows 2000 或 Windows XP 移动到 Windows 7，则只须使用"Windows 轻松传送"将旧计算机中的文件和设置移动到新计算机。如果使用的是旧版本的 Windows，或者由于某种原因而无法使用"Windows 轻松传送"，则可以将需要保存的文件刻录到光盘上。Linux 等系统下的文件传输也十分便捷。

（2）删除硬盘驱动器上的所有内容。在 Windows 环境下，在获得了要保存的数据之后，应当删除硬盘驱动器上的所有内容。访问旧硬盘驱动器的人能够非常容易地从中检索信息，他们可能会检索到所有内容（从密码到财务数据甚至电子邮件），并利用这些信息来窃取用户的身份。删除硬盘驱动器上内容的最佳方法就是使用特殊软件来确保所有可确定身份信息的痕迹都被删除。

我国对电子废弃物的认识尚处于起步阶段，但其所面临的一系列问题却刻不容缓。全面认识所面临的问题，尽快建立合理的收集体系，实现电子废弃物的污染防治与资源化是当务之急。应采取以下的措施：

（1）完善我国电子废弃物方面的立法。在依法治国、依法治市的背景下，电子废弃物的管理也应该纳入法制化的轨道。

（2）充分发挥政府机构的主导作用。目前，我国无论是在电子废弃物收集系统方面，还是在电子产品相关技术与产业方面，都还相当落后，单靠市场经济的力量在短期内很难构建起规范的电子废弃物从收集到资源化的体系。

（3）建立电子废弃物管理信息通报制度。充分的信息交流，不但为政府决策提供依据，也使其他各方及时了解新的政策法规和技术规范，促进电子废弃物管理的科学化。

（4）建立电子废弃物回收处理示范工程。电子废弃物回收处理的科学管理工作在我国尚属空白，尽管有成熟的国外经验可以借鉴，但当面临具体情况时，仍然有许多问题需要解决。在开展立法工作的同时，建立若干电子废弃物回收处理示范工程，积极探索、大胆尝试，为相关的立法和政策法规积累经验，具有十分重要的意义。

思考题

1. 简述目前常见的计算机软硬件安全技术。
2. 简述目前常见的计算机网络安全技术。
3. 简述目前常见的数据安全与备份技术。

4. 如何处理废旧的计算机？

5. 在网上浏览时怎样才能保证自己的信息安全？

参考文献

［1］田勇. 高手教你玩计算机——硬件入门·维修诀窍·故障处理［M］. 北京：清华大学出版社，2010.

［2］黄治国，吴国楼，张世军，等. 完全掌握计算机软硬件维修超级手册［M］. 2 版. 北京：机械工业出版社，2013.

［3］特南鲍姆，韦瑟罗尔. 计算机网络［M］. 5 版. 严伟，潘爱民，译. 北京：清华大学出版社，2012.

［4］安德森. 信息安全工程［M］. 2 版. 齐宁，韩智文，刘国萍，译. 北京：清华大学出版社，2012.

［5］石志国，薛为民，尹浩. 计算机网络安全教程［M］. 2 版. 北京：北京交通大学出版社，2011.

［6］孙建国. 网络信息安全实训［M］. 北京：人民邮电出版社，2013.

［7］刘平，彭晓春，杨仁斌，等. 我国废旧计算机资源化研究述评［J］. 安全与环境工程，2009（6）：69－71，77.

［8］崔喜军. 废旧计算机回收处理与利用初探［C］. 2012 中国环境科学学会学术年会论文集（第三卷），2012.

［9］2013 年上半年中国信息安全综合报告.

［10］2012 年度重大信息安全事件回顾报告.

第八章　野外实践安全与常用医疗急救知识

【本章导读】

野外实践活动是学生从教室走向大自然，通过亲身观察和实践，感知真实的世界，巩固所学，应用所学，并拓展所学的过程。本章从医学专业的角度，解读如何处置意外伤害，为有效地避免或减少各种安全事故的发生提供常用的医疗急救知识与技能。

本章主要学习要点：

（1）了解自然环境的复杂性和多样性，认识野外实践中可能发生的安全事件。

（2）加强野外实践安全必要性的认识，提高预防安全事故的能力。

（3）掌握必要的野外实践安全与救护知识和降低突发事件危害的应急措施。

（4）增强安全意识，坚持"安全第一，以人为本，预防为主，自救自护"的原则。

（5）运用所学知识尝试拟订一份野外实践活动计划，并提出安全和环境保护的新想法和新措施。

第一节　野外实践安全知识及救援

一、野外实践安全基础知识

（一）概述

野外实践活动是高校生物科学、地球科学、农业科学、考古学等多个学科相关专业教学的重要环节。其目的是使学生从教室走向大自然，在真实的世界中，巩固所学知识，应用所学知识，并拓展所学的理论知识，通过观察和实践增强感性认识，提高观察能力、动手能力以及综合分析与解决问题的能力，同时增强环境保护意识，锻炼意志品质，积累实际工作经验，为培养高素质的综合型人才奠定基础。

图 8-1　野外实践

野外实践环境复杂多样，自然条件往往难以人为控制（如自然灾害），再加上学生的因素，野外实践（如图 8-1 所示）安全问题时有发生，甚至造成人员伤亡和不少的财产损失。为此，切实加强野外实践的安全管理尤为重要，应坚持"安全第一，以人为本，预防为主，自救自护"的原则，树立科学的安全观，不断提高学生的综合安全文化素质，认真学习和掌握必要的野外实践安全与救护知识，从而有效地避免或减少各种安全事故的发生。

（二）安全事故的分类

野外实践安全事故根据发生的原因可分为三类，即自然事故、随机事故和人为事故。

（1）自然事故。自然事故大多因人类目前还无法阻挡和控制的自然现象而引起，例如，在实习区域突发地震、雷电、洪水等自然灾害，可能造成实习人员的伤亡或仪器设备等财物的损失。对于这类灾害，人们可以通过认识、了解和掌握其发生规律，并以此为依据提出预防事故的相应对策。

（2）随机事故。随机事故是由随机因素形成的安全事故，往往是由单一或众多因素聚合而引发的。例如，交通事故可能是车辆安全故障、驾驶员操作失误、路面情况和天气变化等单一或多个因素，聚集在某一时刻、某一地点而引发的意外事故。从理论上讲，这类事故不可能完全根除，但是可以通过完善技术、提高设施条件等减少事故的发生频率。

（3）人为事故。人为事故是指野外实习过程中，由于人为的失误和过错而引发的事故。例如，个别学生违反纪律、擅自冒险发生的安全意外。预防这类事故的发生，应采取重视安全教育、规范和建立健全实习教学的规章制度、提高同学们的安全技术水平和应急处理能力等措施。

野外实践活动中，须根据安全事故的成因，分门别类做好多个安全预案，做到防患于未然，将事故发生的可能性降到尽可能低的水平。

二、野外实习安全知识

（一）安全组织与管理

1. 着装要求与基本装备

合格的着装与必要的基本装备是同学们野外实习的第一道保护屏障，能从心理上给予他们一种安全的暗示。

（1）着装要求。

野外实习必须穿着鞋底有凹凸纹的防滑的运动鞋或登山鞋，最好有护踝，切忌穿高跟鞋、露趾鞋、拖鞋及凉鞋等；必须穿长袖衣服和宽松长裤，不得穿短袖、短裤及裙子、露脐装等衣服。野外实习着装如图8-2所示。

（2）基本装备。

准备好帽子、眼镜、雨伞和雨衣，以便遮阳和挡雨；有条件时应准备登山手杖或木棍；手机是重要的联络和求助工具，但应注意其服务覆盖范围，并注意节省手机的电源；随身携带水及水壶、防晒霜、防蚊虫和防蛇咬的药、哨子、指南针、记事簿、笔及其他规定必带的实习工具等；常用药品急救药箱可分小组准备。

2. 严格遵守安全纪律

实习安全纪律是防止事故发生的重要技术措施，对于人为事故和随机事故的预防尤为重要，同学们必须随时注意自我保护，并遵守以下规定：

图 8−2　野外实习着装

（1）在实习地，要注意观察周围地形、地势，选择安全的路线，避免陡坡、落石、滑坡、复杂河岸、易发生山洪泥石流、多蛇虫以及野蜂巢区等危险地段。

（2）任何人未经老师许可不得离队单独行动，坚决制止个人冒险行为，例如，在湖泊、河流、库塘中游泳、戏水，随意攀缘悬崖、大树等。

（3）要尊重当地风俗习惯，购物要有礼节，讲究诚信，避免与他人发生争执。

（4）注意交通和住宿安全，不得随意离队搭乘顺风车；住宿时，注意关好门窗，妥善保管个人钱物，防止被盗和被蛇虫咬伤的事件发生。

（5）必须严格执行请假和准假制度，指导教师须做到随时了解学生的动向和信息。

3. 精心准备，强化管理

（1）认真准备实习内容，精心规划实习场所、线路等细节，将安全问题作为实习方案的首要因素进行考虑；做好各种可能出现安全问题的处置预案，如买好保险，尤其是人身意外伤害险等。

（2）做好动员工作，讲授安全知识，明确安全纪律要求，做到人人知晓，牢记于心；分好实习班、组，明确负责人和安全责任。

（3）实习过程中随时注意清点人数，确保无人掉队；保持班组与带队老师之间联系畅通，及时通报实习和安全情况。

（二）自然灾害的预防

自然灾害大多具有人们无法阻挡和预先控制的特征，因此，它们对环境和人类的伤害程度一般都比较大。同学们了解这类灾害的分类、危害，将有利于进行自我保护和互相帮助。

1. 泥石流和山体滑坡灾害

泥石流和山体滑坡是破坏力很大的突发性灾害。

（1）泥石流的特征及预防。

暴雨或连日大雨以及冰雪融水，会使天然或人工斜坡渗进大量雨水，极易引发山泥倾泻，形成泥石流。泥石流来临的先兆：斜坡底部或疏水孔有大量泥水透出；斜坡中段或顶部有裂纹或有新形成的梯级状，露出新鲜的泥土；发出巨大的响声，沟壑断流，水路变混浊等。当泥石流阻路时，同学们应有组织地尽快离开，切勿尝试踏上浮泥前进，应另寻安全小径继续行程或中止行程；如果有同学被山泥掩埋，切勿随便盲目自行救援，以避免更多人伤亡，应立刻通知指导老师及有关专业部门。实践中总结出的防止泥石流伤害的口诀如下：

下暴雨，泥石流，危险之地是下游。
逃离别顺沟底走，横向快爬上山头。
野外宿营不选沟，进山一定看气候。

（2）山体滑坡的特征及预防。

滑坡是指斜坡上的土体或岩体受河流冲刷、地下水活动、地震以及人工切坡等因素的影响，沿着一定的软弱面或软弱带整体或分散地顺坡向下滑动的自然现象，俗称"走上""垮山""地滑""土溜"等。滑坡在滑动之前，均会显示出如下的滑坡预兆：

①在滑坡前缘坡脚处，有堵塞多年的泉水复活现象，或者出现泉水突然干枯，水井水位突变等类似的异常现象。

②滑坡体前部出现横向及纵向放射状裂缝，土体出现上隆现象，有岩石开裂或被剪切挤压的声响。滑坡体四周岩体会出现小型崩塌和松弛现象，滑坡后缘的裂缝急剧扩展，并从裂缝中冒出热气或冷风。

③动物有异常反应，惊恐异常，例如，猪、狗、牛惊恐不宁，不能入睡；老鼠乱窜不进洞；植物变态、树木枯萎或歪斜等。

同学们在野外实习时，如果遇到滑坡发生，首先应镇静，不可惊慌失措。为了自救或救助他人，应该做到以下几点：

①教师采取必要措施迅速组织学生撤离到安全地点，同学们必须听从统一安排，不要自择路线。

②遇到山体崩滑时，要朝垂直于滚石前进的方向跑，切忌朝着滑坡方向跑；避灾场地应选择在易滑坡两侧边界外围。

③如果无法继续逃离，应迅速抱住身边的树木等固定物体；躲避在结实的障碍物下，或蹲在地坎、地沟里；注意保护好头部，可利用身边的衣物裹住头部。

④滑坡停止后，同学们不要急于返回驻地。因为滑坡有可能连续发生，贸然回去，也许会遭到第二次伤害。

2. 雷击

雷电通常会击中较高的物体尖端，然后沿着电阻最小的线路传到地上。如果人遭到电击，则会造成肌肉痉挛、烧伤、窒息或心脏停止跳动等伤害。野外实习时，师生要特别注意防止雷电的伤害，切记以下事项：

（1）教师要时刻留心天气预报，天气不稳定或有雷暴时不得安排野外实习。在室内，尽量不要站在窗口或靠近电器，以免遭受电击危险。

（2）在户外实习时，如果遇到雷雨天气，不要在大树下、空旷地上的小茅屋内或高层建筑物旁避雨，应尽可能迅速躲入较坚固的建筑物内；切勿接触天线、水管、铁丝网或其他类似金属装置。

（3）在野外实习时如果在山顶遇到雷雨，要赶紧蹲下并尽量减少与地面的接触面积；切勿接近导电性高的物体，如铁栏杆或其他金属物体等，并迅速取下身上的金属首饰等；切勿顶着雷电涉水、游泳，应尽快离开水面寻找地方躲避。

3. 高温、中暑与过热

野外实践时常会遇到高温天气，如果人体不能靠自行出汗来调节体温，则极有可能出现中暑。中暑时，患者会感到发热、皮肤干燥而泛红；体温可能升至 40℃ 以上，出现晕眩、呼吸和脉搏加速，严重者会产生休克。此外，在炎热潮湿的气候下运动时，如果未能及时补充所流失的水分和盐分，则有可能发生过热。此时，患者会出现体力衰竭、头痛、晕眩及恶心，还可能会肌肉抽筋，面色苍白，皮肤湿冷，呼吸和脉搏快而浅弱，体温下降，严重时，有可能导致热衰竭。

要预防中暑和过热，必须在实习安排上注意劳逸结合，不要让学生过度疲劳，造成体力消耗过大；安排好防护用品，避免学生长时间在太阳直射下作业。如果有学生中暑，应让患者躺在阴凉处，保持空气流通；可用浸水、敷湿的衣服或吹风等方法迅速降低体温，直至症状消失。若患者处于大量流汗、抽筋或脱水状态，应立即补充淡盐水或摄取流质饮品。

4. 暴寒与失温

身处寒冷的地方又没有足够的衣物和其他保温措施时，会导致人的体温下降，时间长了甚至会致命，这种现象称为体温过低（失温）。即使在夏天，因突然而来的寒雨或暴雨，导致气温急降，也容易引起暴寒。暴寒的病症表现为疲倦、无精打采、皮肤冰冷、步履不稳、浑身发抖、肌肉痉挛、口齿不清、产生幻觉等。

预防暴寒，必须带上足够的备用衣服及鞋袜。实习前养足精神，实习中安排好作息时间，不应过度劳累，以免消耗体力。如果遇到雨雪和寒潮，应找地方躲避风雨，迅速更换湿衣服；用衣服或发热袋、睡袋等把头、脸、颈和身体包裹以保暖，并食用热饮及高热量食物以增加体温。

5. 山火意外

（1）山火的成因与危害。

山火，又称林火、植被大火、草原大火或灌木大火，是一种发生在林野难以控制的火情。山火通常发生在高温、干燥的环境下，除了闪电原因外，世界上 90％ 以上的火灾是由人为因素造成的。而在中国，人为因素引发的森林火灾占 98％ 以上。除了纵火、雷击外，还有过失引起火灾，其主要原因来自违章和不慎，如 1987 年中国黑龙江省大兴安岭 "5·6" 特大森林火灾，1997 年印尼森林大火，2004 年澳大利亚悉尼、堪培拉森林大火等。德国弗赖堡大学全球火灾监测中心研究表明，虽然全球气温变暖导致森林火灾多发，但规范人们的用火安全行为，是杜绝火灾隐患和控制火灾的关键。火灾造成的人身伤害主要来自高温、浓烟和一氧化碳，容易造成热烤、中暑、烧伤、窒息、中毒等。

（2）山火的预防和人身保护。

为了保护生态环境和人身安全，同学们在野外山林实习时应该注意以下事项：

①任何时间都应小心火种，切勿在非指定的烧烤或露营地点生火煮食、吸烟等。

②遇到山火时应保持镇静，切勿惊慌；撤离火场时要密切注意风向变化，根据山火蔓延方向选择逃生方向，此时应尽可能逆风而行，切不可顺风。

③山火蔓延速度极难估计，若发现路前方远处有山火，不应冒险尝试继续行程，以免为山火所困；若山火迫在眉睫又无路可逃，则应以衣物包掩外露皮肤逃进已焚烧过的地方；切勿走进山火会很快蔓延且产生较高火场温度的矮小密林及草丛，以减少身体受伤的机会。

④如果有水源，则用湿毛巾捂着口鼻，防止被烟雾伤害口腔及呼吸道。

⑤参与救火必须在专业人员指导下进行，不要随便试图扑灭山火。

6. 地震

由于地球在不断运动和变化，逐渐积累了巨大的能量，在地壳某些脆弱地带，造成岩层突然发生破裂，或者引发原有断层的错动，这就是地震。地震绝大部分都发生在地壳中，分为构造地震、火山地震、陷落地震和诱发地震。

地震是破坏性最强的自然灾害，在野外遇地震时，千万不要靠近楼房、烟囱、电线杆等任何可能倒塌的高大建筑物或树木，要离开桥梁、公路，到空旷的田野较为安全。

7. 洪水

洪水通常是指由一个地区短期内连降暴雨、急骤融冰化雪、风暴潮等自然因素引起的江河湖海水量迅速增加或水位迅猛上涨的水流现象。洪水会漫过堤坝，淹没农田、村庄，冲毁道路、桥梁、房屋，造成很大的人员伤亡和财产损失。同学们在野外实习时，一旦遇到洪水危险，应该采取以下措施进行自我保护：

（1）受到洪水威胁时，如果时间允许，应有组织地向山坡、高地等处转移；如果已被洪水包围，要尽可能利用船只、木排、门板、木床等做水上转移。

（2）洪水来得太快，来不及转移时，要立即爬上屋顶、楼房、高屋、大树、高墙，做暂时避险，等待救援，不要单身游水转移。

（3）在山区，因积雪融化或连降大雨，洪水会自山上突然奔泻而下形成山洪。遇山洪暴发时应避免渡河，以防止被山洪冲走，还要注意防止山体滑坡、滚石、泥石流的伤害。

（4）发现高压线铁塔倾倒、电线低垂或断折时，要远离避险，不可触摸或接近，以防触电。

（三）野外危险动植物的伤害预防

1. 预防毒蛇和毒虫伤害

（1）防毒蛇咬伤。

在野外，常见的游蛇亚科的蛇都非常怕人，除非它们认为受到威胁，一般很少主动攻击人类，只要给予机会，它们多数会逃走。

蛇（如蝮蛇）一般都是昼伏夜出，特别是在闷热的夜晚，经常出来待在路边；有的蛇（如竹叶青）常常盘踞在树上，伺机攻击猎物。因此，所有师生在野外采集标本时，必须戴草帽，穿厚一点的裤子和有鞋帮的鞋子，并打上绑腿；走路时要手持木棍或竹竿；夜晚走路要尽量快一点，防止万一踩到蛇尾而被咬；尽量沿已有的道路行走，除非万不得已，不要自行走草丛和杂树林；遇蛇时，保持镇定不动，让受惊的蛇尽快逃走。

（2）防毒虫蜇伤。

在野外，常常会遇到马蜂、蜈蚣、蝎子等毒虫的伤害。

①马蜂经常在树上筑巢，形成马蜂窝，如果不捅它，一般情况下马蜂不会主动袭击人。遇马蜂追来时，要站在原地不动，不要乱跑；马蜂对白色的运动物体比较敏感，因此上山时尽量不要穿白色的衣服；如果偶遇野生蜜蜂，也要小心防止被蜇伤。

②在山区，土坯房里常见蜈蚣、蝎子等。成体蜈蚣在夜晚身体会发出荧光，所以在黑夜里如果发现路上有带绿光的条状移动物要格外小心，不可触摸。山区实习应穿着长裤、长袖衣服，在身体和衣服上喷涂防蚊油，避免使用芬芳味的化妆品，可减少毒虫伤害。

2. 防蚂蟥叮咬

蚂蟥一般生活在潮湿的树林下或水沟边，每年4月至9月是其活动的季节。人一旦触碰到它，它便立即吸在人体表面，吸足血后就自动离开。在野外实习过程中，如果不幸被蚂蟥叮咬，一定不能强拉，可用手拍打被叮咬的周围皮肤，让蚂蟥脱落；也可以向蚂蟥身上滴几滴酒精或撒点食盐使其脱落。在潮湿的林下工作时，应穿戴套袜，并喷洒一些驱虫剂，这是预防蚂蟥叮咬的有效办法。

3. 防猛兽袭击

由于野外实践是集体行动，大型动物见到大队人马就会远远地躲开，所以不容易碰到猛兽的袭击，但也要以防万一。一旦遇到大型动物（如受伤的野猪），千万不能各自逃跑，大家要立即相互靠拢，集中手中的木棍等工具，防止动物袭击；利用喊声、恐吓声、恐吓动作以及杀虫剂等难闻气体来驱赶动物；不到万不得已，千万不要主动出击。

4. 防危险植物

野外有些植物会对人构成危险。例如，漆树会令皮肤过敏，两面针可刺伤手脚。在野外实习过程中，采摘植物时应尽量戴上手套操作，并留意是否有针刺，尤其是采摘不熟悉的植物，必须戴手套。切记不可随便采摘野菇、野果食用。

三、野外饮食安全知识

野外实习一般在暑期进行，这时气温高、湿度大，是各种微生物、寄生虫活跃和繁殖的高峰期。在体力消耗很大且生活条件比较差的环境中，若忽视了饮食安全问题，则可能造成疾病流行、寄生虫病传染及食物中毒，对师生的身体健康危害极大。因此，切实注意实习中的饮食安全，确保广大野外实习师生的身体健康，是保障实习工作顺利进行的前提条件。

（一）食物中毒的特点

野外实习中的食品安全防护，主要是预防食物中毒。野外食物中毒的特点：发生突然，来势凶猛，潜伏期短；病人吃过同样的食物，具有相同或相似的症状；人与人之间不会直接传染。野外医疗条件差，食物中毒容易造成群体性的严重后果。

（二）食物中毒的分类和预防

野外食物中毒主要有细菌性（沙门氏菌、副溶血性弧菌、葡萄球菌、肉毒杆菌等）中毒、有毒化学物质（工业"三废"污染、农药）中毒以及有毒动植物（毒草、河豚等）中毒。

1. 细菌性食物引起的中毒

这是最常见的食物中毒，是人们吃了含有大量活的细菌或细菌毒素的食物而引起的，几乎占食物中毒病例总数的90%，且多发生在气温高的夏秋季节。预防这类伤害应做到以下几点：

（1）注意饮食环境卫生安全，不食用被细菌污染的、腐败变质不新鲜的以及未煮熟的食物，以防止细菌性食物中毒的发生。

（2）不要食用带有肠道病原菌、寄生虫病的食物，不要饮用被人畜粪便污染的水和食用这种水洗涤过的食物。

（3）生食的果蔬一定要用清洁无污染的水洗，去皮后方可食用，以防止传染病、寄生虫病的发生。食用受农药残留污染的果蔬时，注意一定要清洗干净、去皮，即可防止发生中毒。

2. 有毒化学物质引起的中毒

这类食物中毒主要是由有机农药残留及工业生产"三废"污染引起的。工业废气、废水、废渣排入大气、农田、江湖中，污染了农田、水域和环境；用没有经过处理的工业废水灌溉农田，使有毒物质进入粮食和果蔬中，有毒物质特别是重金属污染了水域，水产动植物有富集能力，通过食物链，污染的食品直接威胁到人体健康。在矿区及"三废"污染区进行野外实践，应特别注意食品和饮用水的安全。

3. 有毒动植物引起的中毒

部分有毒动植物由于外观与无毒品种相似，极易发生误食，应了解相关知识，增强辨别能力，以免引起中毒。

（1）有毒植物的中毒与预防

常见的有毒植物，如毒蘑菇、鲜灰菜、发芽的土豆，以及木薯、苦瓤子和杏、李、梅、枇杷、樱桃、苹果等水果的果仁，食用后易引起中毒。因食用方法不当（如未煮熟的四季豆、鲜黄花菜）以及有毒植物酿成的毒蜂蜜等，也会引起中毒。不要误食有毒食物是最好的预防方法。

（2）水产类动物的中毒与预防。

水产类食品是引起组胺中毒的主要食品，有些水产品，如甲鱼、虾、蟹、鳝鱼、鲐鱼、金枪鱼等死亡后，肉中的组胺酸在弱酸环境下经细菌作用，迅速分解产生超过人体中毒量的组胺和类组胺物质，如果食用即可引起中毒，中毒后症状与过敏症状相似。千万不要食用死亡变质的甲鱼、虾、蟹等，以免发生意外。对于那些通过正确的加工方法可以消除毒性的食物，一定不要怕麻烦，应严格按照烹饪要领进行操作，以免造成不必要的伤害。

四、野外遇险应急与救援

（一）迷路的处理

在天气不佳或准备不足的情况下，容易发生迷路。野外实习出发前，详细制订计划、行程和路线，可减少意外的发生。实习中一旦迷路，必须及时用手机或对讲机与指导老师或其他同学联系，如果联系不上，则采取以下应急措施：

（1）利用仪器或星座确定位置和方向。可以利用指南针、地图和专业装置来判断当前所处的位置。在有月光的黑夜迷路时，可以利用星星来辨别方向。在北半球，北斗七星座有助于找到位于正北方的北极星。在南半球，南十字星座大致指向南方。此外，一种无论在南半球或北半球都适用的确定方位方法是利用猎户星座（如图8-3所示）辨别方向，猎户星座的腰带是3颗并排的星，设想有一直线连接中间那颗和头部中央，头部那端指向正北，脚部一端则指向正南。

图 8-3　猎户星座

（2）记忆、路标和自我保护。

①一旦发现迷路，要冷静应对，设法按照来时走过的路，原路折回。若想不起来路而无法折回，则留在原地等候救援。切勿盲目前进，以免消耗体力，造成救援的困难。

②若必须继续前进，寻路时应在沿路和每个路口留下标记，以便在自己定位和救援人员时发现。如果看到道路有相接的东西，如房屋、公路、电线等，应朝其走去。沿着道路、河流等目标前进，易于走出困境。

③当不能辨认位置时，应往高处走，居高临下较易辨认方向，也容易被救援人员发现，切忌走向不易辨认方向的山涧深谷。若遇雷雨或山火，可暂离高地，待情况好转时，再到较高位置等候救援。

④如果身处漆黑的山中看不清四周环境，或遇到降温、雷雨或山火而不能继续前进，应先找个安全的藏身之处，如墙垣或岩石背风的一面。如果带有救生袋，应钻入里面保暖。几个人在一起时，可挤成一团相互取暖，以熬过寒夜。此时中间位置最温暖，应该不时互相换位。

（二）野外遇险时的求救信号

在野外遇险等待救援时，能够正确地发出求救信号是获救的关键。常用的求救信号如下：

（1）三角形烟火信号。在避险营地、窝棚附近的制高点上生三堆篝火摆成三角形，三堆火之间的距离约为15 m。搜索飞机上的观察员就知道你需要帮助，而不会认为是猎人取暖的篝火。正确选择烟火信号的衬托背景和烟火颜色十分重要，它有利于救援人员迅速发现目标，尽快施救。

晴天或背对绿色的森林，白色烟雾容易被发现，为了生成白烟，可在火堆上放一些绿树叶、青草或藓苔。阴天或背对雪地，黑色烟雾更容易被发现，在火堆上加一点机油、浸了油的布、橡胶片或麻布片，可以生成黑烟。

在放置烟火信号时，必须注意要保持有充足的燃料供给。引火物必须事先准备好，以便在一听到飞机声时就点燃它。也可以先保持一堆小火，在听到飞机声时再加燃料，以形成明显的标识。

（2）自制信号镜。找一块两面发亮的金属片（如铁的罐头盖），在中央打一个小孔，从小孔望过去，须看见接收信号的目标。将信号镜拿到距脸 7.6 cm 处，通过中间小孔观察要对其发信号的物体（如图 8—4 所示）。从信号镜上看着自己的反影，就会发现脸上有一光点，那是太阳光穿过小孔投射到脸上产生的。调整镜子的角度，直至镜子的反光点消失在小孔中，而同时又能透过信号镜小孔观测到飞机，这时可射光就对准目标了。

按照国际爬山求救信号的规定发出闪光，即每分钟闪动 6 次，停顿 1 min，然后再重复发出信号。当求救信号被飞机发现后，就不要再对着飞机闪动镜子了。在天气晴朗时，这种信号可以传递 16 km，而吸引飞机的信号则会传得更远。在尚未看见飞机之前，要向有飞机声的方向闪动，即使听不见飞机声，也可隔一段时间向地平线方向闪动。

图 8—4　自制信号镜

图 8—5　野外制作的 SOS 标志

（3）地面求救标志的制作。在比较开阔的地面，如草地、海滩、雪原上制作地面求救标识，可以用脚踩或挖出图形、字母，并沿着图形、字母边缘用土、石头或树叶围起来，会使图形、字母更加清晰（如图 8—5 所示的国际通用 SOS 标志）。在雪地上，还可以用雪将图形或字母堆起来，以引起救援人员的注意。无论采用哪种方式，最好尽量把图形或字母做得大一些、醒目一些，有利于开展救援。

（4）声音求救信号。吹哨子是一种较理想的声音求救方法。国际上公认的哨声求救信号是每分钟吹 6 下，停 1 min 再吹。用嘴吹一个大口径空弹壳，也能制造清脆的声音。

（5）其他求救信号。穿着颜色鲜艳的衣服，戴颜色鲜艳的帽子，使你与周围环境区分开来。用白色或近似白色的东西，如衬衫、手巾、被单等做成旗子，挂在求救区域高处引人注目的地方，如果能使其飘动就更好。如果有带子或针线，可以用手帕、树枝等就地能找到的材料制作一个风筝放上天去。

发求救信号要及时、迅速，使其生效。例如，将所需的材料集中好，以便在听到救援飞机声时，即刻使用它们。有可能救援飞机会多次错过求救信息，此时一定要有耐心，不能焦急而胡乱使用求救信号，以免造成营救人员误解，错失救援机会。

（三）中暑的急救

野外实习常常容易中暑，一旦发生，应立即采取以下措施：

（1）迅速将患者移到阴凉通风处仰卧休息，解开患者的衣扣、腰带；用冷湿毛巾包敷头部和胸部，不断扇风、吹凉。

（2）能喝水时马上喝凉开水、淡盐水或糖水。

（3）患者呼吸困难时，要进行人工呼吸，有条件时可以嗅氨水；病人昏迷不醒、高热时，应迅速送往医院治疗。

（四）冻伤的救治

发生冻伤时，千万不能用炉火烤、冷水浸泡、用雪揉搓或自然融化复温，这些方法会加重冻伤的程度。应立即将冻伤的肢体放入自己的腋窝下加温，或者放入他人的胸前、腹部或腋下，使其尽快解冻复温。

如果有条件，将冻伤肢体放在 38℃～42℃ 的水中浸泡复温。此时，一定要掌握好水温，因为水温太低复温效果不好，但超过 49℃ 时又很容易造成烫伤。复温的速度越快越好，能在 5～7 min 内复温最佳，最迟不应该超过 20 min。因为复温时间太长，会增加组织代谢，反而不利于冻伤处的恢复。

（五）雪盲的自救

一旦患上雪盲，应该根据眼睛受伤害的程度对症下药，采用以下不同的治疗方法：

（1）一般情况下，可采取向伤眼中滴入人乳或牛乳，数次后即可减轻症状；局部可以用硼酸软膏、黄降汞软膏、四环素软膏或磺胺噻唑软膏治疗。

（2）眼部出现疼痛时，可采用湿冷敷或针刺晴明、合谷、风池等穴位来止痛；剧痛时可以滴 0.5% 丁卡因止痛，每分钟滴 1 次，共滴 3～4 次，滴后闭目休息。

（3）发生眼部充血时，应采用局部冷敷或滴用 1% 肾上腺素，每天 2～3 次，以收缩血管，减轻眼睛充血。

（4）出现比较严重的角膜伤或瞳孔缩小时，局部可以用 1% 阿托品溶液滴眼，以减轻虹膜刺激症状，预防虹膜炎。如果没有继发感染，一般 2～7 天就可以基本恢复，严重者恢复可能需要长达数周。

（六）掉进沼泽或流沙的自救

（1）平躺身体，减少压力，慢慢移动。不小心掉进或双脚陷入沼泽或流沙地后，千万不要惊慌，也不要挣扎，应将身体向后倾，慢慢平卧下去，尽量张开双臂，扩大身体与沼泽或流沙的接触面积，以分散体重，然后再想办法移动。移动时要小心谨慎，速度要慢，如果遇到流沙，应尽可能让泥沙有时间流到四肢底下，急速移动只会使泥和沙之间产生间隙，从而导致身体越陷越深。在沼泽或流沙地里，移动数米可能都要花很长时间，如果感到疲劳，可伸开四肢躺着不动，这样既可休息，又能保持身体不会继续往下沉而导致生命危险。

（2）巧用身边物品，同伴相互合作。野外实习通常都带有背包、斗篷等物品，此时千万不要因为想节省体力将其扔掉，而是可以借助它们来增加浮力。如果身旁有树根、较大的草叶等，可拉住它们借力向前移动身体。如果同伴处于安全位置，则更不应急于脱险，一要保持自身体力，二要等同伴用绳子或棒子做好准备工作，大家相互配合将受困同学拖拉出来脱离危险。若是孤身一人陷进沼泽或泥沙地，应轻轻朝天躺下，用背泳姿势慢慢移向硬地，同时想办法发出求救信号，争取尽早得到救援。

（七）溺水的急救

对溺水者应立即开展现场急救，同时派人拨打急救电话请求医生支援。现场急救主要从以下方面进行：

（1）立即清除溺水者口、鼻内的污泥、杂草、呕吐物，取下假牙，确保呼吸道通畅。

（2）垫高溺水者腹部，使头朝下，施救者用力压其背部，使体内水从口腔、鼻孔中流出。此后，抓紧时间进行复苏急救。

（3）将溺水者仰卧于硬木板或地上，打开气道，口对口吹气两口，再检查颈动脉跳动情况；对于呼吸、心跳停止者，立即实施口对口吹气和胸外心脏按压。

（4）运送医院途中，不可中断抢救。

（八）昏厥的急救

在野外，如果发现有昏迷病人，应首先确定发病原因，立即报告120，请医生诊治。然后实施现场急救，具体急救措施如下：

（1）去掉病人枕头，注意保暖的同时，将昏迷患者侧卧或仰卧（头偏向一侧），清除病人口内的分泌物及呕吐物，防止窒息，有假牙的应摘除。严密观察病人意识、瞳孔、体温、脉搏、呼吸、血压等生命体征，如果又出现异常，则立即采取急救措施。

（2）注意保持呼吸道通畅，要有吸痰措施，有条件时要进行输氧。伴有休克或心力衰竭者，应立即服用升血压药物。呼吸、心搏骤停时，要立即进行人工呼吸和胸外心脏按压。对发生抽搐者，应积极控制抽搐，适当使用镇静药物。

（九）食物中毒的急救

最有效、最简单的食物中毒的急救方法是进行催吐处理。一般用手指、筷子、压舌板等刺激中毒者的咽部，引起反射性呕吐。刺激前，先让病人饮下1000 mL左右的温开水。吐完后再饮水、再催吐，直到吐出澄清的液体为止。经催吐初步处理后，应迅速将中毒人员送医院治疗，并要完成下列工作：

（1）向当地卫生防疫部门报告。

（2）保留好剩余的食品。

（3）尽可能保存一点病人的呕吐物和大便。

（十）气管进入异物的急救

气管内进入异物会引起呼吸困难，严重时可能会窒息死亡。因此，必须争分夺秒进行急救，切记不能慌慌张张地用手指强行去掏，这样有可能会把异物推向更深处。正确的急救方法如下：

（1）背部拍打法。一只手扶住病人胸部，用另一只手的掌根连续拍打病人两肩胛骨中间数次，要突然用力。

（2）环抱压腹法。从病人后面扣手环抱其腹部肚脐上 3.3 cm 处，迅速向后上方挤压腹部数次。

（3）腹压推压法。让病人仰卧头偏向一侧，以双掌置于其上腹，向内、向上推压腹部数次。

（十一）触电与雷击的急救

电流对人体，尤其是老年人的损伤主要表现为局部的灼伤和全身的反应。全身反应会使心脏停搏、呼吸抑制，严重时会造成死亡。被雷电击中的病变性质和过程与触电大致相同。

触电时，电流通过人体引起肌肉的强烈收缩，可以造成触电者肢体的对称性骨折。当人们瞬间接触电流小的电源时，如果能迅速脱离电源，则病人多半神志清醒，只会感到心慌、乏力、四肢麻木等。此时，不要马上移动病人，应就近平卧休息 1～2 h，以减轻其紧张情绪，一般很快就能恢复。

对于不能立即脱离电源而发生严重电休克，甚至呼吸、心搏骤停的触电者，首先要关掉总开关，迅速切断电源，就地进行急救。如果与电线有接触，应拔掉电源；户外电线不能切断电源时，要用干木棒或木板、羔棒等绝缘体拨开电线。当无法拨开电线时，一定要用木棒把触电的人从电线处拖开。施救者最好戴上橡皮绝缘手套，穿上胶鞋或站在绝缘垫上，千万不能用手直接去拉。因触电者本身就是良好的导电体，直接用手去拉，会引起施救者自身触电。对心跳、呼吸已停止的触电者，必须在现场立即进行人工呼吸，心脏体外按摩，并送医院急救。

（十二）蛇伤的救护

首先判断是否是毒蛇咬伤（毒蛇伤口小端有两个大牙印），如果被无毒蛇咬伤，可作为普通伤处理。如果是被毒蛇咬伤，不要惊慌，不能快跑，以免毒素迅速扩散，应及时吸出伤口处的污血。如果伤口太小，血流不出来，可用消毒后的锐器将伤口划大一点，然后再吸出有毒的血。如果有解毒药，应按说明立即注射或服用。如果毒性很强，感到头昏，应尽量慢行，最好由其他人担抬立即送医院救治。

（十三）外伤的急救

身体的某些部位被切破、割开或擦伤时，最重要的是止血。根据伤情程度进行以下相应的处理：

（1）出血量不多。可用卫生纸加以挤压，挤净污血后，再用创可贴或纱布包扎即可。

（2）出血量大。流出的血是鲜红色且流得很急，甚至往外喷，可判断为伤口很深且切割到动脉血管。必须把血管压住（压迫止血点），即压住比伤口距离心脏更近部位的动脉（止血点），才能止住血。

（3）切割锐器有锈或不洁。先简单进行创面处理后，立即去医院注射破伤风预防针，同时注射抗生素，以防伤口感染。

（4）肢体断裂。如果手指或脚趾被切断，应马上用止血带扎紧受伤的手或脚，或用手指压迫受伤部位，以达到止血的目的。断离的手指、脚趾和断指处都要用无菌纱布或清洁棉布包裹和包扎，伤者和断指要同时立即送到医院进行手术。如果是夏天，最好将断指放入冰桶护送，绝对禁止用水或任何药液浸泡，禁止做任何处理，以免破坏再植条件。

（十四）高山上避难场所的选择

夏天选择避难场所，应该考虑的条件是能防风雨（如自然形成的凹洼地、洞穴、岩石的裂缝等）、能避免毒虫和野兽的袭击、离水源和树木较近、比较干燥、通风条件良好、地势较高的地方。

冬天雪很厚时，应该选择树林地带的下风处，而且是雪不容易堆积起来、附近不会发生雪崩、不会直接受到暴风雪袭击的地方。有条件时，可以建造一座简易的雪地避难所。

（十五）交通事故的处理和急救

交通事故发生后，常有人员伤亡，急需现场幸存者及周围人员进行紧急、有效的救援。具体的处理和抢救措施如下：

（1）排除可能发生火灾的一切隐患，熄灭发动机、关闭电源、封好油箱，转移易燃、易爆品；指派专人看管受难者及伤员的所有物品，以免丢失，随后交警察及有关单位。

（2）立即拨打120、122电话，详细报告出事地点、时间、受伤及死亡人数；迅速报告公安机关或者执勤的交通警察，听候处理。

（3）组织清醒的伤员互检与自检，将重伤员迅速送往就近的急救中心、医院实施救护。

（4）指派专人负责保护肇事现场，保持一般物体及尸体在原位；重点保护擦痕、血迹，若须移动，必须标明位置；维持抢救、现场秩序，防止坏人乘机捣乱。

五、野外实习安全事故典型案例

案例 1

某高校组织学生到在建工地实习，该工地为一水电站扩建工程，现场实习过程中，一名后排的学生专心用相机拍照，不小心掉入未设防护栏的竖井中，无人发觉。回住地清点人数时，发现少了一名学生，带队教师和组长开始四处寻找。半夜时，工地急救中心通知教师已经找到学生。原来学生掉入竖井时当场昏迷，醒来后由于伤势较重，呼救声较弱，白天无人察觉，晚上夜深人静时，呼救声被现场工人听到后获救。

安全提示：现场实习过程中不要与队伍脱离，精神要集中，时刻注意地面坑洼、管道、深井、楼梯和上方栏杆、飞石等各种危险源，避免发生高处坠落、摔倒、砸伤等事故。

案例 2

某学院工程实习，同年级一对大学生情侣晚饭后单独外出闲逛，住地外为一国道，车辆通行量大，两人被身后驶来的一辆大货车撞倒，大货车在撞人后逃逸，两人均受重伤，有幸被路过的车辆救起，送往当地医院，并连夜转送省会城市人民医院。

安全提示：夜间不要单独外出，同时应了解周围环境，在道路上行走时，随时留意来往车辆，避免发生交通事故。

案例 3

某高校工科专业工程地质野外实习，同寝室约 10 名学生在未经带队教师同意，且其他人不知晓的情况下，私自到水库岛上游玩。适逢夏季雷雨季节，午后水库区域开始下暴雨，气温大降，上岛时约好的摆渡船，由于雨势太大，船主先行回家休息，未能如约去接学生。晚上查寝时，带队教师发现有学生失踪，发动所有学生干部，求助当地警力，搜索整个住地，未发现这些学生的踪迹。直至第二天中午，才有当地渔民在岛上发现了这些担惊受怕、受冻挨饿的学生。

安全提示：禁止不经组织地单独或结群外出观光、探秘、下河（湖）游泳等活动，学生集体外出活动，应征得带队教师同意，并保证沟通渠道畅通。

案例 4

某学院毕业实习，同班级学生晚上外出就餐，由于人多喧哗，邻桌稍有怨言，双方发生口角，甚至发生肢体冲突，邻桌处于下风后叫来同伴，欲持械武斗，同行学生中有人急忙报警，并立即通知带队教师，带队教师及时赶到，与当地民警一道化解了矛盾。

安全提示：实习过程中若有与外界发生冲突的情况，禁止依仗人多势众激化矛盾，发现危险要及时报警求助，并在第一时间报告实习带队教师。

第二节　常用医疗急救知识与技能

安全事故种类繁多，导致的人员伤害形式多样，因此，在组织学生野外实习时，如果条件许可，应常规配置一些基本的现场急救器材，如创可贴、止血带、绷带、无菌纱布、三角巾、夹板、医用胶布、无菌手套、医用消毒剂、棉签、呼吸面罩、球囊、AED 等。同时，提高学生的安全防范意识，普及基本急救常识，使他们有能力在遇突发事件时对自己和其他人员实施早期急救处理，尽可能防止伤情恶化，维持、抢救患者生命，为后期医疗救治争取时间。

野外实习和实验室现场急救的一般流程：确保安全—实施急救—及时转运。

一、确保安全

当准备对患者实施急救时，首先应迅速确认急救现场是否安全。除非确实需要转移来确保患者和施救者自身的安全，切勿随意移动患者。

二、实施急救

常用的现场急救措施包括解除窒息、心肺复苏、创伤急救（止血、包扎、固定）以及烧伤急救等。

（一）解除窒息

呼吸道梗阻能使患者迅速窒息死亡，故及时解除梗阻、维持呼吸道通畅对挽救患者的生命至关重要。

（1）呼吸道异物梗阻常用的施救方法。

腹部冲击（哈姆立克手法）适用于 1 岁以上儿童和成人呼吸道梗阻者。施救者站在患者身后，双手环抱患者腰部，一手握拳置于剑突下，另一手抓住握拳手，向上快速按压腹部。对于孕妇或肥胖者，施救者双手上移至胸部，对胸部进行快速按压。反复按压直至异物排出；当患者变得无反应时，应立即开放气道，清除可见的异物，并进入心肺复苏流程。

（2）舌后坠或深度昏迷窒息者常用的施救方法。

施救者跪于患者头顶端，双手抬起患者下颌（如图 8-6 所示），使其头部后仰，双手向上抬起两侧下颌骨，以开放气道。

（二）心肺复苏

发现心跳、呼吸骤停者应立即实施心肺复苏，通常超过 4～5 min，大脑将因缺氧受到不可逆的损伤。因此，缩短心跳、呼吸骤停到开始实施心肺复苏抢救的时间，对提高患者存活率有积极影响。下面介绍心肺复苏操作流程。

（1）判断意识、呼吸。

通过呼喊患者或拍打患者肩部，判断其有无反应；快速扫视患者，判断其有无呼吸。若无反应、无呼吸或无有效呼吸，应大声呼救，拨打120急救电话、取AED（或指派他人来做）。

（2）检查大动脉搏动。

施救者将食指、中指并排，扪及患者喉结后滑向近侧胸锁乳突肌前缘，用一定力量触摸是否有颈动脉搏动，若无搏动，立即采取胸外按压。

（3）胸外按压。

将患者置于坚硬平面上，取仰卧位，施救者位于患者一侧，移除患者胸前所有衣物；施救者将一手掌根置于患者两乳头连线与前正中线的交点位置（即按压点），另一手掌根置于第一只手背部，十指交叉紧扣；双臂伸直垂直于地面，用力向下快速按压胸壁（如图8-7所示）。按压深度大于等于5 cm，按压结束身体上抬，使胸壁完全回弹，按压频率大于等于100次/min，连续按压30次。

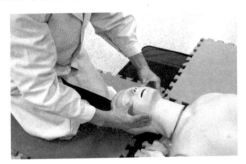

图8-6　抬下颌开放气道

图8-7　胸外按压

（4）人工呼吸。

首先应开放气道，此时施救者一手置于患者前额上，手掌推头，使头后仰；另一手手指置于下颌骨下方，提起下颌（如图8-8所示）。常用的人工呼吸方式有以下几种：

①口对口人工呼吸。用拇指与食指捏住患者鼻子，关闭鼻孔，正常吸气后用嘴封住患者口周，向患者口腔呼气1 s（应避免过度通气），同时观察患者胸廓是否抬起，连续进行2次通气。

②口对鼻人工呼吸。患者因牙关节紧闭等原因，不能进行口对口人工呼吸时，可采用口对鼻人工呼吸法。其操作方法与口对口人工呼吸法基本相同，只是把捏鼻改成捏口，向患者鼻孔呼气1 s（应避免过度通气），同时观察患者胸廓是否抬起，连续进行2次通气。

③口对面罩人工呼吸。将呼吸面罩置于患者脸部，双手的拇指与食指同时压住呼吸面罩边缘，使其与脸部之间无缝隙。施救者正常吸气后向面罩进气口呼气1 s（应避免过度通气），同时观察患者胸廓是否抬起，连续进行2次通气。

（5）按压与呼吸之比。

在取到AED前，应不间断地进行数个周期的胸外按压与人工呼吸，按压与呼吸之比为 30∶2，操作过程中按压中断时间应小于 10 s。

（6）电除颤。

对于无反应、无呼吸、无脉搏的患者，应尽早实施电除颤。将电极片分别贴在患者右侧锁骨下方和心尖区（如图 8－9 所示），确认无人接触患者的情况下，AED 分析患者心律。

①若 AED 提示需要进行电击，则在确保无人员接触患者的情况下进行 1 次电击。然后立即进行 30∶2 的胸外按压及人工呼吸，每隔 2 min 再次检查患者心律是否需要电击，如此循环操作，直至医务人员到达。

②若 AED 提示无须进行电击，则立即进行 30∶2 胸外按压及人工呼吸，每隔 2 min 检查患者脉搏（检查时间小于 10 s），如此循环操作，直至医务人员到达。

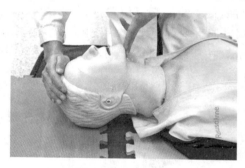
图 8－8　开放气道

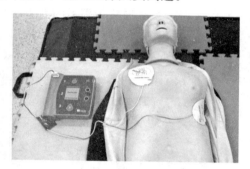
图 8－9　电极片放置部位

（三）创伤急救

1. 止血

首先根据出血状况，判断是何种类型的出血。

动脉出血：鲜红色、速度快、间断喷射。

静脉出血：暗红色、速度较慢、持续涌出。

毛细血管出血：鲜红色、速度很慢、缓慢渗出。

大出血可使伤员休克，甚至死亡，因此有效止血对挽救伤员的生命非常重要。下面介绍常用的止血方法。

（1）指压法。

这是用手指压迫体表动脉达到止血目的的方法，适用于头面部及四肢出血，止血效果有限，仅为临时止血方法。常用指压法止血的部位如下：

①额头、颞部出血：压迫同侧颞浅动脉，如图 8－10 所示。

②面部、口腔出血：压迫同侧下颌角前下方 2~3 cm 处，如图 8－11 所示。

③上臂出血：压迫同侧腋动脉或肱动脉，如图 8－12 所示。

④下肢出血：压迫同侧腹股沟处股动脉，如图 8－13 所示。

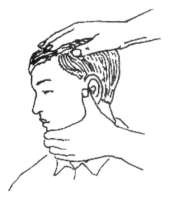

图 8-10　指压颞浅动脉

图 8-11　指压下颌角前下方

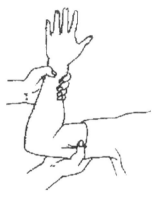

图 8-12　指压肱动脉

图 8-13　指压股动脉

（2）加压包扎法。

此方法在止血急救时最为常用。用无菌纱布或敷料置于伤口，再用绷带加压包扎，适用于小动脉、静脉出血。

（3）加垫屈肢法。

用纱布卷或棉垫置于肘窝或腘窝，然后屈曲患肢，适用于四肢远端出血且无骨折时。

（4）止血带法。

用止血带加压缠绕伤口近端，达到止血目的。常用气囊止血带，紧急情况下也可用橡皮管、三角巾、绷带充当止血带，但必须在止血带下垫好衬垫物，如毛巾、多层纱布等，禁止用细绳索充当止血带。使用止血带时的技术操作要领如下：

①止血带与体表接触面积应较大，避免损伤神经；松紧度以恰能止血为宜，不要过紧。

②应为使用止血带的伤员标注明显标识，并记录开始的时间和所用的压力；每隔 1 h 应松开止血带 2~3 min，避免止血带下端肢体由于长时间缺血而坏死；通常止血带使用总时间一般不超过 4 h。

2. 伤口包扎

包扎通常采用绷带、三角巾、四头带或创可贴等医疗用品来覆盖、缠绕伤口，起到保护伤口、减少污染、压迫止血、固定制动以及止痛的作用。紧急情况时，可用干净毛巾、手绢、衣物、被单等代替。在有条件的情况下，应先对伤口进行消毒处理，再进行包扎。包扎时的技术操作要领如下：

（1）应做到动作轻柔、用力适度、松紧适宜，既达到固定、止血的目的，又不影响血液循环；打结处应避开伤口。

（2）敷料不可直接接触脱出的腹腔组织，应先用干净的器皿盖住脱出组织后再进行包扎。

3. 肢体骨折的固定

骨折通常分为闭合性和开放性两大类。闭合性骨折是指皮肤软组织相对完整，骨折端尚未露出；开放性骨折是指骨折处有伤口，骨折端外露。全身各个部位都有可能发生骨折，但最常见的是四肢骨折。

肢体骨折急救固定的目的：避免在搬运时加重软组织、血管、神经或内脏等的损伤；避免骨折端活动，保护患肢，减轻病人痛苦；便于安全而迅速地运送患者。

一旦发生肢体骨折，应将患肢处于适当姿势，置于适当位置，并用夹板或其他代替物（如木板、杂志、报纸卷、纸板、伞等）固定患肢。在无固定物时，也可将患肢固定于健肢上，防止转运伤员的过程中骨折断端损伤神经和血管。在野外实习时情况复杂，一旦遇到骨折，其固定的技术操作要领如下：

（1）固定前应尽量牵引、矫正骨折畸形，但不能将开放性骨折外露的骨折断端回纳入伤口内，以免带入污染物。

（2）夹板长度应超过骨折处上下两个关节，以保证骨折部位以后复位准确、固定良好；夹板与肢体之间垫柔软物品，如棉花或多层布片等，再用带子绑好，以免损伤组织。

（3）固定骨折的绷带松紧应适度，并露出手指或脚趾尖，以便观察血流情况，如图8-14所示。

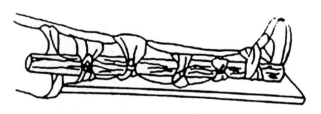

图8-14　小腿骨折固定

（4）上肢骨折主要用夹板固定，用三角巾悬吊，并将伤肢用绷带固定在胸壁上。

（5）下肢骨折主要用半环托马斯架固定或绑在健腿上，膝以下骨折固定在小夹板上。

（四）烧伤急救

火焰、强辐射热引起的组织损伤称为烧伤。如果烧伤面积超过全身表面积的三分之一，则有可能出现生命危险。对于不同原因和程度的烧伤，应该采取对症下药的治疗方案。

1. 轻度烧伤

对于烧伤较轻的患者，特别是四肢烧伤的，应立即浸泡在冷水中，以防止热力继续损伤深层组织，并可减轻伤者疼痛和组织水肿，减少体液渗出。冷疗时间以冷疗停止后无剧烈疼痛为宜，一般为 30～60 min。具体操作方法如下：

（1）自来水持续冲淋烧伤创面。

（2）将创面浸入温度为 15℃～20℃ 的水中。

（3）将冷水浸湿的纱布、毛巾等敷在烧伤创面上。

2. 化学烧伤

（1）在实验室里如果发生轻度化学烧伤，应首先用肥皂和水仔细清洁创面，去掉所有的残留物，再用大量的水长时间冲洗。

（2）如果污物嵌入较深，要尽快到诊所或医院，在局部麻醉条件下，用刷子或专用工具彻底擦洗干净。

（3）已破或要破的水疱通常在创面清洁后，涂敷磺胺嘧啶银等抗生素软膏，以预防损伤表皮感染，并用纱布绷带缠绕，以保护创面免受污染和进一步发生创伤。

需要注意的是，对于上肢或下肢烧伤的患者，应让患肢保持在比心脏高的位置，以减轻水肿。如果是关节部位的 Ⅱ 度或 Ⅲ 度烧伤，必须用夹板固定关节。烧伤面积较大者，须进行补液治疗，可口服含盐饮料，避免大量饮水，以免发生水中毒。

三、及时转运

对于伤情较重的患者经过现场检伤和处理后，须及时送往医院进行后续医疗救治。转运途中应确保搬运过程的安全性，注意动作轻稳，防止震动和碰坏伤肢，以减轻患者疼痛，避免加重损伤。

（1）搬运骨折患者时，应维持患处稳定，尤其注意避免弯曲或扭转损伤脊柱。

（2）搬运昏迷患者时，应使其处于侧卧或半卧位，保持其呼吸道通畅，防止窒息。

（3）断离的手指、脚趾等肢体用 8～10 层无菌纱布包裹，放到无孔塑料袋中，扎紧口后放入有冰块（或冰糕、雪糕）的容器中，随伤员一同送往医院进行手术。绝对禁止用水或任何药液浸泡，禁止做任何处理，以免破坏再植条件。

（4）转运烧伤患者时，应用敷料或干净衣物、床单等包裹创面，防止转运过程中污染、损伤创面。

（5）烧伤面积较大者，须在伤后 1～2 h 内送至医院治疗，如果不能及时送达医院，应就近进行抗休克治疗，待休克控制后再转送医院。

思考题

1. 野外实践安全问题产生的原因有哪些？
2. 如何发出求救信号？
3. 在野外一个人落单迷路了怎么办？

参考文献

[1] 猎鹰. 中国野外生存手册 ［M］. 北京：现代出版社，2012.

[2] 童亿勤. 野外实习安全问题探讨 ［J］. 实验室科学，2008（2）：159－160.

[3] 方玉辉，杜彬，方利群，等. 健康从业人员基础生命支持学生手册 ［M］. 北京：人民卫生出版社，2009.